GILES WHITTELL

SCHNEE

Alles über das
weiße Geheimnis

Aus dem Englischen von
Christiane Bernhardt

Die Originalausgabe erschien 2018 unter dem Titel
»Snow. The Biography« bei Short Books, London.

Besuchen Sie uns im Internet:
www.droemer.de

Aus Verantwortung für die Umwelt hat sich die Verlagsgruppe Droemer Knaur
zu einer nachhaltigen Buchproduktion verpflichtet. Der bewusste Umgang
mit unseren Ressourcen, der Schutz unseres Klimas und der Natur gehören
zu unseren obersten Unternehmenszielen.
Gemeinsam mit unseren Partnern und Lieferanten setzen wir uns für
eine klimaneutrale Buchproduktion ein, die den Erwerb von Klimazertifikaten
zur Kompensation des CO_2-Ausstoßes einschließt.
Weitere Informationen finden Sie unter: www.klimaneutralerverlag.de

Deutsche Erstausgabe November 2021
Droemer Verlag
© Giles Whittell, 2018
© 2021 der deutschsprachigen Ausgabe Droemer Verlag
Ein Imprint der Verlagsgruppe Droemer Knaur GmbH & Co. KG, München
Redaktion: Caroline Draeger
Covergestaltung: total italic, Thierry Wijnberg
Coverabbildung: Irene_A / Shutterstock.com
Abbildung im Innenteil: Schneekristall-Diagramm nach Ukichiro Nakaya
Satz: Adobe InDesign im Verlag
Druck und Bindung: GGP Media GmbH, Pößneck
Printed in Germany
ISBN 978-3-426-27807-9

2   4   5   3   1

Für Lucinda,
die mich mit echtem Schnee
bekannt gemacht hat

Inhalt

Einleitung

Im Jahr 1867 bekam ein kleines Mädchen, das auf einem Bauernhof in Wisconsin lebte, ein Schwesterchen. Die beiden waren Pionierinnen: Sie nannten eine Blockhütte ihr Zuhause, die ihr Vater am Nordufer des Mississippi gebaut hatte, mitten in den Wäldern. Im Sommer spendete der Wald Schatten. Doch von November bis Mai ergaben sich die Bäume, gleich schlafenden Bären, dem Schnee.

Während die Mädchen aufwuchsen, zog die Familie weiter in Richtung Westen, aber das Leben in den schneebedeckten Wäldern sollte einen besonderen Platz in der Erinnerung der jüngeren der beiden Schwestern haben. Ihr Name war Laura Ingalls Wilder, und Jahre später beschrieb sie einen Wintertag in der Hütte:

»Ma kochte eifrig den ganzen Tag lang gute Sachen für Weihnachten. Sie backte Hefebrot und Brot aus Roggen und Mais, knusprige Biskuits und eine riesige Pfanne voll gebackener Bohnen mit Pökelfleisch und Sirup. [...]
Eines Morgens kochte sie Melasse und Zucker, bis ein zähflüssiger Sirup entstand. Pa brachte zwei Schüsseln voll frischem weißen Schnee von draußen herein. Laura und Mary bekamen jede eine Schüssel, und Pa und Ma zeigten ihnen, wie man den dunklen Sirup in einem dünnen Strahl auf den Schnee gießt. Sie gossen damit Kreise und Schnörkel und kunstvolle Ornamente; alles wurde rasch hart, und fertig war das Zuckerwerk. Laura und Mary durften je ein Stück essen, das übrige musste für Weihnachten aufgehoben werden.«

Diese Beschreibung stammt aus dem Buch *Unsere kleine Farm: Laura im großen Wald*, das Laura Ingalls Wilder 1932 verfasste und aus dem mir meine Mutter in Afrika vorlas. Ich muss zu der Zeit acht Jahre alt gewesen sein, und es hinterließ bei mir augenblicklich einen tiefen Eindruck. Das Vorlesen wirkte wie eine Klimaanlage in Buchform; der Hauch einer geheimnisvollen Kälte mitten in der nigerianischen Sommerhitze.

In meinem Bewusstsein verfestigte sich das Bild von Schnee als etwas Kostbarem.

Schnee bewässert. Er stellt Skifahrern eine Fläche zum darüber Hinweggleiten zur Verfügung. Von Denali bis Rakaposhi bedeckt er wie eine dicke Schicht Zuckerguss die Berge. Nur Schnee vermag es, Ruhe und Frieden in New York einkehren zu lassen – und er macht aus Melasse Bonbons.

Schnee hat sehr viel mit Religion gemein. Er kommt vom Himmel. Er verändert alles. Er schafft eine alternative Realität und bringt Menschen dazu, sich irrational zu verhalten. Es gibt allerdings auch einen Unterschied. Anders als Religion wirft Schnee Fragen über die Geheimnisse der Natur auf.

Wodurch erhält eine Schneeflocke ihre Form? Warum gibt es nicht zwei identische? Wie kommt es, dass derselbe warme Wind auf der einen Seite eines Berges zu Schnee, auf der anderen aber zu trockener Luft führt? Wie kann es sein, dass Regen, der gerade noch talaufwärts am Fenster vorbeipeitschte, einen Augenblick später zu Schnee wird?

Meine Freude an solchen Momenten ist nicht flüchtiger Natur. Sie kann Jahre überdauern, und ich rufe sie mir dann später einmal in Erinnerung und genieße sie wie die Madeleines bei Proust; allerdings gibt es da zwei Dinge, die den Genuss intensivieren. Zum einen sind Momente reinen Schneevergnügens kostbar, vor allem, wenn man in einem niedrigen und flachen Land wie England lebt. Zum anderen – und das ist, zugegebenermaßen, nicht mehr als eine

Vermutung – sind sie, führt man sich die Bedingungen im Weltall vor Augen, unglaublich unwahrscheinlich.

Der leere Raum, in dem der Planet Erde schwebt, ist ein überwiegend lebensfeindliches Vakuum ohne Sonnenlicht. Anzeichen von Leben sind selten. Anzeichen von Spaß sogar noch seltener. Zwar scheinen schneeähnliche Niederschläge auch an anderen Orten in unserer Galaxie vorzukommen, doch auf Wasser basierender Schnee, auf dem man bergab rutschen und herumrollen kann, entsteht nur unter sehr speziellen Bedingungen.

Denn Schnee setzt eine Atmosphäre voraus, die Wasserdampf halten kann, ohne dessen chemische Zusammensetzung zu verändern. Dazu wird eine starke Aufwärtsbewegung der Luft benötigt, entweder über einer Bodenerhebung oder über noch kälteren Luftmassen. Diese Bewegung muss die Temperatur der Flüssigkeit bis zum Gefrierpunkt oder darunter abkühlen; und die Luft muss mit natürlichen Staubpartikeln angereichert sein, an denen sich Eiskristalle bilden können.

Da ist es durchaus wahrscheinlicher, dass nicht all diese Bedingungen tatsächlich an ein und demselben Ort existieren, und doch passiert genau das auf der Erde ständig. In der dünnen Gasschicht, die wir als Troposphäre bezeichnen, treffen alle Voraussetzungen für Schnee laufend aufeinander, gerade so, als wollten sie dem Kosmos die Stirn bieten. Wem dieser Gedanke befremdlich anmutet, blicke doch, wenn es das nächste Mal schneit, in die Wolken und versuche, sich die unendliche Weite dahinter vorzustellen. Wenden Sie sich dann wieder dem Schnee zu, und beobachten Sie, wie er scharfe Kanten weichzeichnet, wie er alle Geräusche schluckt und die Welt in eine wohlige, an vergangene Zeiten erinnernde, sepiafarbene Eintönigkeit versinken lässt. Dieses einfache Gedankenexperiment kann einem Schneesturm ein ganz neues Gesicht verleihen. Was zunächst wild und zerstörerisch schien, wirkt nun geradezu schützend und schöpferisch. Manchmal fühlt sich ein Schneesturm regelrecht vertraut an. Wie cool ist das denn, bitte schön?

Manchmal ist ein Schneesturm allerdings auch die Hölle. Es war nicht nur die Kälte, sondern ein Schneetreiben, das Apsley Cherry-Garrards Winter-Treck über Ross Island im Jahr 1911 zur »schlimmsten Reise der Welt« machte. Jeder, der schon einmal auf einer Skipiste von »schlechtem« Wetter überrascht wurde, kennt dieses Übel. Immerhin ist es ein Übel, von dem man beim nächsten Abendessen mit Freunden erzählen kann. Und es lässt einen die Kraft der Natur spüren, echter Nervenkitzel also. Um einen herum fällt der Himmel zu Boden, und man muss nur die Zunge rausstrecken und kann davon kosten. Man hat eine Ausrede fürs Zuspätkommen und einen Grund dafür, warum man vor Aufregung nur so zittert, wenn man dann eintrifft.

Henry David Thoreau nannte Schneeflocken »zauberhafter Flitter, der Staub vom Boden des Himmelreichs«. Es faszinierte ihn, Schnee aus der Nähe zu betrachten, und damit war er in guter Gesellschaft. Wissenschaftler und Philosophen wetteiferten bereits seit drei Jahrhunderten darum, die Frage zu beantworten, ob Gott oder die Natur für die sechseckige Perfektion von Schneeflocken verantwortlich sei. Ihre Faszination galt Schnee auf mikroskopischer Ebene, Schnee als Kleinod. In jüngerer Zeit haben Menschen eine ebenso starke Faszination für Schnee auf der Makroebene entwickelt, für Schnee als Handelsgut. Die Erklärung dafür ist einfach: Wir können nicht genug davon bekommen. Wir sind eine durstige Spezies und brauchen dringend das Wasser, das im Schnee gebunden ist. Außerdem sind wir Hedonisten. Befindet man sich warm eingepackt in einem Schneegestöber, um in die eine oder andere Richtung zu rutschen, ist es ganz natürlich, sich zu fragen, ob es nicht noch stärker schneien könnte. Die Frage ist naheliegend und schlicht, doch sie geht einem nicht mehr aus dem Kopf. Wie stark kann es schneien?

An einem Februarmorgen im Jahr 1991 war der Schneefall so heftig – und das ausgerechnet in London –, dass er das Leben des Premierministers rettete. An diesem Morgen fuhr ein weißer Van in Richtung Westen auf der Whitehall und hielt auf der gegenüberliegenden Straßenseite des Verteidigungsministeriums an. Der Fahrer stieg aus und raste auf einem Motorrad davon. Nur wenige Minuten danach schleuderte eine Explosion drei selbst gebaute Granaten durch das für den Anschlag präparierte Dach des Vans. Zwei flogen nicht weit genug, doch eine landete im Garten von 10 Downing Street, nur 30 Meter von dem Raum entfernt, in dem der damalige Premierminister John Major gerade ein Treffen seines Kabinetts abhielt. Es gab ein paar Leichtverletzte, aber niemand wurde getötet – ein glücklicher Umstand, der später teilweise dem Schnee zugeschrieben wurde, denn der hatte eine Markierung auf dem Gehweg verdeckt, wo der Van hätte zum Halten kommen sollen, und genau diese verpasste der Fahrer.

Schneefall kann so stark sein, dass die Spuren, die man hinterlässt, im nächsten Augenblick zugedeckt sind. Im Jahr 1953 veröffentlichte die *Monthly Weather Review*, die Zeitschrift der American Meterological Society, einen Artikel, der einen Schneesturm aus dem Jahr 1921 als größtes eintägiges Schnee-Ereignis der amerikanischen Geschichte ausgab. Das bedeutet nicht gezwungenermaßen, dass es sich um den heftigsten Schneesturm aller Zeiten handelte, aber es zeigt, dass die Bedingungen in der Neuen Welt günstig sind für rasch hereinbrechenden Schneefall, und das in großen Mengen. Hier gibt es den Pazifischen Ozean für die nötige Feuchtigkeit, Berge, die für Auftrieb sorgen, und eine gigantische Landmasse zur Abkühlung. Das Zentrum des Sturms befand sich am Silver Lake in Colorado, hoch oben in den

Rockies, fünf Kilometer östlich der Großen Amerikanischen Kontinentalscheide. Insgesamt 27 Stunden lang fielen pro Stunde circa siebeneinhalb Zentimeter Schnee, das sind gut 190 Zentimeter innerhalb von 24 Stunden – genug, um einen aufrecht stehenden Zwei-Meter-Cowboy zu begraben. Früher war das Silver-Lake-Ereignis aufgrund von starken Winden und Schneeverwehungen nicht berücksichtigt worden, doch der Artikel aus dem Jahr 1953 wandte im Nachhinein ein, dass diese nicht gravierender gewesen seien als bei anderen Unwettern vergleichbarer Größenordnung. So wurden epochale Schneestürme, die 1933 in Maine und Kalifornien gewütet hatten, auf ihren Platz verwiesen. Und Silver Lake wurde der Rekord für den stärksten Schneefall eines Tages zugesprochen; ein Rekord, den der Sturm mehr als ein halbes Jahrhundert lang halten sollte.

Ich würde einiges darum geben, dort gewesen zu sein, mit einer Messlatte und fellgefütterten Mokassins. Und einem Flachmann. Und einer flackernden Öllampe im Fenster einer mit Vorräten gefüllten Blockhütte, die bis zur großen Schneeschmelze im Frühling ausgereicht hätten.

Werden wir solche Schneemassen jemals wiedersehen? Nur zu leicht wird man von Verzweiflung überwältigt, wenn man beobachtet, wie Gletscher über der Baumgrenze schwinden und weiße Weihnachten in Vergessenheit geraten, aber das ist nicht nötig. Viele Menschen kommen so selten mit Schnee in Berührung, dass man leicht annehmen könnte, der Schnee selbst sei eine Seltenheit. Doch in Wirklichkeit gibt es selbst heute noch schier ungeheure Schneemassen.

Professor Kenneth Libbrecht, der ehemalige Leiter der Abteilung für Physik am California Institute of Technology (Caltech), kam, die schiere Masse an Schnee betreffend, die auch heute noch auf unserem gesamten Planeten zu Boden fällt, zu überwältigenden Ergebnissen. In Zahlen ausgedrückt, errechnete er eine Menge von durchschnittlich einer Billiarde Schneeflocken pro Sekunde – in jeder einzelnen Sekunde eines Jahres. Um einen Schätzwert für ein ganzes Jahr zu errechnen, müsste man, davon ausgehend, einfach eine Billiarde mit 60 multiplizieren, um einen Wert pro Minute zu erhalten, dann noch einmal mit 60, für jede Stunde, dann mit 24 für jeden Tag und zuletzt mit 365. Das Ergebnis lautet 315 000 000 000 000 000 000 000 oder: 315 Trilliarden Schneeflocken pro Jahr. Das ist eine ungeheure, eine schier unvorstellbare Zahl. Geht man nun davon aus, dass man für einen vernünftig proportionierten Schneemann 100 Millionen Schneeflocken benötigt, so kommt Libbrecht zu folgendem Schluss: Auf unserem Planeten fällt so viel Schnee, dass für jeden Mann, jede Frau und jedes Kind alle zehn Minuten ein Schneemann gebaut werden könnte. Genug also für sieben Milliarden Schneemänner alle zehn Minuten, und das sogar im Juli.

Kann das wirklich wahr sein?

Aus einer gewöhnlichen Perspektive betrachtet, ist es schwierig, sich vorzustellen, dass innerhalb von zehn Minuten genügend Schnee fällt, um so viele Schneemänner zu bauen, vor allem, wenn man zur Mehrheit der Weltbevölkerung gehört, die noch nie oder nur hin und wieder Schnee gesehen hat. Was es braucht, ist eine *außergewöhnliche* Perspektive, und genau die hat das Global Snow Lab an der Rutgers University in New Jersey gefunden.

Im Jahr 2006 feuerte die NASA von Cape Canaveral aus einen drei Tonnen schweren Satelliten ab, der sich an Bord einer Boeing-Delta-Rakete befand. Er wird geostationärer Wettersatellit 13, auch GOES-13, genannt und schwebt 30 000 Kilometer über dem Nordatlantik mit uneingeschränkter Sicht auf eine Hälfte der nördlichen Hemisphäre. Die andere Hälfte wird von GOES-15 überwacht und fotografiert, der auf einer ähnlichen Umlaufbahn über dem Pazifik geparkt wurde. Unter anderem stellt der Datenfluss der Satelliten laufend aktualisierte Informationen darüber zur Verfügung, welche Teile der Erde von Schnee bedeckt sind, und das Snow Lab an der Rutgers University wandelt diese Informationen in Landkarten um.

Wir erfahren vom Global Snow Report nicht viel über die Höhe dieser Schneedecken. Einige sind dünn und kurzlebig, wie der Schnee 2016 vor Weihnachten in den Alpen, der so schnell abtaute, wie er gefallen war. Andere hingegen sind hoch und knirschend und glatt, bis die Frühlingssonne sie erwischt. Was wir hingegen wissen, ist, dass GOES-13 auf der Nordhalbkugel – von der Hohen Arktis bis nach Anatolien – allein zwischen 2016 und 2017 Schneedecken von über 50 Millionen Quadratkilometern aufzeichnete. Libbrecht hat seine Billiarde Schneeflocken pro Sekunde also nicht aus der Luft gegriffen. Er wusste über die Ausmaße des Schneefalls auf der Welt sehr gut Bescheid und erstellte seine Rechnung auf Basis eines vernünftigen Mittelwerts der Anzahl von Schneeflocken pro Kubikeinheit. Solche Werte belaufen sich auf einige wenige zehn Millionen bis zu einer Milliarde pro 0,03 Kubikmeter, abhängig von der Größe der Flocken.

Er hat mit den Schneemännern also nicht übertrieben. Fiele der gesamte Schnee in Form von Schneemännern, gäbe es tatsächlich eine gigantische Armee von ihnen, die alle paar Minuten aufgestockt würde. Ohne diese riesigen Schneemengen gäbe es keine Kryosphäre: weder Polarkappen noch Gletscher, noch die Täler, die durch sie entstehen. Es gäbe keinen Schnee im Gebirge, der Wasser für den Sommer speichert, wenn man es von Kalifornien bis zum Himalaja so dringend braucht. Und es gäbe keine tiefen Winter der Art, wie sie durch die Reflexionskraft des Schnees, der die Erde wie eine Rettungsdecke überzieht, hervorgebracht werden.

Unter dem Mikroskop ist Schnee durchsichtig. Im Licht der Sonne ist er weiß. Ein großer Teil der Wärme und des

Lichts, die auf ihn auftreffen, werden einfach zurück in die Erdatmosphäre gestrahlt. Dadurch entsteht eine Rückkoppelung, die auch als Albedo-Effekt bekannt ist. Obgleich dieser auch für Wolken gilt, trifft er auf sehr viel drastischere Weise auf Schnee zu: Das, was kalt ist, macht den Planeten kälter.

Wie viel kälter? Wohin mag die Rückkoppelungsschleife wohl führen, wenn nicht im Kreis? Es gibt da eine Theorie, durch einen berühmten Aufsatz des kanadischen Geologen Paul Hoffman bekannt geworden, die besagt, der Albedo-Effekt habe in ferner Vergangenheit dazu beigetragen, dass die globale Vereisung einen Punkt ohne Wiederkehr erreichte. Vor über 650 Millionen Jahren, so die Theorie, wurden die Schnee- und Eismassen zwischen den Polen und den niedrigeren Breitengraden so übermächtig, dass sie bis zum Äquator vorstießen.

Willkommen auf Schneeball Erde, dessen Oberfläche komplett zugefroren ist, eher ein weißer als ein blauer Planet. Ein Ort, der gemischte Gefühle hervorruft bei all denen, die, so wie auch ich, an der vollkommenen Vereisung zweifeln; die sich fragen, warum und wann dies geschah oder künftig geschehen könnte. Sollte der Schneeball Erde je existiert haben, müssen ungeheure Schnee-Ereignisse zu seiner Entstehung beigetragen haben; möglicherweise die gewaltigsten und größten, die es je gab. Allerdings war da keiner, der dies bezeugen könnte. Und als das Schneeballreich erst einmal errichtet war, kam auch nicht mehr viel neuer Schnee hinzu. Ohne offene Gewässer hätte es dort sehr wenig Verdunstung oder Niederschläge gegeben. Eis kann zwar, ohne flüssig zu werden, direkt in Wasserdampf übergehen, doch wir können uns ziemlich sicher sein, dass Schneeball Erde kein guter Ort für frischen Pulverschnee gewesen wäre. Wie für jeden anderen Schneeball gab es auch für Schneeball Erde nur zwei Möglichkeiten: gefroren bleiben oder schmelzen. Und da es ihn, falls überhaupt jemals, nicht mehr gibt, muss er wohl geschmolzen sein.

Lange Zeit war das der Grund, weshalb die gesamte verrückte Theorie abgelehnt wurde. Was könnte die Erdoberfläche, wäre sie erst einmal zugefroren, wieder auftauen, wenn nicht die Sonneneinstrahlung? Was könnte die Rückkoppelungsschleife umkehren? Anfang der 1990er ebnete Joseph Kirschvink, ein Kollege Libbrechts, dem Aufsatz Hoffmans mit einer Antwort den Weg: Vulkane.

Kurz gesagt, legte Kirschvink nahe, gewaltige Vulkanausbrüche hätten ausreichend Wärme und Kohlenstoffdioxid freigesetzt, um den Schneeball zu schmelzen und dabei die Wärme zu halten. Sollte er richtigliegen, wäre das ein großer Moment in der Geschichte des Schnees. Es würde bedeuten, dass der Schneeballprozess wiederholbar wäre. Eis könnte sich von den Polen her bis zum Äquator und zurück ausbreiten, und das immer und immer wieder. Im Zeitraffer würde die Erde wie ein seltsam klimperndes Auge aussehen, das um die Sonne kreist und alle paar Hundert Millionen Jahre an einer allumfassenden weißen Linseneintrübung leidet, um sie dann wieder wegzublinzeln.

Damit wären einige sich hartnäckig haltende Fragen beantwortet, etwa wie die, warum Gesteinssedimente, die man üblicherweise mit Vergletscherungsvorgängen in Verbindung bringt, an Orten wie Namibia gefunden wurden. Das Problem ist, man könnte dies wohl auch anhand der Plattentektonik erklären: Landmassen, die sich einst nah an den Polen befanden und von Eis bedeckt waren, haben sich seitdem über den Erdmantel an wärmere Orte bewegt. Wir werden die Wahrheit darüber, was vor 650 Millionen Jahren geschah, also wohl nie erfahren. Handfeste Beweismittel für das älteste Schneevorkommen sind viel jünger. Sie sind wahrscheinlich circa eineinhalb Millionen Jahre alt und befinden sich unter einer drei Kilometer dicken Eisschicht östlich der Wostok-Station, einer russischen Forschungsstation in der Antarktis.

Auf der Suche nach dem mächtigsten Schneesturm aller Zeiten scheint es recht naheliegend, sich der Antarktis zuzuwenden. Sie ist vollkommen von Schnee bedeckt. Sie ist der kälteste Ort der Welt. Der Ort, an dem Robert Falcon Scotts *Terra-Nova*-Expedition auf heulende Blizzards stieß und auf den Tod im Schnee, getarnt als Schlaf.

Doch im Grunde ist die Antarktis nicht verschneit, weil dort so viel Schnee fällt. Sie ist so reich an Schnee, da so wenig wegschmilzt. Eisbohrkerne, die an den dicksten Stellen des Kaps entnommen wurden, sagen viel aus über den Klimawandel der letzten Jahrmillionen, doch über die Mutter aller Schneestürme halten sie höchstwahrscheinlich keine Informationen bereit. In der Antarktis schneit es einfach nicht genug. Es ist ein Mythos, dass es für Schnee zu kalt sein kann – dass es zu trocken ist, ist jedoch sehr wohl möglich. In einem durchschnittlichen Jahr schneit es bei der Wostok-Station gerade einmal so viel, um einen Tennisball damit zu bedecken.

Den ultimativen Schneefall müssen wir also an einem anderen Ort suchen. Wir wissen bereits, dass eine Voraussetzung für Schnee Feuchtigkeit ist, dazu braucht es etwas, das diese gefrieren lässt. Erwiesenermaßen ist nichts so produktiv wie eine steife Brise, die über einen gemäßigt-kühlen Ozean fegt und dann auf eine Gebirgskette trifft. Je wärmer der Ozean, desto mehr Feuchtigkeit verdunstet er, und je wärmer die Luft, desto mehr von der Feuchtigkeit kann sie speichern. Auf diese Formel kam ein französischer Eisenbahningenieur namens Benoît Clapeyron mithilfe des deutschen Physikers Rudolf Clausius. Sie errechneten, dass für jedes Grad, um das sich die Temperatur der Meeresoberfläche erwärmte, der Wassergehalt in der Atmosphäre um sieben Prozent anstieg. Messungen, die über Jahrzehnte hinweg von amerikanischen Satelliten durchgeführt wurden, gaben ihnen recht. Seit den 1970er-Jahren ist die durchschnittliche Meeresoberflächentemperatur weltweit um 0,6 °C angestiegen, was bedeutet, die Menge des Wasserdampfes in der Atmosphäre sollte um vier Prozent zugenommen haben. Und genau so ist es.

Wie mir Dr. Kevin Trenberth vom US National Center for Atmospheric Research vor einigen Jahren berichtete, entsprechen diese vier Prozent zusätzlichen 500 Kubikkilometern Wasser in der Luft um uns herum. In anderen Worten: einmal dem Lake Erie oder dreimal dem Toten Meer. Ein solches Ausmaß an Wasser werde eine wachsende Anzahl von Stürmen nach sich ziehen, fuhr er fort. »Mit der Zeit werden die Stürme eher Regen als Schnee mit sich bringen, aber solange die Temperaturen niedrig genug bleiben, könnten wir uns tatsächlich stärkeren Schneestürmen ausgesetzt sehen. Wir werden einige gewaltige Blizzards erleben.«

Und das stimmte. Während der ersten fünf Jahre nach Trenberths Vorhersage mussten die Berge der Sierra Nevada in Kalifornien eine verheerende Dürre überstehen. Dann, im Winter 2016 auf 2017, verschwand der Gebirgszug nahezu vollständig unter einer dicken Schneedecke. Squaw Valley, wo sonst durchschnittlich zehneinhalb Meter Schnee pro Jahr fallen, war noch im April damit beschäftigt, sich aus über 14 Metern freizuschaufeln. Im selben Monat gab die Stadt bekannt, zum ersten Mal in ihrer Geschichte den ganzen Sommer über für Skifahrer geöffnet zu bleiben.

So etwas hatte man in Squaw noch nie erlebt. Meteorologen schrieben die massiven Schneefälle »atmosphärischen Flüssen« zu, Bändern stark feuchtigkeitsgesättigter Luft, die dank des El-Niño-Phänomens entstehen – einer regelmäßigen Erwärmung des Pazifiks, die durch die generelle Erderwärmung möglicherweise noch verstärkt wird. Wenn Letzteres zutrifft, führt dies möglicherweise zunächst zu mehr

Schnee, bevor er schwinden wird, zumindest an einigen wenigen vom Glück begünstigten höher gelegenen Orten. Der größte Blizzard aller Zeiten kommt vielleicht erst noch.

Nur wann? Und wo? Und was für eine Art Schnee wird er mit sich bringen? Hierbei handelt es sich um ernste Fragen für jeden, der mit dabei sein will, wenn es geschieht. Die erste kann man natürlich nicht beantworten; ich habe sie aber einmal leicht abgewandelt gestellt – wann wird es den *letzten* großen Schneesturm geben? –, und zwar einem Mann, der auf den wohlklingenden Namen Raymond T. Pierrehumbert hört, heute Physikprofessor in Oxford. Ich bekam eine überraschend genaue Antwort: 2040. Laut seinen statistischen Modellen ergibt sich in diesem Jahr zum letzten Mal die richtige Kombination aus niedrigen Lufttemperaturen, einem hohen Maß an atmosphärischer Luftfeuchtigkeit und starken Schneefällen.

Ich hoffe, er liegt falsch. Wir werden sehen. Bis dahin beschäftigt die Frage, wo es überhaupt noch Schnee gibt, einen gigantisch großen Industriezweig.

Aus einiger Distanz betrachtet, gehört wohl zum Erstaunlichsten, was das Phänomen Schnee auf der Erde hervorruft: die seltsame Art, wie er sich auf die hiesige Spezies auswirkt. Der Großteil der 50 Millionen Quadratkilometer Schnee im Winter wird von keiner Menschenseele betreten. Erst südlich des 77. Breitengrades (in etwa auf der Höhe von Thule im nördlichen Grönland) würde ein Außerirdischer, der von einem der GOE-Satelliten nach unten blickt, Menschen ausmachen, aber nur vereinzelt: Inuit und Ölarbeiter in der North Slope Alaskas; die Samen und Motorschlitten in Nordfinnland; die Inughuit aus dem Norden Grönlands und die Tschuktschen aus dem Fernen Osten Russlands, die an einem klaren Tag auf der anderen Seite der Beringstraße Alaska sehen können.

Diese Bevölkerungsgruppen sind sehr klein und leben vom Rest der Welt abgeschieden. Unser Außerirdischer könnte kaum Spuren von ihnen erkennen. An der beweglichen Kante der Schneegrenze, ungefähr zwischen dem 60. und dem 38. Breitengrad, gibt es hingegen ein Wahnsinnsaufgebot an saisonalen Aktivitäten. Bulldozer. Baustellen. Hochspannungskabel und -leitungen. Tiefer gelegene Ballungsgebiete und aufwendig gestaltete Berghänge. Shuttles, Züge, Seilbahnen und Stahlsitze, die in langen Reihen mitten in der Luft hängen, sich gegen die Schwerkraft auf die Berge mühen, damit Tausende und Abertausende von Menschen von oben auf Skiern über den Schnee hinabgleiten können.

Wäre Schnee das Einzige, wovon diese Aktivitäten abhingen, müsste weiter nördlich mehr los sein. Doch der Wahnsinn tobt, wo Schnee und Menschen aufeinandertreffen. Oft widersetzt er sich sowohl der Natur als auch der Vernunft. Und ist Ausdruck eines starken menschlichen Triebes.

Im Jahr 2011, als die italienische Wirtschaft wie ein Betrunkener durch die europäische Schuldenkrise stolperte, engagierte sich das Unternehmen Funivie Monte Bianco mit 120 Millionen Euro für die Modernisierung der 3S-Bahn, die vom Südausgang des Mont-Blanc-Tunnels bis zur französisch-italienischen Grenze hinauffährt. Die Pläne zur Erneuerung waren ungemein verschwenderisch. Unter anderem sahen sie eine Basisstation von der Größe einer Kathedrale und einen 150 Meter langen Fußgängertunnel durch Festgestein geschlagen vor, um den Lift mit dem Rifugio Torino zu verbinden, einer Schutzhütte, die sich auf 2000 Metern Höhe über dem Val d'Aosta befindet. Die Seilbahnkabinen selbst sind kreisförmig und rotieren, sodass Passagiere nicht einmal den Kopf drehen müssen, um das Alpenpanorama genießen zu können, während sie in die Höhe aufsteigen, dem Spielplatz der Götter entgegen. Bei der Mittelstation befindet sich ein Konferenzzentrum und am Gipfel ein verzinkter Gebäudekomplex, der aussieht wie aus *Im Geheimdienst Ihrer Majestät*. Das ganze Unterfangen erinnert an das Goldene Zeitalter des Seilbahnbaus vor einem halben Jahrhundert und wurde mit dem Ziel geplant, dieses um jeden Preis zu übertreffen.

In Indien leben 300 Millionen Menschen von unter zwei Euro oder weniger pro Tag, doch wir können noch immer vom höchstgelegenen Lift der Welt aus auf unseren Skiern losbrettern, in nur zehn Kilometern Entfernung vom höchstgelegenen Kriegsgebiet der Welt. Der russische Präsident Wladimir Putin ist so betört vom Glanz des Wintersports, dass er etwa 40 Milliarden Euro ausgab, um die Olympischen Winterspiele in Sotschi auszurichten – einer Stadt, die ihm wegen ihrer Palmen ans Herz gewachsen war. Doch Chinas Präsident Xi ist unübertroffen. Er wird Gastgeber der Winterspiele 2022 in Zhangjiakou sein, einer Stadt, die vier Stunden nördlich von Peking in der Nähe der Wüste Gobi liegt, wo der einzige Schnee, der fällt, künstlich ist. Damit ja niemand auf die Idee kommt, er würde Prestige über das Volk stellen, hat Xi bis 2030 den Bau von tausend neuen Skiresorts in Auftrag gegeben. Die meisten werden komplett auf Schneekanonen angewiesen sein.

Wir sind verrückt nach Schnee, wollen aber am liebsten nicht sonderlich weit für ihn reisen – ein Garant für Enttäuschungen. Besser ist es, sich aufzumachen an einen der wenigen Orte auf der Welt, wo immer noch Schnee fällt: trocken, kalt, hoch und häufig. Es stellt sich heraus, dass die Suche nach einem solchen Ort einer gewissen Portion Skepsis bedarf und jeder Menge Wanderlust.

Eins

Perfekter Schnee

Steve: Das ist Schnee. Fühl mal.
Wonder Woman: Das ist magisch!
Steve: Ja, nicht wahr?

Wonder Woman, Drehbuch 2017

An einem Januarmorgen vor nicht allzu langer Zeit fanden die Einwohner der algerischen Stadt Aïn Séfra nach dem Aufwachen eine Überraschung vor. Seit kurz nach Mitternacht war Schnee auf die Sanddünen gefallen, die die Stadt umgeben. An manchen Stellen war er 30 Zentimeter hoch. Der Schulunterricht wurde verschoben, damit die Kinder draußen spielen konnten, was die meisten auch taten, denn in Aïn Séfra ist Schnee eine Seltenheit. Schließlich ist Aïn Séfra eine Oase am Rand der Sahara. Algier liegt etwa 500 Kilometer nordöstlich. Der Atlantik ist mindestens genauso weit entfernt, allerdings in Richtung Westen. Schnee ist hier so selten, dass er einem Wunder gleicht; und als die Kinder sich, Kopf voraus, in die Sanddünen warfen, die in weiß gekrönte Wellen verwandelt waren, kreischten sie wie wilde Papageien.

Auf dem Kamm der Dünen sah der Schnee so aus, als gehöre er dorthin. Weiter unten jedoch schmolz er schnell wieder weg. Eine Rutschpartie dauerte etwa fünf Sekunden, dann kamen die tapferen Kinder auf Sand auf, rannten wieder hinauf und legten gleich von vorne los. Mit jeder Rutschpartie wurde aus Schnee ein sandiger, pink eingefärbter

Matsch. Am Vormittag war er verschwunden, doch keineswegs vergessen. Man hatte Videos aufgenommen und ins Internet hochgeladen, und zur Mittagszeit konnte man die Szenen längst auch in Brasilien sehen. Für all jene aber, die die intensive Kälte und Glätte gespürt hatten, blieb das Erlebnis einzigartig. So also fühlte sich Schnee an. Der Gedanke, es könne noch mehr Schneearten geben, wäre wahrscheinlich völlig abwegig erschienen. Entweder Schnee fiel auf einen oder eben nicht, und, Gott sei's gelobt, er war gefallen. Die These wäre nicht zu gewagt, dass dies der großartigste Schnee der Welt gewesen sein musste. Zumindest solange er sich hielt. Was an die These des utilitaristischen Philosophen Jeremy Bentham gemahnt: Hier handelte es sich um »das größtmögliche Glück für die größtmögliche Anzahl an Menschen pro Schneeflocke«.

Mir gefällt die Aussage, aber sie ist nicht unproblematisch. Tatsächlich könnte man sich mit der schwarz auf weiß abgedruckten Behauptung, der Schnee von Aïn Séfra sei der großartigste der Welt gewesen, eine Klage einhandeln, da »der großartigste Schnee der Welt« ein Markenzeichen des US-Bundesstaats Utah ist und seit 1975 mit Argusaugen bewacht wird. Doch damit nicht genug: Das Konzept von »großartigem Schnee« ist kein einfaches Thema. Es ist umstritten, und es steht einiges auf dem Spiel.

Der Schnee von Aïn Séfra war kein meteorologischer Einzelfall. Er war Teil von etwas viel Größerem. Die wichtigste Zutat vor Ort war ein Sturm, der sich vom Atlantik bis ins Landesinnere bewegt hatte. Nicht ungewöhnlich für diese Jahreszeit, stieß er doch auf eisige Luft, die aus der über 4800 Kilometer entfernten Arktis stammte, was das Ereignis in ein Wetterphänomen verwandelte, wie es nur einmal in einer Generation vorkommt. Ungewöhnlich waren die Entfernung, die die Luft zurückgelegt hatte, die Masse und Temperatur und wie lange sie weiter einströmte. Auf ihrem Weg in den Süden hatte die arktische Luft Feuchtigkeit aus der Nordsee aufgenommen und für extreme Kälte und den heftigsten Schneefall innerhalb von 30 Jahren in den Alpen gesorgt.

Hätte es diesen alpinen Schnee nicht gegeben – er begrub den Gletscher oberhalb des Ortes Engelberg in der Schweiz unter einer Schneeschicht von fünfeinhalb Metern und weckte bei der älteren Generation vage Erinnerungen an etwas, von dem sie dachten, sie würden es nie wieder erleben –, hätte der Nebenschauplatz Aïn Séfra möglicherweise kaum Aufmerksamkeit auf sich gezogen. Wie die Dinge lagen, wurde der Schneefall in der Sahara jedoch als Beweis für beunruhigende Theorien eines massiven Wandels des Wettergeschehens gewertet.

Der Nationale Wetterdienst Frankreichs kündigte den *Retour de l'Est* an, ein exotischer Name für östliche Winde, die aus Sibirien kommend das Schwarze Meer und den Mittelmeerraum streiften und schließlich aus östlicher Richtung auf die Alpen trafen, wo sich zeitgleich das atlantische Sturmtief aus dem Nordwesten einstellte. Angelsächsische Wetterbeobachter waren mit einer Hochdruckzone über Grönland beschäftigt, die den Golfstrom zu einem Umweg in Richtung Norden zwang vor der gewohnten Wende nach Europa. Und dann war da auch noch die Nordatlantische Oszillation, kurz: NAO, eine atomsphärische Schwankung, verursacht vom Azorenhoch und einem Islandtief. Sind beide schwach, spricht man von einer negativen NAO, was bedeutet, dass weniger Stürme vom Atlantik her Europa erreichen. Sind beide jedoch stark, wirkt sie sich negativ aus, und das verheißt stürmische Zeiten.

Im Januar 2018 war die NAO stark positiv. Normalerweise

wäre der als Folge erwartete Regen relativ warm, doch der *Retour de l'Est* und das Grönlandhoch hatten ihn unverhofft abgekühlt. Daher die Aufregung – und der Schnee.

Ein Meter nach dem anderen fiel vom Himmel: mächtige Schneeladungen ohne Ende. Kaltfronten stauten sich über dem Nordatlantik und rollten dann über die Britischen Inseln und die Benelux-Staaten bis zu der Wasserscheide, die einst Hannibal überquert hatte. Und dort hingen die Wolken an den Alpen fest, und alles strömte aus ihnen heraus, ganz so wie bei einem Tanker, der auf ein Riff aufgelaufen ist.

Ich druckte Berichte, ganze 20 Seiten, von einer meiner Lieblingshomepages über Schnee aus und saß da und sah sie mir an. Bilder, die von Tourismusbüros und europäischen Wetterdiensten eingingen, zeigten allesamt Variationen des Themas »Begräbnis«. Begrabene Lastwagen. Begrabene Sessellifts. Begrabene Gebäude. Jede Oberfläche war gleichsam ein Podest für die Kunstinstallationen der Natur. Vergessen der Wunsch, den Rhythmus und die Routinen des alltäglichen Lebens aufrechtzuerhalten.

»Irrsinnige Schneehöhen in Cervinia«.
»Höchste Gefahrenstufe«.
»Außergewöhnlich starker und potenziell gefährlicher Schneefall … «
»Chaos in den Alpen!«

Solche Schlagzeilen lassen mein Herz höherschlagen. Zermatt war von der Außenwelt abgeschnitten. Besuchern von Tignes wurde es verboten, die Häuser zu verlassen, zu groß war die Gefahr, unter dem von den Dächern rutschenden Schnee lebendig begraben zu werden. Donald Trumps Helikopterflotte traf in Davos ein, begleitet von Schlagzeilen wie »Apocalypse Snow«. Jede Erinnerung an das vorangegangene, fade Jahr war verbannt, denn ausnahmsweise einmal konnten sich die Europäer einreden, in ihren Bergen fiele ebenso viel Schnee wie in den amerikanischen Mountains. Und auch wenn der Gedanke romantisch erscheint, so ganz wahr ist er nicht.

Einst eine große Schneemacht, muss sich Europa heute langfristig mit seinem Niedergang in Sachen Schnee abfinden. Es sind die geografischen Gegebenheiten des amerikanischen Westens und Westwinde, die vom größten Ozean der Welt stammen, die die USA als Schneefabrik schier unschlagbar machen. Nun schien das Jahr 2017 wie die Ausnahme dieser Regel, doch selbst dann noch hinkte Europa hinterher: Das Zusammenspiel der Erwärmung des Pazifiks und der unbeugsamen Berge an der Grenze zwischen Kalifornien und Nevada hatte ein Jahr zuvor nämlich etwas hervorgebracht, was die Alpen auf die Ränge verwies.

Zunächst hatte der Winter des Jahres 2016 in der Sierra Nevada lange auf sich warten lassen. Bis Weihnachten hatte es nicht viel geschneit, doch Anfang Januar zeigten Satellitenmessungen Wasserdampf in der Luft über dem Ostpazifik, Vorboten eines bekannten Musters. Feuchtigkeitsgesättigte Luft war in einem 160 Kilometer weiten Band zu erkennen, das auf der Höhe von Hawaii und Acapulco seinen Anfang nahm. Bei allem Respekt für den Ozean, aber das war ja mitten im Nirgendwo. Und dennoch wirbelten dort zwei gigantische Tiefdruckzonen in gegenläufige Richtung, die Feuchtigkeit in das Band zogen wie Teig in eine Nudelmaschine. Von hier dehnte sich das Band immer weiter aus, wurde über 3200 Kilometer lang und erstreckte sich nach Nordosten, wo es schließlich südlich von San Francisco die Küste erreichte. Während es sich so ausbreitete, stieß es auf Bodenerhebungen, die es gefrieren ließen, es in Schnee verwandelten.

Dieses Wettermuster wurde als »Ananas-Express« bekannt. Schließlich stammt es aus den Tropen und ist außerdem auf einigen der Karten der National Oceanic and Atmospheric Administration (NOAA) als grün-gelbe Linie erkennbar. Heutzutage ist die Wetterlage eher unter dem zeitgemäßeren Namen »atmosphärischer Fluss« bekannt; obgleich Yong Zhu und Reginald Newell, die beiden Wissenschaftler, von deren Forschungsarbeiten aus den 1990er-Jahren sich der Begriff herleitet, lieber von »troposphärischen Flüssen« sprachen.

Die Wortwahl von Zhu und Newell ist äußerst aufschlussreich. Die Troposphäre ist die unterste Schicht der Erdatmosphäre. Je tiefer eine Luftmasse hängt, umso wärmer ist sie, es kann darin mehr Feuchtigkeit gespeichert werden – und früher oder später muss sie auf Berge treffen.

Beinah der gesamte Wasserdampf, der in den großen atmosphärischen Fluss vom Januar 2017 eingespeist wurde, war auf 6000 Metern über dem Meeresspiegel oder darunter transportiert worden. Ein Teil kondensierte in Form von Regen aus und bewässerte die Gärten von Carmel und die Zitronenhaine des San Joaquin Valley. Der Rest sollte wenig später auf die Sierras treffen.

So also arbeiten Kalifornien und der Pazifik zusammen, um Schneestürme zu produzieren. Für einen großen Sturm müssen eine ganze Reihe von Variablen zusammenwirken. Tun sie das nicht, schmilzt der Schnee, und die Gärten in Los Angeles fallen starkem Regen zum Opfer; ernst zu nehmende atmosphärische Ströme aber können laut der NOAA 15 Mal so viel Wasser mit sich führen wie der Mississippi.

»Es war wie ein Angriff mit einem Feuerwehrschlauch«, berichtete ein Meteorologe von der NASA der Nachrichtenagentur Associated Press, als der Schneefall begann.

Innerhalb von sechs Tagen, zwischen dem 6. und dem 11. Januar 2016, fiel in der Sierra Nevada so viel Schnee, dass nach der Schmelze 80 Wasserreservoirs wieder aufgefüllt wurden; als alles geschmolzen war, betrug das gesamte Wasservolumen 40 Kubikkilometer. Allein Mammoth Mountain, der in einem Abschnitt der High Sierra sitzt und Wetterein-flüssen aus dem Norden und dem Süden ausgesetzt ist, be-kam in den paar Tagen immerhin 4,5 Meter ab. Den restli-chen Januar über und größtenteils auch noch im Februar zeigte sich der Feuerwehrschlauch jedoch weiterhin ergiebig. Squaw Valley zog die Aufmerksamkeit der Medien auf sich, als man verkündete, man werde den Skilift den gesamten Sommer über geöffnet lassen. Doch es war ein kleineres Resort auf der anderen Seite des Sees, das am tiefsten im Schnee versinken sollte: In Mount Rose, das man nach einer steilen Auffahrt in die Berge Renos erreicht, wurde bis zur Schließung der Skilifts eine Gesamtschneehöhe von beinahe 20 Metern gemessen.

Insgesamt 20 Meter Schnee, das übersteigt beinahe unsere Vorstellungskraft. Das entspricht drei zweistöckigen Häu-sern, allerdings aufeinandergestapelt. Als ich Mike Pierce, den Marketingleiter des Tourismusbüros in Mount Rose, mit der Frage konfrontierte, wie sich das angefühlt habe, sagte er: »Atomsphärische Flüsse wurden zur Normalität. Ba-boom, ba-boom, ba-boom, ba-boom. Es gab Momente, in denen wurde es einem zu viel. Es fühlte sich bodenlos an.«

Ich selbst verbinde mit atmosphärischen Flüssen positive Erinnerungen – auch wenn ich das damals so nicht formu-liert hätte. Denn 1996 saß ich vier Tage fest, und während ei-ner dieser Flüsse immer mehr Schnee auf den Mammoth Mountain abwarf, nahm ich allen Mut zusammen und fragte eine andere Schneesüchtige, ob sie mich heiraten wolle. Sie sagte Ja, und daher war dieser Schnee vielleicht auf seine ganz eigene Art perfekt. Vielleicht. Doch wenn man sich zu sehr auf den Schnee als Ganzes fokussiert, besteht die Gefahr, dass man die einzelnen Schneeflocken aus den Augen verliert.

Im nach ihr benannten Film sieht Wonder Woman auf einem vom Krieg verwüsteten Marktplatz zum ersten Mal Schnee. Sie ist fasziniert und nennt ihn »magisch« – und sie hat recht.

Schnee ist magisch, nicht zuletzt, weil ihm etwas Rätselhaftes anhaftet. Jedes Staunen über herabfallenden Schnee ist gerechtfertigt. Seit der ersten Flocke sind mehrere Milliarden Jahre vergangen. Wir können Gene bearbeiten und Membrane von der Dicke eines Atoms herstellen, doch wir wissen immer noch nicht, wie das Wachstum von Schneeflocken vor sich geht.

Weitere 320 Kilometer südlich des Mammoth Mountains ragt eine andere Bergkette über der Mojave-Wüste auf; und an ein paar wenigen Tagen im Jahr fällt auf der Nordseite Schnee. Das meiste, was dort runterkommt, liegt zwischen licht verteilten Douglasfichten auf über 8000 Metern Höhe, wo es den Boden kühlend bedeckt und auf die Gesichter derer ein Lächeln zaubert, die den Schnee dort zuverlässig aufgestöbert haben.

Einige Jahre lang war dieser Schnee für uns der nächstgelegene. Wir fuhren von unserem Zuhause in der Hitze L. A.s aus gern hinauf in die Berge, um ihn zu bewundern; was wir nicht ahnten: dass wir an jemandem vorbeikamen, der mehr tat, als nur zu staunen.

Die Straße zu den Bergen führt durch Pasadena in Kalifornien, die Heimstätte von Caltech, wo Ken Libbrecht die meiste Zeit damit verbringt, den Geräuschen des Weltalls zu lauschen, um Beweise für Neutronensterne und Gravitationswellen zu finden. Seine wahre Leidenschaft gilt jedoch den Schneeflocken, genauer gesagt, verbringt er den Großteil seiner Forschung damit, den Schneeflocken die Geheimnisse ihrer Morphologie zu entlocken. Am Caltech, wo er eigens von ihm entwickelte Geräte benutzt, hat er die perfektesten künstlichen Schneeflocken der Welt herangezüchtet und die bisher umfassendste Beschreibung ihres Wachstums vorgelegt.

Die Entstehung einer Schneeflocke beginnt mit ein paar Milliarden Wassermolekülen. In jeder handelsüblichen Wolke sammeln sich solche Wassermoleküle in winzigen Tröpfchen, die noch kein Dampf, dabei aber klein genug sind, um sich der Schwerkraft zu widersetzen. Sie schweben einfach dort herum, von der Luft getragen. Die Moleküle in ihnen drängen sich wie die Menschen beim Shoppen immer dicht zusammen, aber nicht in ordentlichen Reihen. Und – besonders erwähnenswert – sie haben eine natürliche Vorliebe für diesen flüssigen Zustand.

Wenn Wolken über dichteren Luftmassen oder an Bergwänden nach oben steigen, kühlen sie ab. In der Theorie sollten die einzelnen Wassertropfen darin gefrieren, sobald die Temperatur 0 °C beträgt, doch seltsamerweise geschieht das nicht. Ohne etwas, an dem es sich festsetzen könnte, kann Wasser bis zu minus 40 °C in einem extrem kalten flüssigen Zustand bleiben. Sogar wenn es etwas zum Andocken gibt, kann sich ein Tröpfchen in einer Wolke bis zu einer Temperatur von minus 6 °C dem Gefrieren widersetzen.*

Da kommt Staub ganz gelegen. Winzige Staubpartikel eignen sich perfekt als Kristallisationskeime für Eiskristalle, schließlich gibt es davon reichlich in der Luft. Sie stammen aus Vulkanen, von Waldbränden oder Stürmen, die über die

---

* Es ist nicht so, als würden sich die Wetterdienste für ihre Voraussagen von Schnee nur auf Temperaturen verlassen. Auch der Luftdruck wird untersucht. Konkret gemessen wird dabei die vertikale Entfernung zwischen dem Punkt in der Atmosphäre, an dem der Druck 1000 Millibar beträgt, das ist immer in etwas höherer Entfernung, und jenem, an dem er auf 500 gefallen ist. Je kälter die Luft, desto kürzer die Entfernung, da kalte Luft weniger Raum einnimmt als warme. Wenn sich diese Entfernung auf 5400 Meter oder weniger verringert, deutet dies darauf hin, dass die Wahrscheinlichkeit von Schnee wächst. Schneidet man eine Null ab, wird klar, warum die »540er-Grenze« für Schneeprofis das Wichtigste auf einer Wetterkarte ist.

Erde fegen, und tatsächlich auch von Schlachthöfen. So wurde im Januar 2011 ein ungewöhnlicher Schneefall in der Nähe von Dodge City in Kansas vom US National Weather Service den Dämpfen und dem Ruß zugeschrieben, die aus zwei Schlachtereien südöstlich der Stadt entwichen. Ein in der Nähe gelegenes Kraftwerk sorgte für noch mehr Dampf; und die drei Gebäude standen allesamt in Reih und Glied in Richtung des vorherrschenden Windes aus Südosten. Fast anderthalb Zentimeter Schnee fielen in Form eines sich ausdehnenden Schweifes nordöstlich der Stadt – genau dort, wo man ihn unter diesen Umständen erwarten würde. Das Gleiche passierte bei einem Atomkraftwerk in Pennsylvania, das in Windrichtung stand, und zwei Jahre später bei einer Kläranlage. In Sibirien behaupten die Leute, sie könnten es auf mehr oder minder gleiche Weise schneien lassen, indem sie einfach einen Topf lauwarmes Wasser durchs Küchenfenster ausleeren. Vermutlich hilft es, wenn sie ein paar Stockwerke weiter oben wohnen.

Üblicherweise verläuft die Entstehung einer Schneeflocke nicht ganz so prosaisch, doch sie beginnt immer mit einem Eiskristall, und der Kristall hat immer sechs Seiten.

Warum gerade sechs? Vor dem Siegeszug der Wissenschaft schlug diese Art Frage geradewegs in die tückische Kerbe zwischen Natur und Gott. Davon unbeeindruckt, veröffentlichte der deutsche Tagträumer Johannes Kepler 1611 einen Aufsatz zu dem Thema. *Cum perpetuum hoc sit*, sinnierte er, *quoties ningere incipit, ut prima illa nivis elementa figuram prae se ferant asterisci sexanguli, causam certam esse necesse est*, was so viel bedeutet wie: »Da immer, wenn es zu schneien beginnt, die ersten Schneeflocken die Figur von sechsstrahligen Sternen haben, muss es dafür eine bestimmte Ursache geben.«

Streng genommen ging Kepler eher der Form von Eis- als von Schneekristallen nach, doch es lief auf dasselbe hinaus:

Er scheiterte an der Beantwortung der Frage. Kepler brütete über den Konstruktionsprinzipien der Natur, wie sie bei Erbsenschoten, Granatapfelkernen und Bienenwabenzellen vorgefunden werden, heutzutage als Prinzip der dichtesten Packung bekannt. Er fragte sich, ob Schneeflocken nach derselben Logik aufgebaut wären, wie man zur damaligen Zeit Kanonenkugeln stapelte – in Form einer Pyramide. In gewisser Weise trifft das zu, allerdings beruhten seine Ausführungen auf nicht viel mehr als einer Annahme.

Vier Jahrhunderte später wissen wir es besser. Die sechs Seiten eines Eiskristalls ergeben sich als natürlicher Winkel aus den zwei Wasserstoffatomen und einem Sauerstoffatom in einem Wassermolekül. Dieser Winkel beträgt immer genau 108 Grad. Er verändert sich nicht, wenn Wasser gefriert, doch sobald Wassermoleküle ihre Energie verlieren und sich der Kälte ergeben, zwingt der Winkel sie in ein dreidimensionales sechseckiges Kristallgitter.

Ein Team des Max-Planck-Instituts in München hat herausgefunden, dass sich ein stabiles gefrorenes Kristallgitter nicht mehr bildet, wenn weniger als 275 Wassermoleküle vorhanden sind. Damit die sechseckige Form eines Eiskristalls entstehen kann, sind mindestens 1000 nötig, dann ist das Gitter allerdings immer noch zu klein für das bloße Auge, aber groß genug, damit weitere Moleküle anhaften können, und es wächst. Auf diese Weise entwickelt es sich vom Eis- zum Schneekristall und schließlich zur Schneeflocke.

Der gesamte Prozess geht wunderbar gemächlich vonstatten. Bis eine Schneeflocke zu Boden gefallen ist, kann eine Dreiviertelstunde vergehen, in der sie weiter wächst und immer mehr Dampf aus der Luft aufnimmt. In einem Aufsatz aus dem Jahr 2007 erklärt Ken Libbrecht, wie genau das vor sich geht:

Die flüssigen Tröpfchen in der Wolke, die nicht gefrieren, verdunsten langsam und liefern der Luft so den Wasserdampf, der ihre gefrorenen Geschwister hervorbringt. So entsteht ein Nettotransfer von Wassermolekülen, die sich von flüssigem Wasser zu Wasserdampf und schließlich zu Schneekristallen entwickeln. Das ist es, was geschieht, wenn flüssiges Wasser in einer Wolke gefriert.

Um einen einzigen Schneekristall von der Größe des Punktes am Ende dieses Satzes zu erhalten, sind laut Libbrecht eine Million Tröpfchen nötig. In diesem Stadium ist unsere Proto-Flocke kompakt, schlank und nur schwer von ihren Nachbarn unterscheidbar. Selbst unter einem Elektronenmikroskop wäre es schwierig, sie auseinanderzuhalten, da das grundlegende sechseckige Kristallgitter einheitlich ist. Wenn das nun klingt, als solle nahegelegt werden, aller Schnee sei gleich, so ist das richtig. Auf Molekularebene ist die Struktur von Schnee vorhersehbar, jedoch nur bis zu einem gewissen Grad. Und dennoch ist auch wahr – erstaunlicherweise und gänzlich unbestreitbar –, dass keine Schneeflocke einer anderen gleicht.

Noch in der Größenordnung eines Punktes sind Schneekristalle, pardon, Schneeflocken identisch. Das hat erstens mit dem Staubpartikel zu tun. Denn naturgemäß gleicht kein Staubkorn dem anderen.

Der zweite Grund heißt Deuterium oder, genauer gesagt, Deuteriumoxid. Jeder, der Kirk Dougals in seiner Rolle als Dr. Rolf Pedersen im Film *Kennwort ›Schweres Wasser‹* aus dem Jahr 1965 gesehen hat, weiß, dass die Nazis hofften, sie könnten allen Widerstand brechen und ihr Tausendjähriges Reich mit der Hilfe von Deuteriumoxid errichten, eine natürlich vorkommende Verbindung, auch bekannt als »schweres Wasser«, die, wenn sie isoliert wird, für den Bau einer Atombombe genutzt werden kann. Sich selbst überlassen in

Wasser, Wasserdampf oder Eis, ist Deuteriumoxid verdünnt und harmlos und seine Verteilung zufällig. Es gibt kein Muster, und man kann die Lage der Moleküle nicht vorherberechnen. Alles, was man weiß, ist, dass ein Deuteriummolekül auf 3200 normale Wassermoleküle kommt, was mehreren Millionen pro Flocke entspricht – in, wir erinnern uns, vollkommen zufälliger Verteilung. Die Anzahl verschiedener möglicher Anordnungen dieser Deuteriummoleküle in einer beliebigen Flocke übersteigt die Anzahl von Atomen im Universum bei Weitem. Dies ist die zweite Ursache für die Einzigartigkeit von Schneeflocken.

Doch es gibt noch eine dritte: die Atmosphäre. Während der Kristall fällt, wächst er. Wie er wächst, hängt davon ab, durch was er hindurchfällt – dem Wassergehalt der Wolke, der Temperatur der Luft und dem Luftdruck und welchen Verlauf der Fall nimmt. Dies alles geschieht zufällig, und Zufall vergrößert die Chance von etwas Einzigartigem. So ist es schlicht unmöglich, dass sich seit Anbeginn zwei Schneeflocken aus identischen Eiskristallen geformt und den exakt gleichen Weg zur Erde genommen haben könnten.

Der Weg bestimmt die Form der Flocke und ist insofern ein Reisetagebuch; ein Protokoll über genommene Abzweigungen, das man von innen nach außen lesen muss. Eines Tages sollte ein Supercomputer in der Lage sein, durch die Betrachtung einer Flocke jede Luftschicht, durch die sie fiel, detailliert beschreiben zu können.

Sich das nur vorzustellen, ist bereits Fortschritt: Vor einem Jahrhundert bereitete ein Bauernjunge aus New Hampshire namens Wilson Bentley der Kunst der Schneeflockenmikrofotografie den Weg. Schon er fand, die Einzigartigkeit von Schneeflocken trage enorm zu ihrer Schönheit bei, doch warum das so war – nun, das konnte er sich nicht erklären. Unter der Kapuze eines großformatigen Kastens, den er zum Himmel, seiner Lichtquelle, emporreckte, beobachtete er sie nur immer und immer wieder. Seine Bilder sind unübertroffen, doch für uns heute sind sie weit weniger geheimnisvoll als zu der Zeit, als er sie aufnahm. Denn heute wissen wir, dass Schneekristalle zu Schneeflocken wachsen, weil drei Prozesse zugleich auf sie einwirken. Die ersten beiden werden Flächenbildung und Verzweigung genannt. Stellen Sie sich den aus einem Eiskristall bestehenden Grundstein einer jeden Flocke als sechseckigen Miniatur-Eishockeypuck vor. Seine sechs Seiten sind die Flächen eines Prismas. Ober- und Unterteil sind seine Grundflächen. Während er durch kalte, feuchte Luft fällt oder in ihr ungeachtet der Schwerkraft umherwirbelt, haften frei bewegliche Wassermoleküle von verdunsteten Tröpfchen direkt an seinen Flächen an, ohne sich zuvor nochmals zu verflüssigen. Wenn sie an den Grundflächen kleben bleiben, gewinnt der Puck an Masse. Er kann schnell höher werden, als er breit ist – eher also eine Hülse als ein Puck. Wenn sie an den anderen Flächen des Prismas anhaften, den Mantelflächen, wird er breiter, wie ein Plättchen. Eines der Rätsel bei der Flächenbildung ist die Frage, warum beide Arten bei einer Flocke vorkommen können, dies jedoch nur selten gleichzeitig geschieht. Das heißt, es gibt Schneeflocken, die aussehen wie ein Paar Eisenbahnräder an einer Achse. Sie wachsen zunächst durch Bildung der Grundflächen, so entsteht die beschriebene Hülse, dann wachsen durch Bildung der Mantelflächen die Räder – und bei alldem gibt es einen abrupten Wechsel vom einen zum anderen, den niemand so richtig erklären kann.

Auch wenn Eisenbahnräder ziemlich eigentümlich sind, so sähen Schneeflocken im Großen und Ganzen ziemlich langweilig aus, würden sie nur durch Flächenbildung geformt. Sie wären kleine Körnchen und würden schwer auf dem Boden liegen, so wie die groben kleinen Kristalle, die sich auf künstlich beschneiten Skipisten neben den Schneekanonen auftürmen.

Was Schneeflocken so schön macht, sind die Zweige. Bei seiner Reise durch die Atmosphäre liegen alle Oberflächen eines Kristalls im Wettstreit miteinander um die meisten frei beweglichen Wassermoleküle.* Ein Kristall, der es bei diesem »Wettrennen« schafft, herauszustechen, hat einen Vorteil; während die Flächen des Prismas größer werden, wachsen die Ecken zwischen ihnen schneller als die Flächen selbst. Sie sind wie ein Twitter-Nutzer, der mehr Follower sammelt ganz einfach dadurch, dass er mehr Tweets absetzt. Wenn die Ecken nun bereits herausragen, können sie im Vergleich zu den zurückhaltenden Flächen noch mehr Moleküle abfangen und wachsen daher noch schneller – eine positive Rückkoppelung, durch die die Verzweigungen entstehen, welche die Kristalle in Sterne verwandeln und Schnee in etwas Leichtes, Flockiges und Wunderbares.

Doch nicht aller Schnee hat eine solch freudvolle Bestimmung. In Moskau habe ich gesehen, wie er sich als Schneematsch an den Straßenrändern auftürmte und ganze Bushaltestellen voll wartender Pendler patschnass wurden. Ich habe gelesen, dass Buffalo in New York einmal von den Massen schier erdrückt wurde, die auf die Stadt herunterkamen wie der eisige Schock bei einer Ice Bucket Challenge, so nass und schwer wie der Lake Erie selbst und völlig nutzlos, außer dafür, weggeschafft zu werden. Abgesehen davon, ist es sicherlich falsch, Schneeflocken auf der Grundlage ihres Niederschlagortes zu diskriminieren. Sie suchen ihn sich nicht aus.

---

* Streng genommen ist das so nicht ganz richtig. Schneeflocken sind keine Lebewesen. Sie haben keine Handlungsmacht. Es gibt weder zwischen Flocken noch unterschiedlichen Flockenbestandteilen Wettstreits, wie sie unter Menschen oder Tieren vorkommen. Seltsam ist aber, dass sie miteinander ringen und wachsen und sich gegenseitig übertrumpfen, als gäbe es einen solchen. Am Ende kommt es auf das Gleiche raus, weswegen Forscher manchmal Redewendungen wie diese gebrauchen, wenn sie den Lesern erklären wollen, was da eigentlich vor sich geht – so wie auch ich.

Wenn sie die Möglichkeit dazu haben, bilden alle Schnee-flocken Verzweigungen, und diese sind nur der Anfang. Wenn die Zweige das Einzige wären, was in den Pausen der Flächenbildung geschieht, bestünden Schneeflocken aus einem beinahe unendlich langen Wirrwarr eisiger weißer Fäden. Wie sich herausstellt, ist dieser Prozess jedoch be-grenzt und rein dekorativ. Fast genauso schnell, wie die Rückkoppelung begonnen hat, die die Verzweigungen in den Ecken der Sechsecke erzeugt, endet sie. Wachstum fin-det in Schüben statt und beginnt aufgrund der Mikrophysik der Diffusion: Je erfolgreicher ein Zweig frei bewegliche Wassermoleküle aus der Luft einfängt, umso größer ist die Distanz des Zweigs zu anderen in der unmittelbaren Um-gebung und desto länger dauert es, bis die Moleküle diese Distanz zurückgelegt haben.

An dieser Stelle funktioniert eine Analogie aus der realen Welt besser als die vorherige mit Twitter. Nehmen wir an, eine redselige Frau versammelt auf einer Party einen Kreis interessierter Zuhörer um sich, so entsteht zwischen diesen und den anderen Gästen im Raum ein Abstand – ein Ab-stand, den die anderen gar nicht erst zu überwinden bemüht sind, da sie nicht hören können, was der ganze Wirbel soll. Wie unterhaltsam die Frau auch sein mag, der Kern der Grenze ihrer Anziehungskraft liegt in genau ihrer Anzie-hungskraft. Im Schnee-Jargon gesprochen: Ihre Anziehungs-kraft ist diffusionsbegrenzt. Das könnte geändert werden, allerdings nur, indem sie sich auf einen Stuhl stellte und oder anfinge, zu singen oder eine Pirouette zu vollführen, bei der die Farbe ihres Kleides wie von Zauberhand wechselt, was zu einem Begeisterungssturm führen könnte – und natürlich können Schneeflocken so etwas auch. Ihr Wachstum führt zu spektakulären Mustern, da der Prozess ihres Wachstums während des Falls durch unterschiedlich feuchte Luftschich-ten zwischen Flächenbildung und Verzweigung hin und her wechselt. Experimente mit künstlichen Schneeflocken haben ergeben, dass hohe Luftfeuchtigkeit eher zu Verzweigungen führt und eine niedrige eher zur Flächenbildung. Moleküle bleiben entsprechend kleben wie Harzgranulat in einem 3-D-Drucker.

Keine Party ist ohne Lagerfeuer oder Hitzepilz komplett – oder ohne Swimmingpool. Und genauso verhält es sich mit Schneeflocken. Der letzte und wesentliche Faktor, der bestimmt, wie groß und schön sie wachsen, ist die Temperatur. Gibt es so etwas wie eine optimale Temperatur und Luftfeuchtigkeit, die den großartigsten Schnee der Welt hervorbringen? Wie sich herausstellt, gibt es das.

Im Jahr 1928, nach einer langen Reise mit einem Dampfschiff über Singapur und Suez, kam ein junger Postdoktorand der Experimentalphysik nach London, um sich dem Studium einer revolutionären neuen Methode zu widmen, mit der man Knochen durch das menschliche Fleisch hindurch fotografieren konnte. Sein Name war Ukichiro Nakaya, und er war fest entschlossen, erfolgreich zu sein. Sein Ehrgeiz hatte ihn nach London geführt – und ein besonderes Interesse an Röntgenstrahlen. Zwei Jahre später lenkten seine Ambitionen ihn zurück nach Japan, wo er als Assistenzprofessor an der Universität Hokkaido begann; anfänglich voller Sorge, wie er der Welt seinen Stempel aufdrücken könnte. Er verfügte weder über das Geld noch die Ausstattung, um in den angesagteren Bereichen wie der Quantenmechanik oder der Kosmologie anzutreten. Was es gab, war Schnee, und das im Überfluss.

Es ist unmöglich, Japan nicht um seine Schneegeografie zu beneiden. Sapporo liegt gegenüber von Wladiwostok auf der anderen Seite des Meeres. Bevor der Wind dort ankommt, wird er auf seinem 5000 Kilometer langen Weg durch Sibirien abgekühlt, dann für 300 Kilometer über dem Meer befeuchtet und erwärmt, aber nicht zu sehr. Also machte Nakaya sich daran, das Resultat dieser Reise zu fotografieren, und da er Bentleys Arbeiten kannte, führte er sie fort, wo jener aufgehört hatte: Dazu fertigte Nakaya 3000 Mikroaufnahmen von Schneeflocken an, vermaß und klassifizierte sie und begann damit, in einer kälteregulierten Nebelkammer seinen eigenen Schnee herzustellen.

Er fand heraus, dass sich ein kleines Stück Kaninchenfell perfekt als Ausgangspunkt eignete, und ließ Flocken bei wechselnder Luftfeuchtigkeit und Temperaturen bis zu minus 35 °C wachsen. Beim Spiel mit diesen beiden Variablen entstanden ganz unterschiedlich geformte Schneeflocken. Er gruppierte sie in 14 Kategorien und ordnete sie in einem Koordinatenkreuz an, bei dem die Feuchtigkeit entlang der y-Achse ansteigt und die Temperatur entlang der x-Achse abfällt. Das entstandene Diagramm sah völlig willkürlich aus. Zumindest auf den ersten Blick. Es ließ sich kein eindeutiger Trend ablesen, was Größe oder Gefälligkeit der Form anging, und doch blieb es während der letzten 85 Jahre unverändert. Es trägt bis heute seinen Namen: Nakaya-Diagramm. Und es zeigt die Bedingungen für perfekten Schnee so deutlich an wie eine Ampel. Demnach bedarf es eines Übersättigungsgrades von 0,3 Gramm Wasser pro Kubikmeter Luft und einer Temperatur von minus 15 °C. Dann sind die Aussichten am besten, dass Schneeflocken entstehen, die groß und schön sind und doch nicht unter dem eigenen Gewicht zerfallen oder beim Auftreffen auf den Boden schmelzen. Bei diesen Flocken handelt es sich um farnartige sternförmige Dendriten, um Schneesterne, oder auch: um die Stars des Schnees.

Das Nakaya-Diagramm nennt die Voraussetzungen für die Entstehung von Säulen, Nadeln, Plättchen und soliden prismenförmigen Flocken. Jede einzelne ist mir lieber als Regen oder gar kein Schnee, aber die sternförmigen Dendriten sind etwas ganz Besonderes. Sie sind wie gewöhnliche Dendriten, die bei 0 bis minus 3 °C vorkommen, aber sie sind dreimal so groß. Es sind die Flocken, die Bentley am liebsten als Nahaufnahme ablichtete. Sie fallen schnell, ergeben eine hohe Schneedecke und schlucken mehr Geräusche als alle anderen Schneetypen.

Es ist die Art Flocke, die man sehen möchte, wenn man sein Gesicht in einem Schneesturm zum Himmel reckt. Wenn Regen ein gehetzter und aufbrausender Kellner kurz vor Schichtende ist, dann ist der nächtliche Schneefall von farnartigen sternförmigen Dendriten ein unsichtbares Team von *Metteurs-en-scene*, die in die Banketthalle ausschwärmen mit Tellern unter silbernen Servierglocken, diese mit einer elegant-unaufdringlichen Bewegung lüften und dabei »*Voilà*« flüstern.

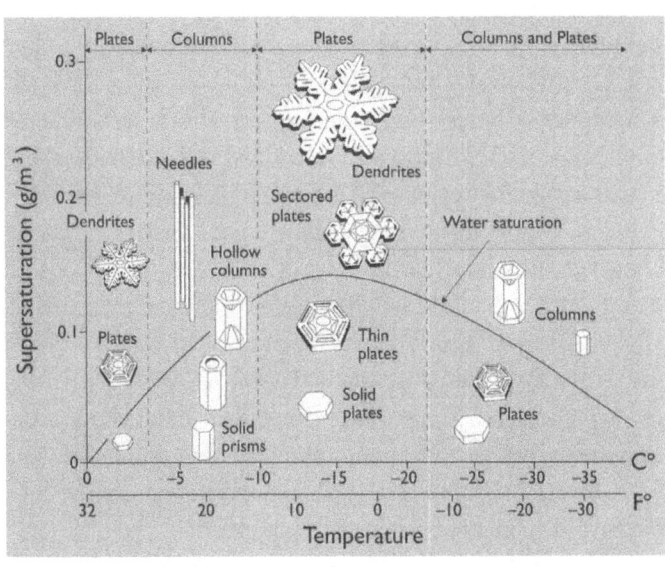

Schneekristall-Diagramm nach Ukichiro Nakaya

Und doch wissen wir immer noch nicht genau, wie sie wachsen. Das Nakaya-Diagramm bildet so etwas ab wie den Siegeszug wissenschaftlicher Beobachtung über eine ungefähre Ahnung. Niemand hätte es sich einfach ausdenken können. Es stellt das »Was« der Schneeflockenentstehung dar. Doch selbst heute haben wir keine gesicherte Kenntnis über das »Warum«. Das Geheimnis liegt in der Frage, warum man einen sternförmigen Dendriten bei minus 12 °C, nicht aber bei minus 8 vorfinden kann. Grob gesagt, ist die Beziehung zwischen Feuchtigkeit und Form klar. Je mehr Feuchtigkeit vorhanden ist, umso raffinierter und sternförmiger werden die Flocken. Der Zusammenhang zwischen Temperatur und Form ist jedoch komplizierter. Das Diagramm zeigt schnelle Veränderungen von Flocken, die im Wesentlichen säulenförmig sind, zu Flocken, die eher sternenförmig sind, und vice versa, und das bei Temperaturunterschieden von nur ein oder zwei Grad.

Ein Vierteljahrhundert nach Nakayas Forschungen behauptete ein britischer Wissenschaftler, er habe verstanden, wie es wirklich vor sich gehe. Im Nachwort einer 1966 erschienenen Übersetzung von Keplers »Vom sechseckigen Schnee« schrieb Professor EB Mason vom Imperial College London mit einem Hauch Selbstgefälligkeit, »es sei vom derzeitigen Autor überzeugend bewiesen worden«, dass es »hauptsächlich von der Temperatur der Luft abhänge«, ob eine Flocke sich zum Plättchen, zum Prisma oder Stern entwickle. Das war zwar korrekt, mehr aber auch nicht. Wenn die Temperatur der wesentliche Faktor ist, müsste man bei einer bestimmten Temperatur sehr unterschiedliche Wachstumsraten bei der Flächenbildung an den Mantelstücken (d. h. in die Breite) und der Flächenbildung an den Grundflächen (d. h. nach oben) erwarten können.

In den 1960ern hatte Mason dazu rudimentäre Messungen vorgenommen, die ihn zufriedenstellten. Fünfzig Jahre später führte Libbrecht sehr viel sorgfältigere Untersuchungen durch und fand heraus, dass kein temperaturabhängiger Unterschied zwischen dem Wachstum der Grund- und den Mantelflächen die schiere Größe eines farnähnlichen sternförmigen Dendriten erklären konnte. Es musste etwas anders vor sich gehen, vor allem, wenn man die Wirkung von diffusionsbegrenzter Verzweigung bedenkt, bei der die Verästelungen daran gehindert werden, zu weit zu wachsen. Libbrecht entwickelte dazu eine Theorie, die nahelegt, dass, wenn die Flächenbildung bei einem Prisma erst einmal begonnen habe, eine sternförmige Flocke zu bilden, und dies unter den geeigneten Bedingungen geschähe, »die sehr schmale Fläche« an der Ecke der Flocke »sehr viel schneller wächst als eine breitere Fläche«.

Mit anderen Worten: Es hing alles von der Form ab; in diesem Fall von einer extrem dünnen Form, die eine weitere Rückkoppelungsschleife in Gang setzt und so Verzweigungen hervorbringt, die zudem äußerst fragil und kunstvoll sind. Er nannte das Phänomen »Messerschneiden-Instabilität« – wenn das nicht ein klangvoller Name ist. Dann, beinahe im gleichen Atemzug, räumte er ein, dass »die molekularen Vorgänge, die dem zugrunde liegen, noch immer nicht geklärt sind«.

Das war im Jahr 2007. Zehn Jahre später rief ich ihn an, um ihn zu fragen, ob es ihm zwischenzeitlich gelungen sei, die Messerschneiden-Instabilitäts-Theorie zu belegen. Die knappe Antwort lautete: Nein. Die Erforschung von Schneeflocken sei eine geradezu »verbotene Wissenschaft«, wie er es formulierte. Keine Forschungsgelder. Kein Ruhm. Aber er hielt an seiner Theorie fest. »Ich denke, die Instabilität existiert, aber warum? Wer weiß?«

Und wo? Hinter seinem Labor auf Mount Waterman jedenfalls fände Libbrecht kaum farnartige sternförmige Dendriten, genauso wenig wie er sie in Aïn Séfra finden würde, sollte es dort wieder schneien. Diese Orte seien einfach nicht kalt genug. Normalerweise trifft das auch auf die Sierras in Kalifornien zu, wobei Mike Pierce vom Mount Rose berichtet, dass rückdrehender Wind in Richtung Osten das Thermometer um 10 °C fallen lässt und Schnee in Form von »kaltem Nebel« mit sich bringt, der zu leicht ist, um ihn zu werfen, und erst recht, um ihn zu schippen. Libbrechts Lieblingsschneestadt ist und bleibt Cochrane in Nord-Ontario, eine Stadt, deren Maskottchen ein Eisbär ist. Dort beträgt die Durchschnittstemperatur zwischen Dezember und März minus 14,5 °C, der Wind weht schwach, und die Landschaft ist flach; die perfekte Umgebung für Puristen, um auf Flockenfang zu gehen.

Wer zu Forschungszwecken Fotos macht, ist in erster Linie an Qualität interessiert. Schneesüchtige gieren jedoch auch nach Quantität. Dank der kühlenden Kraft orografischer Erhebungen können alle Berge Wasserdampf zur Kondensation zwingen, doch einige tun dies mit besonderem Elan. Die Stadt Steamboat Springs am Fuße der Rockies beantragte 2008 bundesrechtlichen Markenschutz für die Worte »Champagne Powder«; es wurde behauptet, der Begriff sei zum ersten Mal von einem Ortsansässigen namens Joe McElroy benutzt worden. Wenn er auf seinen Skiern stehe, so habe McElroy behauptet, habe er ein Prickeln wie von Champagnerbläschen in der Nase. Egal ob das stimmt oder nicht, fängt die Formulierung die Vorstellung von perfektem trockenem Pulverschnee ziemlich gut ein. Seitdem haben die Anwälte der Stadt an fast die gesamte amerikanische Resort-Konkurrenz Briefe geschickt, die das Markenzeichen verteidigen, und sie haben einige ungehaltene Antworten erhalten (»Wollen Sie uns veräppeln?«, fragte die *Aspen Times* im Januar 2010). Doch Libbrecht warnt davor, Steamboats Annahme, Schnee sei tatsächlich an einzelnen Orten ganz speziell, über Bord zu werfen. Schließlich liegen kaum

Daten über den Einfluss von Mikroklimata vor, und dies gilt ganz besonders für die Berge.

Am anderen Ufer des lauen Atlantiks sind die beiden österreichischen Nachbargemeinden Warth und Schröcken diesbezüglich Rekordhalter: Das Skigebiet Warth-Schröcken ist das schneereichste in ganz Europa mit einem durchschnittlichen Schneefall von 10,5 Metern pro Saison, dennoch sind die beiden Dörfer dafür weder sonderlich bekannt, noch liegen sie in besonders großer Höhe. Auch hier trifft zu, was allgemein für ein schneereiches Mikroklima gilt: Die auffälligsten Orte sind auf Nordhängen verstreut und finden sich in der Schneise eines Windes aus Nordosten, der in diesem Falle zunächst über den Bodensee hinwegstreicht. Verortet man die beiden Dörfer auf dem Nakaya-Diagramm, so ordnen Durchschnittstemperatur und der Wassergehalt des Schnees Warth auf der linken Seite des Nakaya-Diagramms (wie so typisch in unserer sich erwärmenden Welt) ein, also auf der eher matschigen Seite. Mit anderen Worten: Es gibt reichlich Schnee, doch er ist alles andere als perfekt.

Ich habe immer gehofft, dass Kirgisistan, die Perle Zentralasiens, mit Qualitätsschnee gesegnet wäre, der es mit dem in Utah aufnehmen könnte, da das Land ähnlich mittig auf seinem Kontinent liegt. Doch weit gefehlt: Eine Ski-Touren-Gruppe, die von dort für die 2017er-Ausgabe des *Alpine Journals* berichtete, schrieb, »der Mangel an Schnee ist im [kirgisischen Teil des] Tian-Shan-Gebirge[s] besonders stark ausgeprägt«.

Diese Aussage bringt uns zurück nach Utah. »Das ist der Ort«, so äußerte es wohl Brigham Young über die Wasatchkette am westlichen Zipfel der Rockies, bevor er 1847 seinen letzten Atemzug in seinem Planwagen tat und es den jüngeren Mormonen überließ, dort Gottes Außenposten, das heutige Salt Lake City, zu errichten. Wen wundert es da, dass der

Slogan auf den Nummernschildern des Staates heute von der gleichen Trotzhaltung zeugt mit seinem »der großartigste Schnee der Welt«.

Gibt es ihn in Utah wirklich, den großartigsten Schnee der Welt? Es ist nicht schwer, Argumente dafür zu finden. Schließlich liegt der Staat knapp tausend Kilometer landeinwärts der Sierras und hat dadurch ein kontinentales und kaltes Klima, und das ist es schließlich, worauf es ankommt.

Sich vom Westen nähernde Sturmsysteme sind von den Wüsten ausgetrocknet und laden sich mit Feuchtigkeit vom Great Salt Lake auf, bevor sie mit der Wasatchkette kollidieren, wo die als Alta bekannten, verstreut liegenden alten Skihotels behaupten, ein Dutzend Meter perfekten Schnees im Jahr abzubekommen.

Dr. Jim Steenburgh, ein Meteorologe der University of Utah, hat sogar ein Buch über seine Heimatberge und ihr Wetter geschrieben. Es trägt den Titel *Der Großartigste Schnee der Welt*, und das ist nicht nur ein Werbeslogan. Obwohl die Wasatchkette nicht die schneereichste der Welt sei, wenn man von der reinen Schneemenge ausgehe, biete er einmalig schönen Schnee, weil die Winde »richtig herum« bliesen. Damit meint er, dass die Berge an der Vorderflanke heftigen Schneefall verzeichnen, eine solide Basis für Skifahrer, auf die dann ein feiner Pulverschnee folgt, der die Menschen auf den Pisten umschmeichelt und berauscht. Anderswo, sagt er, seien Stürme häufiger »verkehrt herum«.

Ich habe Steenburgh in einer E-Mail gebeten, Stammesdenken und kollegiale Loyalitäten außen vor zu lassen und mir zu verraten, wo man seiner Meinung nach wirklich den großartigsten Schnee der Welt fände. Er fühlte sich wohl zu einer Antwort verpflichtet. »Meiner Ansicht nach«, schrieb er mit größtmöglicher professioneller Distanz, bieten die Berge im Nordwesten Japans »weltweit das beste Klima für Schnee, da der Schnee dort, zumindest im momentan vorherrschenden Klima, von hoher Qualität ist und es während des asiatischen Monsuns im Dezember, Januar und Februar außergewöhnlich stark schneit. Im Januar kam das Meteorologische Observatorium Sukayu Onsens im Norden Honshūs auf einen Durchschnitt von 459 Zentimetern Schnee. Ich vermute, dies ist der höchste durchschnittliche Schneewert in einem Monat, von dem je eine amtliche Wetterstation berichtet hat.«

Früher oder später muss ich einfach nach Japan.

Zwei

Wenn Eisbären
sprechen könnten

In diesem Augenblick weint der Himmel um Jesaja [...].
Es ist das All, das auf diese Weise eine Decke über ihn
zieht, damit er nie mehr frieren muss.

Peter Høeg, *Fräulein Smillas Gespür für Schnee*

Schnee ist ein bisschen so wie das Magnetband in Kassetten – ein Speicher für Informationen, aus denen Geschichten gesponnen werden können. Wenn er fällt, schmilzt er entweder oder er bleibt liegen. Schmilzt er, gehen die atmosphärischen Daten, die in jeder Flockenform gespeichert sind, für immer verloren. Wenn er jedoch unter äußerst kalten Umständen liegen bleibt, kann diese Form erstaunlich lange weiterbestehen, ebenso wie die Geschichten, die sie erzählt.

Frisch gefallener Schnee besteht zu 90 Prozent aus Luft. In großer Kälte behalten die Verzweigungen jeder Flocke ihre Form bei. Da Flocken fast nie flach aufeinanderfallen, bilden sich am Boden Luftpolster zwischen ihnen. Im Verlauf von etwa zwei Wintern drückt das Gewicht des neuen Schnees sie nach unten. Begrabene Flocken werden körniger, und der Schnee wird dichter: Der Luftgehalt sinkt um die Hälfte.

Im nächsten Schritt wird, was einst Schnee war, zu festerem Firn, einem Schnee-Eis-Hybriden mit nur 20 bis 30 Prozent Luftgehalt. Doch seine Metamorphose ist noch nicht abgeschlossen. Wenn die Kälte weiter anhält, verfestigt sich der Firn zu Gletschereis. Dieser Prozess kann ein Jahrhundert lang dauern. Bis dahin verringert sich der Nutzen des Schnees als Informationsspeicher zwar, geht aber nicht verloren. Es sind Luftbläschen in diesem Eis, die die Forscher Jahr um Jahr zurück in die Antarktis führen. Sie graben es aus und messen seinen Kohlenstoffgehalt, um abzuschätzen, wie heiß oder kalt das Klima vergangener Zeiten im Vergleich zu unserem war.

Es gibt noch eine dritte Art, wie Schnee Informationen speichert. Auf seiner Oberfläche, in den Abdrücken von Wind und Wetter, von Staub, Luftverschmutzung und Strahlung – und den Spuren von Lebewesen. Wenn die Schneeoberfläche unter dem Gefrierpunkt bleibt und nicht von frischem Schnee zugedeckt wird, kann diese Art Information monatelang überdauern.

Im Sommer 2014 wanderte Steve Berry, ein britischer Bergsteiger, im Norden Bhutans in beinahe 5500 Meter Höhe. So weit oben ist die Temperatur fast immer unter null. Berry befand sich mit einem einheimischen Guide auf einem Abhang des Gangkhar Puensum, dem höchsten noch unbestiegenen Berg der Erde. Sie waren oberhalb der Schneegrenze, doch noch unter der Gipfelpyramide, vor der Berry schon einmal als sehr viel jüngerer Mann während einer selbst organisierten Expedition 1986 hatte abdrehen müssen, da ein gewaltiger Schneesturm aufgekommen war.

An diesem Tag, fast 30 Jahre später, war der Himmel klar. Um die Mittagszeit hielt der Bergführer plötzlich an und zeigte auf ein felsiges Kar auf der gegenüberliegenden Seite. Er hatte ein Paar Fußabdrücke gesehen, die eine steile Schneepiste überquerten. Sie waren ordentlich und gleichmäßig und stiegen in sanftem Winkel an, so als ob wer oder was auch immer sie gemacht hatte, darauf bedacht gewesen war, nicht auszurutschen. Ein falscher Schritt wäre dem Gehenden teuer zu stehen gekommen: Unter dem Schnee fielen die Felsen senkrecht ins Tal ab. Außer mit einem Fernobjektiv konnte man nicht nahe an die Abdrücke herankommen, und Steve meinte, es sei »absolut unmöglich«, dass ein Mensch die Spuren hinterlassen haben könnte. Bis heute ist er fest davon überzeugt, dass sie von einem Affen stammten; wahrscheinlich von einem, der nirgendwo sonst auf der Erde vorkommt.

Um zu verstehen, was an diesem Tag auf dem Gangkhar Puensum vor sich ging, reisen wir ein paar Jahrtausende zurück.

Das erste empfindungsfähige Lebewesen, das jemals Schnee sah, war wahrscheinlich ein Fisch. Vielleicht ein Quastenflosser oder ein gigantischer Piranha oder ein Xiphactinus. Im Zeitalter der Fische, zwischen dem Cryogenischen Eiszeitalter und den Dinosauriern, hätte es eine von Tausenden von Fischarten gewesen sein können, von denen die meisten heute ausgestorben sind. Sollte es während der Erderwärmung, nachdem die Erde von Eis bedeckt gewesen war, große Schneefälle gegeben haben, ist es schwer vorstellbar, dass die Fische davon überhaupt nichts mitbekommen haben sollten. Einige Experten glauben, dass es in der Nähe des Äquators im Meer Eis gab, das so durchscheinend war, dass es vom Licht durchdrungen werden konnte und so das Leben selbst unter einer mehrere Meter dicken Eisschicht aufrechterhalten wurde. Wenn dies zutrifft, müssen die Fische unbewusst etwas bemerkt haben, als der Schnee fiel und das Licht weniger wurde. Zumindest ein Lungenfisch, der im frühen Devon (so in etwa vor 400 Millionen Jahren) auf eine der Schlammbänke auf den Aleuten zog, muss vom Gefühl des Schnees auf seiner Haut überrascht gewesen sein.

Die Zeit schreitet voran. Vierbeinige Kreaturen kriechen an Land. Doch aus Unterwasserperspektive betrachtet, bleibt Schnee weiterhin wichtig, sowohl für seine Geschichte als auch für seine außergewöhnliche Kraft, das Dasein von Lebewesen zu bestimmen. Seit 150 000 Jahren, vielleicht auch länger, ist die Sicht auf Schnee für Ringelrobben unter Wasser eine Fragen von Leben und Tod. Was die Robbe zu sehen hofft, ist ein Loch im Packeis und ein sich klar abzeichnender, je nach Wetterlage blauer oder weißer Kreis über ihr. Beide Anblicke sind willkommen. Ein Loch bietet eine Möglichkeit, zu atmen. Ein großes Loch erlaubt es vielleicht sogar, sich zu Artgenossen zu gesellen. Doch wenn sich das Loch nicht klar abzeichnet, droht möglicherweise Gefahr. Worauf die Robbe aufpassen muss, ist ein Muster aus drei schwarzen Punkten über dem Loch, nahe am Rand. Für die unachtsame Robbe könnten diese Punkte – zwei Augen und eine Schnauze – das Letzte sein, was sie sieht, bevor sie von einer Pfote mit fünf Klauen, so breit wie ein menschlicher Arm lang, aus dem Wasser gerissen wird. Die Klauen fügen ihr höllische Schmerzen zu und zerfetzen ihre Haut, sodass selbst eine Flucht schreckliche Wunden hinterlassen würde. Da es jedoch kein Entkommen gibt, wird die Robbe mit voller Wucht auf den Schnee geknallt. Die Zähne hinter der Schnauze führen dann zu einem gnädigen, schnellen Ende: vier Reihen Raubtierzähne zermalmen den Schädel der Robbe. Dann folgt das Ausweiden.

So viel zur nicht gerade eleganten, jedoch tödlichen List des Eisbären. Auch wenn es für die Robbe wohl kaum ein Trost ist, so wurde der Eisbär vom Schnee ebenso ausgetrickst wie sie vom Eisbären. Es gibt eine angeregte Diskussion darüber, wann sich die Eis- von den Grizzlybären abgespalten haben, um ihren eigenen Ast am evolutionären Stammbaum zu bilden, doch es herrscht breite Übereinkunft darüber, dass Grizzlys vor ungefähr 150 000 bis 100 000 Jahren zu einer Umsiedlung in Richtung Norden gezwungen waren, da sich die Erde erwärmte. Dann, als sich die Erde wieder abkühlte, mussten sie lernen, mit schier endlosen Schneemassen klarzukommen.

Als die Temperaturen anstiegen, hielten dort, wo heute Kanada liegt, die Jahreszeiten Einzug. Die Eiskappen Grönlands schrumpften, und entlang der Fjorde entstanden Nadelwälder. So wurde in Bärenland ganz neuer Lebensraum geschaffen und nicht nur von Bären bevölkert, sondern auch von Hasen, Wölfen, Füchsen, Küstenschwalben und von Eulen. Sie bewegten sich in eine Gegend, die eine riesige Kältewüste gewesen war – und wieder sein würde. Sie wurden dorthin gezogen wie Napoleons Truppen im Winter 1812 nach Russland, doch langfristig gesehen, erging es ihnen besser.

Als die eiszeitliche Klimawippe ihre Richtung änderte und das Eis sich wieder gen Süden ausbreitete, blieb den Nachkommen besagter Bären nur, sich anzupassen oder zu sterben. Sie passten sich schnell an. Einer Schätzung zufolge dauerte es nur 20 000 Jahre, oder 1762 Generationen, wenn man für eine Generation 11,35 Jahre ansetzt, bis sich das herkömmliche riesige Landsäugetier zu einem noch größeren Raubtier entwickelt hatte, das sich auch auf Eis und im Wasser wohlfühlte. Es ernährte sich nun ausschließlich von Fleisch, war unempfindlich gegen enorme Kälte und sein Fell wurde weiß.

Könnten Eisbären sprechen, würde ihre mündlich überlieferte Geschichte von für uns kaum vorstellbaren Schneestürmen handeln; Respekt einflößenden Stürmen, die ihre Umgebung formten und sie in neue Farben tauchten. Im Laufe dieser 20 000 Jahre lernten die Weibchen, windsichere Schneewehen ausfindig zu machen, die weich genug waren, um sich tief in sie einzugraben. Sie lernten, Kammern zu graben, groß genug für sich selbst und mindestens zwei Junge, mit schräg nach oben verlaufenden Eingangstunneln, die die von ihnen produzierte warme Luft nicht entweichen ließen. Sie lernten auch, dass sie sich, stießen sie auf Fels oder Permafrost, in den Schnee legen konnten – schließlich waren sie ja Eisbären –, bis sich um sie herum eine Höhle geformt hatte. Der unablässig fallende trockene Schnee würde jede Ritze füllen und die Höhle ihrem Körper perfekt anpassen. Dank der natürlichen Selektion wäre es auch schön kuschelig. Ihr verdankte jeder Bär das Unterfell aus weichem, kurzem Haar, das die Körperwärme speicherte. Und aufgrund des Weiß des Schnees hatte sich eine Außenschicht aus hohlen Haaren von bis zu 15 Zentimetern Länge entwickelt. Diese dienten hauptsächlich zur Tarnung, aber auch als eine Art wickelbare Schlafmatte für die lange Polarnacht.

Die äußeren Haare sind übrigens gar nicht weiß, was zweckmäßig ist, da auch Schnee nicht weiß ist. Beide, Schnee wie Haare, sind durchsichtig und streuen Licht in alle Richtungen, was in beiden Fällen auf denselben Effekt hinausläuft: Sie sehen weiß aus und bestimmen so den Ton der gesamten arktischen Farbpalette.*

Eisbären und Schneeleoparden wurden weiß, um sich vor ihren Beutetieren zu verstecken. Kleinere im Schnee lebende Tiere – und der Belugawal, der zum Atmen im Packeis durch Löcher an die Oberfläche kommt – wurden weiß, um sich vor ihren Feinden zu tarnen.

Ein Geschöpf des Schnees aber scherte sich nicht darum, weiß zu werden. Bis 1925 hatte es niemand aus der westli-

---

* Leuchtet man einen Eisbären mit ultraviolettem Licht an oder betrachtet man ihn durch einen UV-Filter, sieht man etwas ganz anderes. Der Bär ist überhaupt nicht getarnt. Vor einem verschneiten Hintergrund ist er dunkel. Mindestens zwei Jahrzehnte lang behaupteten verschiedene Forschergruppen, dies liege daran, dass die äußeren Haare als Lichtleiter dienten und UV-Strahlen von außen zu der dunklen Haut leiteten, um diese zu wärmen. Dann führte Professor Daniel Koon von der St. Lawrence University in New York einige Messungen durch und fand heraus, dass nur ein Prozent des verfügbaren UV-Lichts über die Haare weitergeleitet wurde. Fast der gesamte Rest wurde von ihnen absorbiert, da sie, wie auch Pferdehaar, aus Keratin bestehen und dieses UV-Strahlung absorbiert.

chen Welt zu Gesicht bekommen, und selbst dann gelang es der Person, die es sah, nicht, ein Foto zu schießen. Der griechische Fotograf, der sich für einen Auftrag der Royal Geographical Society im Himalaja befand, beschrieb es jedoch recht detailliert: »Der Umriss sah genauso aus wie der eines Menschen«, schrieb Nichola Tombazi. Es »lief aufrecht und hielt hin und wieder an, um kleine Rhododendronbüsche auszureißen oder an ihnen zu zerren. Es hob sich dunkel vom Schnee ab, und soweit ich das sehen konnte, trug es keine Kleidung«. Tombazi dachte, er habe einen Einsiedler gesehen. Andere entschieden, es sei ein Yeti gewesen.

Wo immer die Luft dünn ist und der Schnee liegen bleibt, hält sich auch die Legende des Yeti. Alle paar Jahre wird sie von Wissenschaftlern widerlegt, doch schon ziehen neue Horden von Romantikern in die Berge, besessen von nur einem Gedanken. Diese Besessenheit wirkt ansteckend.

Einem Yeti kam ich 1992 auf einer Militärstraße auf dem Pamir am nächsten, als ein Soldat in Richtung Norden zeigte auf den Schnee am Pik Lenin, unglaublich weit oben und absolut rein. Er klang, als würde er über eine Hasenart sprechen, als er zu mir sagte, der Snezhnyi Chelovek lebe dort. Er hatte keinerlei Zweifel daran und daher auch keinen Grund, einmal nachzusehen.

Der Snezhnyi Chelovek. Der Gefährte aus dem Schnee. Der abscheuliche Schneemensch. Damals schien alles möglich. Einige Tage später muss es mir bei einem Telefonat gelungen sein, einer heute nicht mehr existierenden Zeitung in London etwas von der Überzeugung des Soldaten zu vermitteln. Wahrscheinlich half auch, dass der Pik Lenin die letzten 70 Jahre von der Außenwelt abgeschnitten gewesen war; wie dem auch sei, ich spann jedenfalls für ein paar Pfund eine Story über den Yeti für eine Leserschaft, die es nach neuen Kuriositäten aus der Sowjetunion dürstete.

Das Ansehen des Yeti hat seitdem etwas an Strahlkraft

eingebüßt. Heute spielt er in einer Liga mit UFOs und findet nur noch in der Boulevardpresse statt, aber damals hießen die Menschen noch jeden Anlass willkommen, um ihre Zweifel auszublenden. Zum Teil war das möglicherweise dem wundersamen Zusammenbruch des Kommunismus geschuldet, doch zu einem anderen Teil lag es am Schnee – genauer gesagt, an einem Quadratmeter Schnee, der 40 Jahre zuvor einen Fußabdruck abbekommen hatte, der um die Welt ging; ein Fußabdruck, auf den Tausende Zeitungsartikel folgten, viele noch erregter als meiner.

Dieses Stück Schnee befand sich auf einer ebenen Eisschicht am Fuß eines langen Gletschers nordwestlich des Mount Everest. Es lag in 4600 bis 4900 Meter Höhe auf einem Grund aus Firn, war fünf bis zehn Zentimeter hoch, und etwas war daraufgetreten. Was immer es war, hatte einen Fußabdruck von 33 Zentimetern Länge und beinahe der gleichen Breite hinterlassen. Er sah aus wie aus einem Comic, war knollig und wies an der Stelle des großen Zehs einen Abdruck von der Größe eines Tennisballs auf. Und er war Teil eines Paares. Sein Schöpfer war wohl in Gedanken versunken den Gletscher hinuntergelaufen.

Kein Mensch hätte ihn je gesehen, wäre da nicht Eric Shipton. Shipton war ein Bergsteiger auf einer britischen Erkundungsexpedition, dem noch etwas Zeit blieb, bis er am Ende der Saison nach Katmandu und dann nach London zurückkehren sollte. Zum Größenvergleich legte er den Kopf seines Eispickels neben dem Abdruck ab und schoss ein Foto, das zuerst auf der Titelseite der *Daily Mail* abgedruckt wurde. Sogleich wurde es von Hunderten anderer Zeitungen aufgegriffen, die den Exklusivbericht zu gerne selbst gebracht hätten, und das aus gutem Grund.

Der shiptonsche Fußabdruck hat die Kraft, Menschen in andere Welten zu befördern. Selbst heute noch bringt er einen im Handumdrehen an einen geheimnisumwobenen

Ort der Monster und der Abenteuer. Das Geheimnis liegt im Abdruck. Das Abenteuer liegt in der Axt. Das Monster ist ganz in der Nähe, vielleicht sogar hinter einem; es ist real genug, um die Einbildungskraft zu befeuern. Allein die Vorstellung hat den Yeti im Laufe der folgenden beiden Generationen zu einem bleibenden Small-Talk-Thema gemacht, das aber auch leicht hitzig ausufert.

Es gibt viele Theorien darüber, welches Geschöpf den Fußabdruck hinterlassen haben könnte. Einer zufolge war das Ganze ein Schwindel, den Shipton aus Frust verbreitete, da er bei der Auswahl der Expeditionsführer für die britische Everest-Expedition 1953 übergangen worden war.

Doch es war kein Schwindel. Der Fußabdruck war mehr als ein Jahr vor der Ernennung von John Hunt als Expeditionsführer fotografiert worden.

Weitere Theorien lieferte Michael Ward, ein junger Arzt, der am fraglichen Tag mit Shipton auf dem Gletscher gewesen war und die Fußabdrücke ebenfalls gesehen hatte. Er sagte, sie hätten von einem Bären stammen können, einem Languren oder einem Menschen mit deformierten Füßen. In einen Artikel für das *Alpine Journal* fügte er das Bild der Füße eines nepalesischen Bergbewohners ein, mit großen Zehen, die im rechten Winkel verkrümmt waren und in Richtung der Zehen des anderen Fußes zeigten; dazu die Geschichte von Man Bahadur, einem nepalesischen Pilger, der in der Region um den Everest im Winter 1960–61 wochenlang in über 4500 Metern Höhe lebte, barfuß bei minus 15 °C über Schnee und Felsen lief, und das, ohne sich Erfrierungen zuzuziehen oder andere negative Auswirkungen.

Was er den westlichen Lesern in ihren Pantoffeln klarmachen wollte, war, dass es Menschen gibt, die im Winter barfuß laufen, ohne sich zu beschweren. Fügt man hinzu, dass Fußabdrücke im Schnee größer werden, da sie an den Rändern schmelzen, so kann man ganz einfach erklären, was

Shipton sah, ohne auf den Yeti zurückzugreifen. Aber wo bliebe da der Spaß?

Es gab eine weitere Erklärung: Ein Schneeleopard hätte die Spuren hinterlassen können, indem er seine Hinterpfoten säuberlich in die von seinen Vorderpfoten gemachten Spuren gesetzt hätte. Das klang zwar interessant, war aber unrealistisch. Weder Shipton noch Ward hatten diese Möglichkeit je in Erwägung gezogen. Die Yeti-Erklärung hat sich über die Jahre gehalten, da sie schwer zu widerlegen ist und weil die Menschen sie gerne mögen. In den späten 1950ern beeilten sie sich, Hergés unsterbliches *Tim in Tibet* aus der Comic-Reihe *Tim und Struppi* zu ergattern. Darin geht es um einen Jungen, der nach einem Flugzeugabsturz im Himalaja vermisst und von einem einsamen Yeti gerettet wird, der sich riesig über seinen Gast freut. Und dann, in den späten 1980ern, reisten zwei der bekanntesten Bergsteiger nach Tibet, um nach ihm zu suchen.

Nichts hätte Chris Bonington und Reinhold Messner je zu einer so langen und kostspieligen Ablenkung von ihrer eigentlichen Berufung – Berge zu bezwingen – bringen können, doch der Yeti war es wert. Bonington war der Hohepriester des britischen Bergsteigens im Expeditionsstil im Himalaja; ein Alphamännchen mit hartem Kern und weicher Hülle. Messner war der einsame Wolf aus den Dolomiten, der Achttausender ohne Unterstützung oder Sauerstoff bestieg und es wie ein Kinderspiel aussehen ließ. Beide waren vom Yeti fasziniert und konkurrierten geradezu besessen um ihn.

Beide unternahmen 1988 ihre Expeditionen. Ihre Wege kreuzten sich im Juni des Jahres im Lhasa Hotel in der Hauptstadt Tibets, wo ein dritter Bergsteiger, der Amerikaner Ed Webster, sich von einem anstrengenden Versuch, den Everest zu besteigen, erholte. Webster schrieb:

Als wir ihn trafen, tat Messner geheimnisvoll: »Ihr solltet

mich nicht einmal fragen, warum ich hier bin.« Also ließen wir es bleiben. Doch es stellte sich bald heraus, dass sowohl Messner als auch Bonington – zufällig oder nicht – hinter etwas her waren, das weitaus schwerer zu erreichen ist als die Spitze eines unbezwungenen Gipfels im Himalaja [...].

»Wo bist du geklettert?«, fragte Reinhold Chris beiläufig, aber sein interessierter Ton verriet ihn, die stechend blauen Augen fokussiert und entschlossen.

»Ähm, auf dem Melungtse«, gestand Chris.

Messner dachte über die Antwort Boningtons genau nach. »Ah ja«, sagte er. »Ein guter Ort, um den Yeti zu sehen.«

Bonington lächelte.

»Wie, glaubst du, sieht der Yeti aus?«, wollte Chris wissen.

Reinhold dachte darüber einen Moment lang nach. »Ich habe eine recht genaue Vorstellung davon, wie der Yeti aussieht. Er hat hellgraues oder bräunliches Fell. Er kann auf allen vieren oder aufrecht gehen. Er ernährt sich von Früchten oder Pflanzen, hin und wieder aber auch von Fleisch ... [und] manchmal geht er auf Gletschern spazieren.«

»Dann bist du also davon überzeugt, dass es sie gibt?«, hakte Chris nach.

»Ja, natürlich gibt es sie«, erwiderte Reinhold und machte dann eine kurze Pause, bevor er ausrief: »*Ich habe einen gesehen!*«

Das Gute daran, Reinhold Messner zu sein, ist, dass einem niemand widersprechen kann. Er war als Soloalpinist an so vielen hohen Orten, dass man ihn entweder beim Wort nimmt oder erst gar nicht ernst. Wie dem auch sei, weder er noch Bonington fanden in diesem Jahr zuverlässige Spuren des Yeti. Im Jahr 2014 veröffentlichte der Genetiker Bryan Sykes aus Oxford ein Buch, das auf Dutzenden Tests bislang ungeprüfter Haut-, Knochen- und Haarspuren basiert. Keine der Spuren stammte von einem Affen oder irgendeinem anderen Zweibeiner. Eine verheißungsvolle Spur schien die gleiche DNA aufzuweisen wie die ältesten bekannten Eisbärüberreste, ein 130 000 Jahre alter Kieferknochen, der in Spitzbergen gefunden wurde. Dies warf die These auf, es habe eine transkontinentale Eisbärenmigration aus der Arktis zurück in die niedereren Breiten gegeben, doch bis heute ist es niemandem gelungen, Sykes' Ergebnisse zu wiederholen.

Das stört einen Steve Berry nicht weiter. Er weiß, was er im gleichen Jahr gesehen hat, hoch oben auf dem Gangkhar Puensum; die sanft hinaufsteigenden Fußabdrücke im Schnee, den kein Mensch erreicht haben kann. Als er vier Tage später ins Tal zurückkehrte, wurde ihm dort ganz selbstverständlich gesagt, er habe den Migoi gesehen – den Yeti Bhutans. Dann kehrte er 2016 zurück und fand ein weiteres Paar Abdrücke, diesmal verliefen sie im Zickzack über eine Piste aus Schnee und Gestein nach oben. Von welchem Geschöpf auch immer sie stammen mögen, sagte er am Telefon, während ich die Fotos am Bildschirm meines Rechners ansah, »man kann erkennen, dass es sich an etwas heranschlich«.

Und er fuhr fort: »Es läuft recht langsam. Dann verlagert es das Gewicht auf ein Bein und geht viel schneller voran, als ob es hinter etwas anderem her wäre. Ich kann mir keinen Vierbeiner vorstellen, der so sein Gewicht verlagert, daher bin ich mir sicher, dass es sich um ein aufrecht gehendes Wesen handelt, und ich bin sicher, dass es kein Bär war.«

Bären gehen aufrecht, räumte er ein, »aber sie setzen nicht einen Fuß genau vor den anderen.« Auf den Bildern ist tatsächlich ein Fußabdruck vor dem anderen zu sehen, und Steve war überzeugt davon, dass die Täler östlich des Gebirges groß und ungestört genüg wären, einen Migoi zu verbergen. »Ich denke, es war irgendein Affe«, sagte er.

Nachdem ich mit ihm gesprochen hatte, schrieb ich der weltweit führenden Expertin für den uralten spitzbergischen

Eisbärkieferknochen eine E-Mail, um mich zu vergewissern, dass er nicht zufälligerweise die Fußabdrücke eines bis dato unbekannten Polar-Himalaja-Mischlings gesehen hatte.

»Meiner Ansicht nach ist es theoretisch unmöglich, dass sich Eisbären, *wie wir sie heute kennen*, und zentralasiatische Bären miteinander vermehrt haben«, antwortete Dr. Charlotte Lindqvist von der University of Buffalo (die Kursivierung stammt von ihr). »Es ist jedoch nicht unwahrscheinlich, dass sich ihre Vorfahren untereinander gepaart haben und dass genetisches Material an die heutige Population weitergegeben wurde und so Spuren vergangener Kreuzungen hinterlassen hat.«

Sie stand dem sykeschen Mischlingsszenario sehr viel offener gegenüber, als ich erwartet hatte. Wenn Eisbären sprechen könnten, wäre es ihnen vielleicht möglich, das Rätselraten um den Yeti ein für alle Mal zu beenden. Aber sie können es nun einmal nicht, und so bleibt das Sprechen dem Schnee überlassen, der jede Geschichte erzählt, die sein Betrachter hören möchte.

Drei

Schneemo sapiens

»Als ob wir nicht schon genug Sorgen hätten. Dieser Schnee –«
»Schnee?«
»Aber ja, Monsieur. Haben Monsieur es noch nicht gemerkt?
Der Zug ist stehen geblieben. Wir stecken in einer Schnee-
verwehung fest. Weiß der Himmel, wie lange uns das hier auf-
hält.«

Agatha Christie, *Mord im Orientexpress*

Am 10. Februar 2018 war Simen Krueger beim Aufwachen nervös. Er war jung und fit, aber weit weg von zu
Hause. Doch wichtiger noch: Ihm stand eine derart extreme
Belastungsprobe bevor, dass der bloße Gedanke daran manchen Teilnehmer dazu brachte, sich zu übergeben.

Der 30-Kilometer-Cross-Country-Skiathlon ist eine bru-
tale Art, sich seine Trainingseinheit zu holen. Schmerzvoller
noch als der Weg zu einer olympischen Medaille. Die ersten
15 Kilometer werden im klassischen Stil gelaufen, die Skier
parallel, die Arme und Beine werden abwechselnd eingesetzt, ähnlich wie beim Rennen, nur stärker in die Länge ge-
streckt. Die zweiten 15 Kilometer werden in der modernen
Skating-Technik absolviert, was in der Praxis einer Gleitbe-
wegung gleichkommt, allerdings mit Zweimeterskiern an-
stelle von Schlittschuhen. Jeder, der es einmal probiert hat,
weiß, dass die Skier an den leichten Stiefeln nur lose schlen-
kern und man bei jedem Schritt Gefahr läuft, zu stolpern.

Krueger war damals 24 und damit einer der jüngeren Fahrer eines norwegischen Olympiateams, das nach Pjöngjang in Südkorea mit dem Vorteil angereist war, das ganze Jahr über unter arktischen Bedingungen zu trainieren, aber auch mit den Erwartungen einer schneeverrückten Nation im Nacken.

Der Skilanglauf wurde in Norwegen entwickelt. Hier bekam der Sport seinen Feinschliff als unentbehrliches Transportmittel und als Überlebensmaßnahme und beim Einsatz norwegischer Widerstandskämpfer gegen die Schweden im 10. und gegen die Nazis im 20. Jahrhundert. Er ist Norwegens nationale Identität in Bewegung. Die Silhouetten geschmeidiger menschlicher Formen vor der Schneelandschaft des Nordens sind Norwegens Stolz und Freude, und auch wenn die meisten Norweger vor Hurrapatriotismus zurückschrecken, erwarten sie von ihren Olympioniken Großes. Beim Skiathlon war das nicht weniger als Gold, Silber und Bronze.

Schon in der ersten Runde ereignete sich für Krueger eine Katastrophe. Ein paar Hundert Meter nach dem Start rutschte er aus, stürzte und brachte zwei Russen aus dem Tritt, die auf ihn fielen. Es dauerte 40 Sekunden, bis das Knäuel aus sechs Skiern, sechs Stöcken und zwölf Gliedmaßen entwirrt war, und schon waren die drei weit abgeschlagen hinter den anderen. Krueger bemerkte obendrein, dass einer seiner Stöcke gebrochen war. Nun war er eine vierzylindrige Maschine, die auf drei Zylindern feuerte. Dennoch fuhr er los, um aufzuholen.

Später bemerkte er: »Ich war der Allerletzte.«

Skistöcke brechen bei großen Cross-Country-Rennen erstaunlich häufig, und Teilnehmer dürfen Ersatz annehmen, was auch Krueger tat. Trotzdem lag er an der Sechskilometermarke noch immer 37,8 Sekunden hinter den anderen. Normalerweise hätte er zu diesem Zeitpunkt des Rennens für eine realistische Chance auf eine Medaille in der Nähe der Führungsspitze sein müssen, denn wenn ein Spitzenreiter zum Sprint ansetzt, muss es dem Herausforderer möglich sein, nachzuziehen. Stattdessen begann Krueger gerade erst damit, sich seinen Platz zurückzuerobern. Um an die Spitze zu gelangen, müsste er noch 63 Konkurrenten überholen. Niemand schonte sich – sie gehörten zu den Besten der Welt, und das hier war Olympia –, doch nach ein paar weiteren Runden stellte er fest, dass er an der ungewohnten Herausforderung, das Feld von hinten aufzurollen, Gefallen fand.

»Okay«, sagte er zu sich, »fahr eine Runde, zwei Runden, drei Runden, und komm einfach wieder rein.«

Krueger überholte einen nach dem anderen. Nach 24 Kilometern war er dort, wo er sein musste: gleich hinter der Spitzengruppe. Ganz Norwegen jubelte ihm zu. Fünf Kilometer vor dem Ziel griff er an, erschloss sich einen Vorsprung von acht Sekunden, den zwei norwegische Teamkollegen sicherten, indem sie gestaffelt liefen, sodass jeder, der die Kraft hatte, es mit ihm aufzunehmen, erst an ihnen vorbeimusste. Das schaffte keiner, und Norwegen gewann den Lauf.

Das Rennen weckte die Erinnerung an ein anderes, das sich tief in das norwegische Bewusstsein eingebrannt hat. Auch damals gab es ein Comeback und einen zerbrochenen Skistock. Im Februar 1982 wurde einem bekannten Skifahrer, der die Bewunderung, die ihm entgegengebracht wurde, nie richtig nachvollziehen konnte, bei einem 4×10 Kilometer langen Staffellauf der Männer bei den Nordischen Skiweltmeisterschaften die Schlussposition zugewiesen. Sein Name war Oddvar Brå. Das Rennen fand vor einem riesigen Heimpublikum in Oslo statt. Brå startete 15 Sekunden nach dem russischen Team, weil der Skiläufer vor ihm gestürzt war – ein Unfall, der ihm später noch Todesdrohungen einbringen sollte.

Brå legte einen guten Start hin und holte auf. In der letzten Runde setzte er an, den führenden Russen an einem steilen Anstieg zu überholen. Am 25. Februar um 13 Uhr 54 gelang es ihm tatsächlich. An diese Uhrzeit wird jedes Jahr erinnert, wenn die Filmaufnahmen des Rennens im norwegischen Fernsehen wiederholt werden. Der Grund dafür: Das Überholmanöver war nicht sauber. Die Schultern der beiden Männer berührten sich. Man kam nie überein, wessen Fehler es war, doch der Russe Alexander Sawjalow stürzte. Und Brås Stock brach. Der Kommentator brüllte, jemand solle ihm einen neuen bringen. Sawjalow raffte sich wieder auf und setzte nun selbst zu einem Mini-Comeback an. Sie überquerten die Ziellinie Seite an Seite, und nachdem sich die Schiedsrichter eine Stunde lang beraten hatten, erklärten sie beide gemeinsam zum Sieger.

Seitdem ist der Satz »Wo warst du, als Oddvar Brå der Stock brach?« in Norwegen ein beliebter Gesprächseinstieg, und 26 Jahre nach dem Ereignis veröffentlichte die *New York Times* die Geschichte Brås unter einem Foto von ihm, das über sechs Spalten lief und ihn zeigt, wie er 66-jährig im klassischen Stil durch einen verschneiten Wald läuft. Das Bild hinterlässt einen starken Eindruck, vor allem, wenn man die Legende dahinter bedenkt und Norwegens absolute Dominanz auf dem Feld seines Nationalsports: Über die Jahre waren es insgesamt 111 Olympiamedaillen, wobei 15 Mal Gold, Silber und Bronze auf einen Schlag abgeräumt wurden. Betrachtet man Brå tief in diesem Wald, fragt man sich unweigerlich, ob man da nicht vielleicht eine neue Unterart betrachtet; ob die Norweger sich dem Schnee evolutionär angepasst haben, so wie die Eisbären.

Der Gedanke ist nicht völlig abwegig – die meisten Genetiker räumen ein, dass sich unsere Spezies noch immer weiterentwickelt –, doch wahr macht ihn das lange noch nicht. Und selbst wenn er wahr wäre, würde das den Erfolg der Norweger im nordischen Skisport noch nicht erklären, denn die gleiche Anpassungsleistung müsste auch bei Russen, Schweden, Kanadiern und Finnen nachgewiesen werden können.

Und warum gewinnen die anderen arktischen Nationen dann nicht so häufig? Die Antwort hat wohl eher etwas mit der Geschichte und Kultur Norwegens zu tun als mit den Genen. Denn kein anderes Land hat je diese eine Eigenschaft des Schnees mit derartigem Enthusiasmus und Interesse begrüßt: die Rutschigkeit.

Warum ist Schnee rutschig? Das sind zwei Fragen in einer. Die erste ist philosophisch – zu welchem Zweck? –, und die Antwort darauf lautet: zu keinem. Wer nicht an einen unbeweglichen Beweger glaubt, der die Planeten dreht und Sterne abfeuert, dem wird es schwerfallen, in Schneeglätte einen Nutzen zu erkennen. Er ist einfach rutschig, dem Himmel sei Dank. Es ist nichts als Glück, dass ein Ski-alpin- wie ein Schlitten- oder Tobogganfahrer mit solch herrlicher Leichtigkeit über den Schnee gleiten kann, wenn ihn doch sonst die Schwer- oder die eigene Muskelkraft am Boden halten beziehungsweise fortbewegen müssen.

Die zweite Frage lautet: »Wie kommt es …?«, und sie birgt eine Erzählung von Wissenschaft auf Molekularebene, die fast ebenso wunderbar ist wie die bereits erwähnte von der Entstehung der Schneeflocken.

Es kommt nicht von ungefähr, dass ausgerechnet eine Skiwachsfirma in Norwegen die Gleiteigenschaften von Schnee am akribischsten erforscht hat. Die Norweger wissen einfach, dass man der Genetik nicht trauen kann. Um zu gewinnen, braucht man anständiges Wachs. Im Jahr 2005 trugen drei von dem Skiwachshersteller Swix in Lillehammer angeheuerte Entwickler die Forschungsergebnisse aus mehr als

60 Jahren zusammen, um zu erklären, was passiert, wenn etwas über Schnee gleitet.

Tribologie ist ein anderes Wort für Reibungslehre, und über Schnee kann gleiten, wer die Reibung überwunden hat. Die grundlegende Erklärung ist einfach: Eine Kombination aus Druck, Reibung und frei beweglichen Wassermolekülen bildet einen dünnen, flüssigen Film zwischen einem Objekt (sagen wir mal einem Ski) und Schnee. Dieser Film führt zu viel weniger Reibung, als wenn zwei trockene Oberflächen aneinanderscheuern, und zu viel weniger Widerstand als mit einer dickeren Flüssigkeit. Warum die Reibung zwischen zwei trockenen Flächen stark ist, ist intuitiv nachvollziehbar. Weit weniger leicht verständlich ist starker Widerstand aufgrund von zu viel Wasser. Schließlich scheinen Wasserski ihn zu überwinden. Allerdings schaffen sie dies nur mithilfe starker Außenbordmotoren. Wasser bremst ab, und jeder, der schon einmal in einer sich schnell erwärmenden Umgebung Ski gefahren ist, hat wahrscheinlich das seltsame Gefühl von Schnee erlebt, der scheinbar nach den Skiern greift. Wissenschaftler der Hydrodynamik sprechen dann von kapillarem Widerstand, und hatte man eigentlich Fahrtwind in den Haaren erwartet, ist das nicht gerade schön.

1902 zeichnete der deutsche Maschinenbauingenieur Richard Stribeck die drei Schmierungsgrade – keine, ein wenig und zu viel –, von trocken bis feucht angeordnet, auf der x-Achse eines Schaubilds ein und den Reibwert auf der y-Achse. Das Ergebnis wurde als Stribeck-Kurve bekannt, die sich zum Optimalmaß an Reibung hin neigt, welches durch ein ideales Maß an Mischreibung entsteht.

Im Schnee besteht diese Schmierung aus Wasser, was die Folgefrage nach sich zieht, der Team Swix sich speziell widmete: Warum friert dieses Wasser unter sehr kalten Umständen nicht fest und bringt Skier zum Halten? In den späten 1930ern hatte ein in Tasmanien geborener Forscher aus Cambridge, Frank Browden, dies zu beantworten gesucht, indem er einen eigens angefertigten Simulator auf 3300 Metern Höhe zur Forschungsstation Jungfraujoch in der Schweiz beförderte. Mit dessen Hilfe wollte er untersuchen, wie die Oberfläche der Schneedecke unter dem Einfluss von Druck und Reibung bei minus 20 °C schmilzt. Er befand, je geringer die Temperatur, desto wichtiger sei die Reibungserwärmung, die das Weitergleiten erst ermögliche. Es lag, in anderen Worten, ein Paradox vor – Reibung bekämpfte Reibung –, doch er versagte dabei, dies Phänomen zufriedenstellend zu erklären.

Doch im Jahr 2005 fand das Team von Swix eine bessere Erklärung. Zu dem Zeitpunkt war das Phänomen unterkühlter Flüssigkeiten von der Wissenschaft hinreichend durchdrungen worden. Reines Wasser ohne Teilchen bleibt bis zu minus 40 °C flüssig. Wassermoleküle benötigen Teilchen, die als Keime für die Kristallisation dienen und sie zu Schneeflocken werden lassen; um den Prozess umzukehren, benötigen sie jedoch rein gar nichts. Sie bedürfen keines Anstoßes, um sich aus dem geordneten Kristallgitter eines Eis- oder Schneekristalls zu trennen oder zumindest eine unsichtbare Grenzschicht aus loseren Molekülen zu bilden mit all den glitschigen Eigenschaften von Wasser, aber ohne dessen Widerstand. Team Swix schrieb dazu: »Die Gleitfähigkeit von Eis und Schnee in einem großen Temperaturbereich ist dem Umstand geschuldet, dass es keine Keimbildungsbarriere für das Schmelzen gibt … Zum Glück für Skifahrer und andere Wintersportler, die den Spaß und die Schönheit von Schnee erleben möchten, stimmt dieser Temperaturbereich mit unseren üblichen Wintertemperaturen überein.«

Diese glückliche Fügung in Form von optimalen Gleit- und Wintertemperaturen ergibt sich seit Tausenden von Jahren. Norwegens kulturhistorisches Museum in Oslo besitzt hölzerne Skier, deren Alter auf 5000 Jahre v. Chr. datiert wurde. Sollte das ein wenig zu weit hergeholt klingen für eine Aktivität, die normalerweise mit dem Hedonismus des Spätkapitalismus und mit scheppernden elektrischen Skilifts assoziiert wird, so bedenken Sie, seit wann *Homo sapiens* Schnee gekannt haben muss.

Die Worte »aus Afrika auswandern« klingen nach schwerer Anstrengung. Sie beschwören die Bilder eines langen Fußmarschs in großer Hitze herauf, vom Rift Valley zur Halbinsel Sinai und nach Eurasien; eine wahrliche Belastungsprobe für die ersten Menschen. Doch man kann das Ganze auch anders betrachten: als Reise von Arkadien nach Arkadien. Sie begann in Sichtweite von Schnee und endete mitten darin. Die große Völkerwanderung aus der Wiege der Menschheit war keine einfache Reise. Sie dauerte Hunderte Generationen und wurde nur fortgesetzt, wenn die Alphamännchen einer Gruppe nach einer Kosten-Nutzen-Analyse von sichtbarer Savanne versus »was auch immer da hinter dem Horizont liegt« beschlossen, dass es das wert war. Trotzdem gefällt mir der Gedanke an eine kleine Gruppe Neandertaler oder früher *Homo sapiens*, die mit in Taschentücher geknoteten belegten Broten loszogen, liebevoll zum Schnee auf dem Kilimandscharo im Osten blickten, zum Abschied winkten und gelobten, die Kinder ihrer Kinder würden eines Tages zurückkehren. Vielleicht waren sie sogar weiter südlich gestartet, am Fuß des Ruwenzori-Gebirges, mit dem Plan, dem Schmelzwasser der Gletscher an der heutigen Grenze zwischen Uganda und dem Kongo zu folgen, wohin auch immer dieses sie führen mochte. Ihre Nachfahren jedenfalls landeten 20 000 Kilometer weit entfernt am Fuße eines anderen Gebirges, im Windschatten der mächtigen Chugach Mountains, wo die Schnee- und Eislandschaft von weit oben in lichten Höhen bis in ein Land tiefer Gewässer, dunkler Wälder und großen natürlichen Reichtums hinabreichen.

Es waren die indigenen Völker, die die Beringbrücke vor rund 14000 Jahren überquerten, nach rechts abbogen und in Nordamerika ankamen. Sie folgten der Küste nach Südosten, bis zur heutigen Inside Passage in Alaska. Ihre Nachkommen zogen schließlich weiter bis nach Patagonien. Andere blieben im hohen Norden. Für beide Gruppen blieb Schnee ein Teil ihres Lebens, so wie er es bereits seit Jahrtausenden gewesen war.

Seit wie vielen Jahrtausenden genau? Vor Kurzem wurde darauf eine Antwort gegeben: 45.

Die ersten Menschen verabschiedeten sich vor rund 185000 bis 60000 Jahren vom Kilimandscharo, abhängig davon, wie man »Mensch« definiert. Als diese frühen Hominiden den Nil in Richtung Norden entlangzogen, hatten sie in puncto Schnee einige Tausend magere Jahre vor sich. Sie sollten erst dort, wo heute der Libanon liegt, wieder mit ihm vereinigt werden, doch auch dort nur als etwas, das in höheren Lagen kam und ging, von Wolken dort zurückgelassen, dann von der Sonne weggeschmolzen. Sie sollten ihm in der Bekaa-Ebene und auf Berg Ararat wieder begegnen. In Europa hatten sie allerdings überall mit ihm zu tun, aber nur je nach Saison.

Die furchtlosesten unter den Migranten schafften es schließlich bis in die Arktis. Vor mindestens 45000 Jahren waren Menschen hier zum ersten Mal Schnee ausgesetzt, der Teil der Landschaft war. Beweise dafür liefern Jagdspuren auf Mammutknochen in Nordsibirien. Der bisher älteste Fund wurde 2012 an einem Steilufer an der Mündung des Jenissei ausgegraben, ungefähr 1600 Kilometer nördlich des Polarkreises. Sein hohes Alter korrigierte den Zeitpunkt der Ankunft der ersten Menschen im Permafrost um 10000 Jahre nach hinten. Wenn die ältesten Skier aus dem Jahr 5000 v. Chr. stammen, heißt das, dass sie 7000 Jahre alt sind. Zieht man 7000 von 45000 ab, ergibt das 38000 Jahre für die

Menschheit, um die Gleitfähigkeit von Schnee zu entdecken. In diesem Licht betrachtet, erscheinen diese Skier ziemlich modern, obwohl sie doppelt so alt sind wie die Pyramiden. Es klingt dann auch nicht mehr so abwegig, dass es vor dem griechischen Gott des Krieges bereits einen nordischen Gott des Skifahrens gab.

Natürlich muss unsere Spezies schon lange bevor sie sich Holzbretter um die Füße schnallte, auf Schnee geschlittert sein. Um die Wirkung von Schnee zu verstehen, musste man nur auf dieser dicken, weißen Bananenschale ausrutschen und der Länge nach hinfallen. Von da war es sicher ein Leichtes, die Kontrolle über das Rutschen zu übernehmen, anstatt dadurch von den Füßen geschubst zu werden. Und so war es dann auch.

Für die Eröffnungsszene von *Dr. Seltsam oder wie ich lernte, die Bombe zu lieben*, Stanley Kubricks Meisterwerk der Kernschmelze, gelangte der Regisseur irgendwie an Filmaufnahmen der sowjetischen Schochow-Insel. Eingehüllt in tief hängende Wolken, durch die dunkle Bergwipfel stechen, scheint es, als wäre die Insel vom Cockpit einer B-52 aus gefilmt worden. Im Film ist dieser Teil der De-Long-Inseln ein verlassenes arktisches Grenzgebiet, umkämpft von völlig wahnwitzigen, sich gegenseitig bekriegenden Militärmächten. In Wirklichkeit waren die Inseln bereits vor 9000 Jahren von Jägern und Sammlern mit Hunden, Geschirr und Schlitten bewohnt. Deren Überreste wurden von Wladimir Pitulko analysiert, einem Paläoanthropologen, der wahrscheinlich mehr Zeit auf den Inseln verbracht hat als jeder andere Forscher. Im Jahr 2017 erlangte er dank eines viel zitierten Aufsatzes über die Größe von elf versteinerten Hundeschädeln bescheidenen Ruhm. Er hielt fest, die Schädel seien kleiner als die von Wölfen, womit er andeutete, sie wären als Zugtiere gezüchtet worden. Da er bereits 30 Jahre zuvor Teile von Schlitten gefunden hatte, war damit auch klar, was sie gezogen hatten. Und es waren nicht irgendwelche Schlitten. Er sagte, die gefundenen Schlitten seien zwei Meter lang gewesen mit hölzernen Stützen von 30 bis 40 Zentimetern Höhe. Das heißt, sie waren für Ladungen von bis zu 150 Kilogramm Gewicht konstruiert, den Fahrer ausgenommen, der je nach Schlittenform entweder halb darauf stand oder halb dahinter herlief.

Der Ursprung dieser Schlitten liegt in so ferner Vergangenheit, dass das Letzteiszeitliche Maximum[*] noch nicht vollends gewichen war und die De-Long-Inseln mit dem sibirischen Festland fest verbunden waren. Die Vorstellung von Hundeschlitten, die über den dazwischenliegenden Schnee glitten, brachte mich zum Nachdenken. War es möglich, dass die ersten *Homo sapiens* so auch nach Amerika gelangt waren? Konnte es sein, dass sich die frühen Menschen nicht in die Neue Welt geschleppt hatten, sondern sich dorthin hatten ziehen lassen? Eines Nachts schickte ich Pitulko eine E-Mail mit dieser Frage. Er hielt sich in Sankt Petersburg auf, mit drei Stunden Zeitvorsprung. Um zwei Uhr morgens nach seiner Zeit schrieb er mir eine ausführliche Antwort.

»Die Landbrücke konnte entweder zu Fuß oder mit einem Schlitten überquert werden, falls die Menschen vor 14 000 bis 12 000 Jahren bereits welche hatten«, schrieb er. »Auch wenn kein unmittelbarer Beweis für Schlitten vorliegt, wäre es rein technisch möglich. Warum also nicht?«

Kein *unmittelbarer* Beweis. Und wie stand es um einen *indirekten*? Pitulko hatte einige davon auf Lager. Zuerst griff er die Idee von der menschlichen Entdeckung der Gleitfähig-

---

[*] An seinem Höhepunkt vor rund 30 000 Jahren bedeckte das Letzteiszeitliche Maximum einen Großteil der Gebiete des heutigen Kanada, Sibiriens und Tibets mit gigantischen Eisdecken. In ihnen war so viel Wasser gespeichert, dass die Meeresspiegel laut der US-Forschungsbehörde Geological Survey weltweit um 125 Meter fielen, genug, um große Teile des ehemaligen Meeresgrunds freizulegen, darunter auch die Beringbrücke.

keit von Schnee auf, was ich begrüßte, da dies, soweit ich wusste, zuvor noch niemand getan hatte. Dann sprang er 27 000 Jahre zurück zu einem anderen Stapel Mammutknochen. Diesmal waren sie an der Jana gefunden worden, auf dem 71. Grad nördlicher Breite, auf zwei Dritteln der Strecke zwischen Moskau und Alaska. Bis er und andere im Jahr 2001 dort eintrafen, war die Grabungsstätte nicht sachgerecht ausgebeutet worden, und es wurde ihnen schnell klar, dass es sich nicht um einen Ort handelte, an den Mammuts zum Sterben gekommen waren. Und Schauplatz eines Massakers war der Platz auch nicht gewesen.

»Es war eine Ansammlung, die über mindestens fünf- bis sechstausend Jahre hinweg entstanden war«, sagte Pitulko. »Es ging sehr langsam – vielleicht ein oder zwei Tiere pro Jahr, und die Knochen waren geordnet. Nur Menschen konnten sie so sortiert haben, also waren die Knochen wohl von Menschen an den Ort gebracht worden. Sie wären eine schwere Last gewesen, die durch die Tundra hätte befördert werden müssen.« Pitulko stellte die Stonehenge-Frage: Wie hatten sie das geschafft? Seine Antwort: »Ich denke, im Winter war es einfacher, da man Häute nutzen konnte, um darauf Dinge zu ziehen. Ich denke, so war es.«

Ice Road Trucker, haltet euch fest. Vom Schnee unterstützte Schleppfahrzeuge gab es bereits vor 27 000 Jahren, als die nördliche Hemisphäre größtenteils noch mit Eis bedeckt war. Mammutstoßzähne auf Häuten zu ziehen, klingt zugegebenermaßen primitiv, aber auf dem sibirischen Festland war es diesen Pionieren vielleicht schon vor den Menschen auf den De-Long-Inseln gelungen, zum Schlittenfahren aufzusteigen. Auch hier wird der Grund die niemals endende Suche nach Nahrung gewesen sein, in diesem Fall Rentierfleisch.

»Da es sich um wandernde Tiere handelt, muss man sich oft und schnell bewegen, allein um mithalten zu können«, erklärte Pitulko. Vor etwa 15 000 Jahren waren wilde Rentiere, deren einfache Wanderroute 500–600 Kilometer beträgt, die von Menschen meistgejagten Tiere Eurasiens. »Und so kamen die Jäger darauf, Hunde und Schlitten zu nutzen. Der hohe Entwicklungsgrad der Schlittentechnologie auf den De-Long-Inseln legt nahe, dass dort bereits einige Zeit experimentiert worden war, ich denke also, die Entwicklung könnte vor circa 15 000 bis 13 000 Jahren begonnen und sich dann nach Sibirien ausgebreitet haben.«

Mir genügte das völlig. Was für Sibirien angenommen werden konnte, galt bestimmt auch für Beringia, das Flachland zwischen Asien und Alaska, das heutzutage unter Wasser liegt. In dieser Nacht ging ich mit Visionen von Hundeschlitten ins Bett, die über die internationale Datumsgrenze hinwegfegten und die wahren Entdecker Amerikas trugen – 16 000 Jahre vor den Wikingern und sechzehneinhalbtausend vor Kolumbus. Wahrlich, Schnee formt die Geschichte.

Die Nachkommen der ersten Menschen, wie auch immer sie die Beringstraße überquert hatten, besiedelten zwei ganze Kontinente. Sie alle wurden von ihrer Umgebung geprägt, doch keine so drastisch wie die Inuit. Sie passten ihre Jagdmethoden an, um Robben und Wale in Blaslöchern im Packeis zu erlegen. Sie passten ihren Stoffwechsel an, um in extremer Kälte warm zu bleiben, mit einer Ernährung aus Fleisch, Fett, also reinen Kalorien und beinahe ohne Ballaststoffe. Und wie die *New York Times* 1984 in einem Leitartikel behauptete, passten sie ihre Sprache an, um zwischen »einhundert Arten von Schnee« unterscheiden zu können.

Bei der Erwähnung von Wörtern für Schnee mag es so manchem Leser wohl bang ums Herz werden. An der Behauptung, dass Inuit oder Eskimos (oder beide) Dutzende oder Hunderte Wörter für Schnee haben (oder doch zumindest mehr als alle anderen), scheiden sich seit über 30 Jahren die Geister zweier Gruppen reizbarer Akademiker – jener, die sprachwissenschaftliche Kenntnissen der Inuit-/Eskimo-Sprachen aus erster Hand haben, und jener, die so tun als ob.

Es lohnt sich, diese Geschichte kurz zu erzählen, nicht für das, was sie über Eskimos aussagt, sondern für das, was sie über den Rest von uns verrät.

Sie beginnt 1986 mit der Veröffentlichung eines Aufsatzes in der Zeitschrift *American Anthropology*, der den Titel *Eskimo Words for Snow: A case study in the genesis and decay of an anthropolgical example* trägt und von Dr. Laura Martin von der Cleveland State University verfasst wurde. Darin rügt Martin, nicht eben zurückhaltend, Kollegen, die trotz kaum vorhandener Nachweise die Vorstellung in die Welt gesetzt hatten, die Eskimos hätten mehrere Wörter für Schnee. Alle vorliegenden Nachweise stammen von Franz Boas, einem in Deutschland geborenen Anthropologen, der in den 1880ern die Baffin-Insel bereiste. Er war von der Gesellschaft und Kultur der Inuit fasziniert. Seiner Verlobten schrieb er, dass er unter ihnen lebe und »sich komplett von Robbenfleisch« ernähre. Und er kam mit vier Inuit-Wörtern für Schnee zurück: aput, qana, piqsirpoq und qimusqsuq. Ihre Bedeutungen im Einzelnen waren »Schnee auf dem Boden«, »fallender Schnee«, »treibender Schnee« und »Schneewehe«.

Boas erwähnt sie in seiner Einleitung zu seinem *Handbook of American Indian Languages* von 1911. Drei Jahrzehnte später wird ein Essay des Autodidakten und begeisterten Linguisten Benjamin Whorf aus Connecticut veröffentlicht, und zwar in dem vom Massachusetts Institute of Technology herausgegebenen Journal *Technology Review* (nicht, weil es ein ihm angemessenes Journal gewesen wäre, denn das ist es sicher nicht, sondern weil er als Absolvent des MIT einen Stein im Brett hatte). In seinem Essay erhöht Whorf die Anzahl von Eskimo-Wörtern für Schnee auf mindestens sieben, ohne irgendwelche Quellen zu nennen. Boas' Anliegen war es, auf die Ähnlichkeiten zwischen Eskimo und Englisch aufmerksam zu machen. Whorfs Anliegen ist es, auf die Verschiedenheiten aufmerksam zu machen, und er trat damit etwas los. Andere sehen seine sieben Wörter und erhöhen sie auf 50, 100, 200 und mehr. Niemand zählt nach oder kümmert sich groß darum, bis Martin das Ende eines »Lehrstücks über die Risiken oberflächlicher Wissenschaft« einläutet.

Einige Jahre nehmen nur wenige Menschen Martins mutiges Infragestellen der vorherrschenden Ansichten wahr. Dann beschließt Geoffrey Pullum, ein britischer Linguist und ehemaliger Rock-'n'-Roll-Pianist an der University of California, die ganze Eskimo-Schneewörter-Debatte durch den Kakao zu ziehen. 1989 verfasste er seinen Aufsatz *Der große Eskimo-Wortschatz-Schwindel*, in dem er den »sich selbst erzeugenden Mythos des Eskimo-Wortschatzes für Schnee« mit dem Monster aus *Alien* vergleicht. Er vermutet, dass die meisten Linguistikdozenten an Universitäten ihren Studierenden das eine oder andere Mal die Geschichte von »diesen mit Wörtern nur so um sich werfenden hyperboreischen Nomaden« erzählen. Er fährt fort: »Wie schade, dass die Geschichte völlig unbelegter Quatsch ist.«

Pullums Paper geht viral, so, wie 1989 etwas viral gehen kann, und plötzlich ist der Glaube, Eskimos verfügten über viele Wörter für Schnee, durch einen neuen ersetzt: Das ist überhaupt nicht wahr. Sie verfügen über eine normale Wortanzahl, die nach viel aussehen kann, was an der Struktur der Dialekte liegt, in denen verschiedene Nachsilben an ein paar wenige Wortstämme angefügt werden können, sodass beinah unendlich viele lange und komplizierte Wortzusammensetzungen entstehen. Pullum meint, die Bereitschaft, alles zu glauben, was über Eskimos erzählt wird, sei verborgener Rassismus. Besonders brutal ist er in Bezug auf Whorf, den »Brandschutzinspektor Connecticuts [was er wirklich war] und Hobby-Sprach-Nerd«, da sich dieser mehrfach Oberflächlichkeit und Fehler hatte zuschulden kommen lassen und, am allerschlimmsten, »in mehr Folgepublikationen zitiert und abgedruckt wurde, als man mit einem Flammenwerfer erwischen könnte«.

All das scheint ein bisschen ungerecht, zum einen, da Whorf 1941 an den Folgen einer Krebserkrankung starb und sich nie selbst verteidigen konnte, und zum anderen, weil es am Ende Pullum ist, der falschliegt.

In seinem ursprünglichen »Schwindel«-Aufsatz begeht er selbst die Sünde, für die er und Martin andere anklagen. Er zieht keine Inuit zurate. Er ist ehrlich genug, das Problem einzuräumen, und ein Nachdruck seines Papers in einem zwei Jahre später erscheinenden Buch enthält einen Anhang von einem Spezialisten für Zentral-Alaska-Yupik, einen der fünf Hauptdialekte der Eskimo-Sprachen. Der Experte, Professor Anthony Woodbury, zählt 15 Wortstämme für Schnee aus einem verbindlichen Yupik-Wörterbuch auf. Sie unterscheiden sich alle voneinander. Im Gegensatz zum Englischen beinhalten sie kein allgemeines Wort für Schnee (wie in Schneeflocke, Schneewehe oder Schneesturm), und es gibt für sie keine englischen Entsprechungen. Zusätzlich zu den vier von Boas genannten Wörtern für Schnee führt Woodbury *kanevvluk* (feiner Schnee), *muruaneq* (weicher, hoher Schnee am Boden), *navcaq* (eine Schneewehe kurz vor dem Kollabieren) und *qanisqineq* (Schnee, der auf Wasser schwimmt) an. Jedes einzelne Wort, so Woodbury, kann bis zu 280 unterschiedliche Beugungsformen haben.

Was immer Pullum damit auch bezweckte, es scheint seine Aussage, Eskimos hätten viele Wörter für Schnee sei »unbelegter Quatsch«, nicht zu stützen. Zu allem Überfluss hat sich kurz zuvor auch noch ein Team des Smithonian Arctic Studies Center der Debatte angenommen. Sie zählten 53 verschiedene Wörter für Schnee, die von Inuit in der kanadischen Region Nunavik benutzt werden, und 40 in Zentral-Sibirisch-Yupik. Es gibt immer noch viele Akademiker und angesagte Journalisten, die die gegenteilige Ansicht vertreten, doch sie alle eint ein Mangel an unmittelbarer Erfahrung und an Fachwissen über die Arktis. Manche reisen natürlich dorthin, doch ich vertrete die Theorie, dass ihre Summe regionaler Wörter für Schnee zu niedrig ist. Der Grund dafür ist einfach: Die meisten Wissenschaftler sind im Sommer unterwegs, wenn es keinen Schnee gibt, über den man sprechen könnte. Diese Theorie ist völlig unwissenschaftlich, und ich bin meine einzige Quelle, aber immerhin war ich selbst vier Mal in der Arktis und habe dort keine einzige Schneeflocke gesehen, geschweige denn über Schnee gesprochen.

Beinahe drei Jahrzehnte nachdem er sein Paper verfasst hat, ist Pullum, zwischenzeitlich Professor an der University of Edinburgh, noch immer daran gelegen, klarzustellen, was er damit beabsichtigte. »Es geht nicht um Eskimologie«, erklärt er in einer E-Mail. »Die Stämme, auf die ich mich konzentrierte, waren weder die Yupik West-Alaskas noch die Inuit Grönlands, sondern die anthropologischen Linguisten der USA und die Dozenten von Einführungsseminaren in die Linguistik.«

Das ist ja schön und gut, aber es bedeutet nicht, dass der Streit um die Anzahl von Wörtern für Schnee in Eskimo zu seinen Gunsten niedergelegt werden könnte.

Anhänger der whorfschen Sicht auf den Eskimo-Schnee-Disput stolpern unterdessen über zweierlei. Sie ignorieren, dass das Englische, genauso wie die Eskimo-Dialekte, viele Wörter für Schnee hat, sowohl für fallenden (Flocken, Kristalle, Graupel und Diamantenstaub, ganz zu schweigen von den Dutzenden von Flockenfachbegriffen auf dem Nakaya-Diagramm) als auch für gefallenen Schnee (Pulverschnee, Scholle, Windharsch, Schneematsch, Zastrugi oder Sastrugi). Und sie wählen lieber ein Volk als ein Fachgebiet, wie, sagen wir beispielsweise Automechanik, um den unumstrittenen Punkt zu machen, dass Menschen lernen, das am genausten zu beschreiben, was die größte Bedeutung für sie hat.* Ein Grund für Pullum, ihnen unterschwelligen Rassismus vorzuwerfen. Sicherlich könnte man dies anders bewerten. Whoferianer sind nicht rassistisch. Sie sind nur von Schnee fasziniert. Ihnen gefällt der Gedanke, dass man 200 Wörter für ihn braucht, selbst wenn nicht alle dieser Wörter wirklich existieren. Dieses Phänomen hat eine gewisse Ähnlichkeit mit dem Yeti; die Erwartung, dass Dinge im Reich des Schnees anders und geheimnisvoll sind. Es gibt aber auch einen Unterschied: Anders als den Yeti, gibt es im Eskimo sehr wohl einige unterschiedliche Wörter für Schnee, und mein liebstes ist *utvak*.

Utvak. Zwei harte Silben, denen ein kräftiger Knacklaut vorangeht. Sollte das wie ein Baustoff klingen, kommt das daher, dass es einer ist. Laut Woodbury bedeutet das Wort »Schnee, der in einen Klotz gepresst ist«. Der deutsche Fachbegriff dafür würde in etwa »gesinterter Schnee« lauten, aber es gibt noch eine bessere Art auszudrücken, worum es hier wirklich geht. Es geht um Igluschnee.

---

* Zugegebenermaßen ist es komplizierter als das. Whorf behauptete, das große Schneevokabular der Eskimos befähige sie, auf differenziertere Weise über Schnee nachzudenken als der Rest von uns. Diese Sicht auf Sprache wurde größtenteils von denen widerlegt, die der Überzeugung sind, dass Worte Gedanken folgen und nicht andersherum, allerdings ist dies kein Buch über Linguistik.

Trockener Pulverschnee ist für Schneebälle nutzlos, von Iglus ganz zu schweigen. Mit Schnee, der einmal niedergetrampelt wurde, ist es da schon anders. Durch das Stampfen werden die Verzweigungen der Schneeflocken zerbrochen, und es entstehen neue Verbindungen zwischen den einfacheren und stabileren Überbleibseln. Motorschlitten und Pistenraupen haben den gleichen Effekt. Und auch die Schwerkraft und der Wind, wenn sie über längere Zeit wirken. Sie alle lassen ein neues Material mit geringer Zug-, aber hoher Druckfestigkeit entstehen; ein Material, das in gleichmäßige Blöcke geschnitten werden kann, dabei quietscht wie Styropor und das wie Leichtbeton von der Schneedecke angehoben werden kann. Man kann auf so einem Block sitzen, und er zerbricht nicht. Auf der Kuppel eines gut gebauten Iglus sollte man stehen können. Und wenn es erst einmal fertig gebaut ist, kann man es mit Betten, Bänken und Kaffeetischen aus festem Schnee einrichten.

Iglus wurden heftig romantisiert, sind aber eigentlich nicht gemütlich. Vielmehr sind sie eine formschöne Verbindung von Physik und den Anforderungen eines Lebens in der Natur. Aufgrund ihrer Halbkugelform nutzen sie den Raum für eine bestimmte Schneemenge optimal. Sie haben keine Ecken und verschenken keinen Platz. Sie können jedem Blizzard widerstehen, da der Schnee im Sturm die Wände nur dicker macht und ihre Form so noch aerodynamischer wird. Sogar ohne Schneesturm werden Iglus mit der Zeit stabiler, solange das Wetter kalt bleibt, da sich die Blöcke zu einer Einheit verbinden. Dieser Schnee enthält noch immer Luftblasen und wirkt dadurch als natürliche Isolation. Wenn draußen minus 30 °C Kälte herrschen, kann es drinnen 0 °C oder wärmer sein, mit ein bisschen Hilfe der kleinen Flamme eines mit Robbenöl gefüllten Kudliks. Wenn Menschen sich darin aufhalten und atmen oder anderweitig Wärme produzieren, entsteht an der Innenseite des Iglus eine dünne Wasserschicht. Sind sie wieder draußen, um zu jagen, gefriert diese zu einer luftdichten Haut.

Das weltgrößte Iglu wurde von einem Team von Volvo an einem Felsvorsprung unterhalb des Matterhorns gebaut. Dafür wurden drei Wochen und 18 Menschen benötigt, und es blieb zwei Monate stehen. Es hatte einen Durchmesser von zwölf Metern und war fast genauso hoch, doch die Faszination traditioneller Iglus besteht darin, dass sie innerhalb von 40 Minuten gebaut werden können. Zunächst ist die Unterkunft recht eng, doch man kann die Grundfläche ausweiten, sodass wie in der englischen TV-Serie *Dr. Who* eine Tardis entsteht, die geräumiger ist, als sie von außen aussieht.

Ein klassisches Iglu besteht aus einer nach innen geneigten Spirale aus Schneeblöcken. Die Blöcke sollten von außen betrachtet rechteckig sein, im Querschnitt jedoch abgeschrägt, und sie sollten, je höher sich die Spirale nach oben windet, kleiner werden. Früher schnitten Inuit sie mit Karibuknochen oder Narwalhörnern aus der Schneedecke. Im 20. Jahrhundert übernahmen dies machetenähnliche Schneemesser – und heute werden zu diesem Zweck Schneesägen hergestellt.

Erfahrene Iglubauer können alle benötigten Blöcke aus einer einzigen ordentlichen Baugrube schneiden. Oft wird diese zum Fundament; dazu kommt ein Fußgraben, darüber Schlafplätze und ein rechtwinkliger Eingangstunnel auf Bodenhöhe, um den Wind draußen zu halten. Am wichtigsten für den Bau eines wetterfesten Iglus ist es jedoch, jeden neuen Block so zu formen, dass er fest auf die darunterliegenden und den letzten in der Spirale passt. Dies macht man mit einem Schneemesser oder einer Säge, und zwar gegen den Uhrzeigersinn, wenn der Erbauer Rechtshänder ist, im Uhrzeigersinn bei einem Linkshänder.

Dem Prozess zuzusehen ist faszinierend. Dank des 1949 vom National Film Board of Canada produzierten Films

How To Build an Igloo, eine Meisterklasse des Iglubaus und der kolonialen Herablassung, kann man ihn immer wieder bestaunen:

> *Für Handelsgeschäfte haben Chupak und Agiutak ihre Familien in den Iglus des Winterlagers zurückgelassen. Sie freuen sich schon auf eine Tasse heißen Tee und Schiffszwieback im Haus des Kaufmanns. Die beiden Eskimos bewundern die Holzhäuser des weißen Mannes, doch für sich selbst werden sie ein Iglu bauen.*

Inzwischen haben sich die meisten Eskimos selbst Holzhäuser zugelegt. Schneeräumgeräte haben die Notwendigkeit mehrtägiger Jagdreisen beendet und daher auch die von Iglus als Übernachtungsplätzen. Doch es gibt noch weitere Nutzungsmöglichkeiten für gesinterten Schnee, genauer: für *utvak*. Von Maschinen in Form gebracht, werden daraus die Halfpipes und gigantischen Skischanzen, die ganze Nationen unterhalten, deren Aufmerksamkeitsspanne für Biathlon zu kurz ist. Vom Wind glatt gestrichen, entstehen am Südpol daraus Landebahnen, die das Gewicht einer vollbeladenen Lockheed C-5 tragen können. Von einer Lawine freigesetzt, kann er einen unachtsamen Skifahrer einschließen wie schnell bindender Beton und ihn innerhalb von gerade einmal zwei Minuten ersticken.

Vier
Was Bruegel sah

Den ganzen Nachmittag war es Abend. Schnee fiel …

Wallace Stevens, *Dreizehn Weisen,*
eine Amsel zu beobachten

Durchforstet man die Geschichte auf der Suche nach großen Schnee-Ereignissen, könnte man leicht der Annahme aufsitzen, die visuellen Dokumente wären am faszinie-
rendsten – bis zu dem Moment, in dem einem einfällt, wie
unzuverlässig Bilddokumente sind. Die Fotografie ist eine
noch junge Erfindung. Ein Gemälde braucht vergleichsweise
viel Zeit, und die Chance erscheint äußerst gering, dass ein
Künstler zufällig mit Pinsel und Palette bereitstand, um
einen historischen Schneemoment festzuhalten, so wie ein
iPhone das kann. Dies sollte man vor allem im Hinterkopf
behalten, wenn man die Gemälde von Joseph Mallord Wil-
liam Turner einmal mit kritischem Blick betrachtet.

Turner gilt als der Shakespeare der britischen Malerei und
war ein Fabulant. In seinen späten Jahren kultivierte er die
Geschichte, er habe sich in einer Nacht vier Stunden an den
Mast eines Dampfschiffes binden lassen, um einen Schneesturm auf dem Meer miterleben zu können. Diese Geschichte spiegelt sich im langen Titel eines seiner Gemälde aus dem
Jahr 1842: *Schneesturm mit Dampfschiff vor Hafeneinfahrt,*
das in flachem Wasser Signale gibt und daran vorbeifährt. Die
Bildunterschrift fügte dem hinzu: *Der Autor selbst befand*
sich in dem Sturm, als die Ariel Harwich verließ. Nur war er

ziemlich sicher nicht vor Ort, da in der infrage kommenden Nacht überhaupt kein Schiff namens Ariel vor Harwich lag, und es existiert keinerlei Aufzeichnung, die bestätigte, er sei auch nur in der Nähe gewesen.

Nicht, dass sich die Nachwelt beklagt hätte. Das Gemälde, ein wilder Schneewirbel, passenderweise von den Lichtern des Schiffes angeleuchtet, wurde umgehend in die Ruhmeshalle der Größten aufgenommen und hängt heutzutage in der Tate Gallery. Dies war bereits das zweite täuschend echte Schneebild von Turner. Das erste tauchte beinahe 30 Jahre früher auf.

Im Winter 1802 hielt sich Turner in der Schweiz auf. Er war 26, ging auf die 27 zu und war bereits sehr damit beschäftigt, die Malerei neu zu erfinden. »Meine Aufgabe ist es, zu malen, was ich sehe, nicht, was ich kenne«, sagte er und fertigte wie wild bei jeder Gelegenheit Skizzen an. Wir können daher davon ausgehen, dass eines seiner bekanntesten, von dieser Reise inspirierten Bilder – *Der Niedergang einer Lawine in Graubünden* – auf etwas basiert, das er tatsächlich gesehen hat. In Wirklichkeit lässt sich jedoch nicht nachweisen, ob er jemals eine Lawine zu Gesicht bekam. Er fertigte das Gemälde erst acht Jahre später an, wahrscheinlich inspiriert von einem Unglück aus dem Jahr 1808, von dem er gehört hatte.

Die Lawine von 1808 war ein Monstrum. Sie folgte auf drei Tage heftigen Schneefall, der zwischen dem 11. und 13. Dezember weiträumig über der östlichen Schweiz niederging. Eine ganze Serie von Lawinen folgte in den Nächten des 12. und 13. Dezember; eine der verheerendsten donnerte in das Dorf Selva in Graubünden, auf halber Strecke zwischen Zürich und Locarno. Sie zerstörte neun Häuser und 81 Scheunen; tötete 24 Menschen und 355 Kühe und schaffte es bis in die Lokalzeitungen. Turner war bei deren Lesern auch kein Unbekannter, und so muss er davon erfahren haben.

Mit der Erinnerung an die Berge und den Beschreibungen der Lawine im Kopf machte er sich ans Werk.

Der Übeltäter auf diesem Gemälde ist ein großer Felsbrocken, der droht, auf eine Hütte auf dem Grund eines tiefen Tales zu stürzen. Der Felsbrocken ist bereits von weiter oben heruntergekommen, zusammen mit Schnee, der einen Großteil des Hintergrunds ausfüllt. Dieser Schnee ist in Form von Blöcken gemalt, die schwer und hartkantig aussehen; erledigt der Felsbrocken die Hütte nicht, wird der Schnee das übernehmen. Turner hatte also Berichte über die Lawinen gelesen und darüber, wie der Lawinenabgang Schnee in etwas Festes und Unerbittliches verwandelt, aber er war nicht vor Ort. Auch bei Hannibals Alpenüberquerung 228 v. Chr. war er nicht mit von der Partie, was ihn dennoch nicht davon abhielt, Hannibals Soldaten in einem weiteren seiner Fantasie entsprungenen Schneesturm darzustellen.

An diesen Gemälden ist bemerkenswert, dass Turner versucht hat, konkrete Schnee-Ereignisse zu malen, bei denen Schnee als eine rohe Naturgewalt wirkte. Die meisten Maler machten sich nicht die Mühe. Vor allem westliche Künstler sind eher bescheidene Chronisten des Schnees, und jene unter ihnen, die sich von ihm betören ließen, haben ihn hauptsächlich wegen des Effekts abgebildet. Manche hat er bewegt, doch nur wenige begeistert. Ich fordere jeden bei Christie's oder Sotheby's heraus, mir ein Schneeball werfendes Kind auf einem der namhaften Gemälde aus dem Zeitalter der großen Meister zu zeigen. Und ich bin sicher, sie waren für so etwas viel zu ernst.

Das mag für Fans von Bruegel überraschend klingen. Pieter Bruegel der Ältere (1525–69), ein Gigant unter den großen Meistern, hat im Kunsthistorischen Museum in Wien einen Raum von der Größe eines Basketballfelds ganz für sich. Es ist eine in jedem Sinne monumentale Ausstellung. Die Gemälde in ihren schweren Rahmen sind gewaltig und dunkel, sie hängen tief wie Gewitterwolken. Trotz alledem erinnert man sich an ihren Schöpfer unter anderem dafür, Schnee in die Kunst eingeführt zu haben. In Wirklichkeit kamen ihm selbstredend andere Künstler zuvor. Eines der ersten wichtigen europäischen Kunstwerke, auf denen Schnee die Hauptrolle spielt, ist das hell leuchtende Februarkalenderblatt eines gotischen Stundenbuches, das 1416 für einen Prinzen angefertigt wurde. Der Schnee ist hier als schmückende Decke dargestellt. Er taucht in einer ansonsten unscheinbaren Szene mittelalterlicher Behaglichkeit die Oberflächen in Weiß. Die Türen eines Hauses stehen weit offen. Ein Flötenspieler und eine Dame, beide in aufeinander abgestimmter blauer Kleidung, gehen ihres Weges und legen so nahe, dass ihnen das Wetter keine Sorgen macht. Im späteren 15. Jahrhundert wagte der junge Albrecht Dürer einen weitaus kühneren Ansatz, als er bei seiner Heimreise nach Nürnberg die Alpen überquerte und Schnee in Wasserfarben aufs Papier warf. Er malte späten Frühlingsschnee als wirbelnde Daunenfedern, die die Umrisse der Berge verwischen. Gut möglich, dass dies für Hunderte Jahre der erste und letzte Versuch war, anständige Schneemassen abzubilden, doch das Bild hängt beinahe unbemerkt im Ashmolean Museum in Oxford. Ob zu Recht oder nicht, Bruegel ist der Erste, der sich in dem Glanz sonnen darf, der von Schnee gespiegelt wird.

Sein Schnee rieselte früh in mein Bewusstsein, da er auf den Platzdeckchen im Esszimmer meiner Großmutter abgebildet war. Auf jedem dieser Sets war Schnee zu sehen: Schnee auf dem Dach eines niederländischen Wirtshauses des 16. Jahrhunderts, Schnee auf runden Wasserfässern, Schnee am Ufer eines großen zugefrorenen Teichs, Schnee am Boden vor einem überfüllten Gebetshaus.

Jahrelang ging ich davon aus, Bruegel male fast nichts anderes als Schnee. Dann reiste ich nach Wien, und mir wurde klar, dass er insgesamt drei Mal Schnee gemalt hatte, und das ohne auch nur das geringste Interesse daran, reale Ereignisse abzubilden. Jede der Szenen auf den Platzdeckchen stellte einen Ausschnitt ein und desselben Gemäldes dar – *Die Volkszählung zu Bethlehem* –, die eindeutig nicht in Bethlehem angesiedelt ist. Keine der Szenen auf den Deckchen stammte vom einzigen Bruegel-Gemälde, das das Wort »Schnee« im Titel trägt und durch welches Schnee auf die Liste angemessener Gegenstände für seriöse Maler gelangte. Dabei handelte es sich um *Die Jäger im Schnee*, das berühmteste Bildnis Europas während der Kleinen Eiszeit. Bruegel fertigte es 1565 an, und jedes Jahr zu Weihnachten werden Lastwagenladungen davon als Weihnachtskarten reproduziert.

Drei Männer und eine Hundemeute betreten die Szenerie von links mit ihrer mageren Beute in Gestalt eines Fuchses. In der Nähe, vor einem Pub mit schief hängendem Schild, wird ein loderndes Feuer in Gang gehalten. Am Fuße eines kurzen Pfades in mittlerer Entfernung scheint ein ganzes Dorf sich zum Zeitvertreib auf zwei zugefrorenen Teichen versammelt zu haben. Im Hintergrund erstrecken sich winterliche Ebenen bis zum Horizont, während sich in der rechten oberen Bildecke zerklüftete Berge schier unmöglich steil in einen schiefergrauen Himmel recken.

Kälte, Wärme, Hunger, Lebensfreude und die Topografie eines gesamten Kontinents sind in dieses Bild gepresst, doch aus Sicht eines Schneesüchtigen ist es eine Enttäuschung. Zwar liegt überall Schnee, aber es ist nur eine dünne Schicht. Auf den Bäumen im Vordergrund findet sich der leichteste Hauch, und auch die Zehen der Jäger vermag er kaum zu bedecken. Einige Kunsthistoriker vermuten, 1565 sei ein gewaltiges Schneejahr gewesen, das habe Bruegel zu seinem Bild inspiriert. Wenn dem so wäre, so zeugte sein Gemälde von vorbildlicher Zurückhaltung, doch genau genommen sind die meteorologischen Aufzeichnungen ungenau. Was man jedoch weiß, ist: Bruegel hatte von einem belgischen Bankier den lukrativen Auftrag erhalten, die vier Jahreszeiten zu malen. Schnee auszulassen, war da keine Option.

Heutzutage wäre Bruegel ein Influencer, und *Die Jäger im Schnee* wären der Beginn eines Trends. Während der folgenden Jahre sollte Schnee in den Beneluxstaaten geradezu »in« sein. Einer von Bruegels Zeitgenossen, Lucas van Valckenborch, beherrschte die seltene Fähigkeit, fallenden Schnee darzustellen, und für jeden, der Schnee gerne beim Herabrieseln betrachtet, ist seine *Winterlandschaft* (1586) eine Wohltat. Er malte eine Szene, die die vorstädtische Betriebsamkeit im 16. Jahrhundert wiedergab, und überdeckte sie dann mit so vielen Schneeflocken dicht an dicht, dass man diese förmlich auf seiner Nase und unter den Sohlen spüren kann. Das ist das wahre Leben. Die Wirkung dieses Effekts ist so stark, dass man meint, die Szene habe sich in der Zwischenzeit drastisch verändert, ginge man kurz raus, um sich eine Tasse Tee zu kochen. Doch wie schon beim Schnee von Turners Lawine handelt es sich auch hier um eine Ausnahme. Auch van Valckenborch malte nicht häufig Schnee, und als das 16. in das 17. Jahrhundert überging, passierte mit der niederländischen Schule etwas Deprimierendes: aus Schnee wurde Eis.

Es scheint, als habe die Wirklichkeit gesiegt. Im Jahre 2005 machte sich Peter Robinson, ein Geologe an der University of North Carolina, daran, nachzuweisen, dass in der Kunst das Leben nachhallt, so auch bei den Darstellungen von Schnee. In einem Aufsatz für das Journal *Proceedings of the Royal Meteorological Society* stellte er dazu zwei Verknüpfungen her. Er vermutete zunächst einmal eine Verbindung zwischen der Härte der Winter von 1500 bis 1900 und der Nordatlantischen Oszillation. Die NAO ist, um das kurz aufzufrischen, das instabile Gleichgewicht zwischen zwei schwankenden europäischen Wetterphänomenen: dem Azorenhoch und dem Islandtief. Wenn beide stark sind, ist der NAO-Index positiv. Diese Tiefs ziehen Feuchtigkeit aus dem Atlantik in Richtung Nordosten nach Europa, und zur Winterzeit findet sich diese häufig in Form von Schnee als Niederschlag wieder. Sind das Azorenhoch und das Islandtief hingegen schwach ausgeprägt, ist der Index negativ, und das Winterwetter in Nordeuropa fällt eher kalt und trocken aus mit nur armseligen Schneemengen.

Skifahrer mögen einen positiven NAO. Ebenso die Bauern. Sogar ganze Teile der europäischen Wirtschaft haben ein großes Interesse daran, was der NAO wohl als Nächstes vorhat. Um eine verlässliche Vorhersage abzugeben, hilft das Wissen darüber, wie es in der Vergangenheit um die Oszillation bestellt war, doch leider gab es im Mittelalter noch keine Druckmessgeräte auf Island oder den Azoren. Dennoch ist es möglich, den NAO bis ins Jahr 1500 zurückzuverfolgen, und zwar durch die Beobachtung der Folgen. Darunter finden sich die Höhe des Schnees, der jährlich auf das Grönlandeis fällt, nachvollzogen anhand von Eisbohrkernen; die Breite der Jahresringe von Bäumen in Europa, Marokko und dem Osten der Vereinigten Staaten; und die Niederschläge im Süden Spaniens, wo Regen kostbar ist und seit vielen Jahrhundert sorgfältig erfasst wird.

In seinem Aufsatz aus dem Jahr 2005 zeichnete Robinson auf einer Grafik die NAO-Aktivitäten ein, wie er sie stellvertretend ermitteln konnte. Eine weitere Skala bildete die Strenge der Winter ab, die ein Team niederländischer Meteorologen aus verschiedenen Quellen zusammengetragen hatte.* Die beiden Kurven waren deckungsgleich, und so konnte er für einen Zeitraum von 400 Jahren eine anhand

---

* Versuchen Sie nicht, »Winter Severity Index« (in etwa: Index für die Strenge von Wintern, Anm.d.Ü.) online zu finden, es sei denn, Sie interessieren sich für experimentellen Synthie-Rock. Es zeigt sich, dass dies der Name einer Band ist.

der anderen nachverfolgen, bis die Studie um die Jahrhundertwende abrupt endete.

So hatte Robinson es erwartet. Für den nächsten Abgleich musste er seine Komfortzone verlassen und zum Kunsthistoriker werden. Konnte er nachweisen, dass die nordeuropäische Landschaftsmalerei die Bewegungen des NAO zum Gegenstand nahm? In aller Kürze: Er konnte. Die Künstler führten zwar kein visuelles Tagebuch, doch sie bemerkten das sich ändernde Wetter, und ihre Arbeit war davon beeinflusst. Der Schnee, den Bruegel in *Die Jäger im Schnee* abbildete, war wahrscheinlich dem nachempfunden, was er vor seinem Brüsseler Fenster sah: eine magere Schneedecke und einen Himmel, der keine Aussicht auf viel mehr versprach. Es gibt kaum Belege für starken Schneefall in Nordeuropa im Winter 1564–65. Es war einfach nur klirrend kalt, auch in England, wo die Themse zufror und Queen Elizabeth I. oft auf dem Eis gesehen wurde.

Der darauffolgende Winter fiel in ganz Europa völlig anders aus, vor allem in den Bergen. »In den östlichen Teilen der Schweizer Alpen lag der Schnee so hoch, dass das Vieh nicht mehr von einem Stall in den anderen gebracht werden konnte und daher verhungerte«, heißt es in einem Lawinenlagebericht. Auch in den Wintern 1572–73, 1573–74 und 1575–76 gab es in der Schweiz starke Schneefälle. Diese lösten Dutzende Lawinen aus, die Häuser zerstörten und deren Bewohner töteten, und sie trugen zur sogenannten Grindelwald-Fluktuation bei. Dabei handelt es sich nicht etwa um einen Roman des Autors Robert Ludlum, sondern um eine Phase großer Schneemengen, die Europas Gletscher im späten 16. Jahrhundert auffüllten und vergrößerten – der Höhepunkt der Kleinen Eiszeit. Van Valckenborch fing die Schneestimmung für die niederländische Schule ein, aber bis 1630 hatte sich das Blatt gewendet, und ein Vater-Sohn-Duo namens Grimmer und Grimmer (Jacob und Abel) malte gleichnamige Szenen matter grauer Himmel und matten grauen Eises.

Für das verbleibende 17. Jahrhundert ist der NAO negativ, die Winter sind kalt und trocken, und als schneereicher Wandschmuck für europäische Bürgerhäuser sind meist nur Bruegel-Imitate erhältlich.

Das Fazit: Robinsons Verknüpfungen halten stand. Es wird nicht viel neuer Schnee gemalt, da kaum welcher fällt. Dann, um 1700, scheitert er jedoch mit seiner Verknüpferei. Der NAO wird mit einem Mal positiv. Die Winter schalten einen Gang runter. Das Klimapendel schwingt von Eis zurück auf Schnee – aber die Künstler scheren sich nicht mehr darum.

Beinahe zweihundert Jahre lang wird in der europäischen Malerei kaum Schnee dargestellt. Er kommt erst wieder in Mode, als Claude Monet seinen impressionistischen Weggefährten in den 1870ern das Zeichen gibt, und dann ist es, als würden sich mit einem Mal seit langer Zeit verdrängte Schnee-Emotionen Bahn brechen. Die Suchergebnisse auf der Homepage der Web Gallery of Art, die 48 000 Abbildungen europäischer Kunstwerke aus elf Jahrhunderten enthält, zeigt, wie plötzlich das geschah. Gibt man in das Titelsuchfeld für zwischen 1500 und 1550 geborene Künstler das Wort »Schnee« ein (wozu auch Bruegel der Ältere zählt, geboren 1525), erhält man sechs Bilder. Für das nächste halbe Jahrhundert sind es zwei. Für die darauffolgenden zweihundert Jahre, 1600 bis 1800, produzieren europäische Künstler gerade einmal drei namhafte Gemälde mit »Schnee« im Titel. In der ersten Hälfte des 19. Jahrhunderts finden sich nur neun. Für die zweite sind es dann auf einen Schlag 53.

Zu Robinsons Ehrenrettung muss festgehalten werden, dass Klimaveränderungen damit eindeutig eine Menge zu tun haben. Von 1770 bis 1850 zeigt der NAO einen so deutlichen Anstieg, dass er auch nach seinem Höhepunkt 1860 beständig positiv bleibt. Unter dem Strich zeigt der Kältepegel im letzten Viertel des Jahrhunderts mit noch größerer Eindeutigkeit auf Schnee statt auf Eis, und immer detailliertere Wetteraufzeichnungen bestätigen, dass dies schneereiche Zeiten waren. Aber es gab viele Gründe dafür, warum die Impressionisten auf einmal dem Schnee verfallen waren: Die ersten Eisenbahnen erlaubten ihnen Ausflüge aufs Land – und sei es nur für einen Tag –, wo sie den Schnee in seiner Unmittelbarkeit erleben und sich auf dem Nachhauseweg auch gleich aufwärmen konnten. Und dann war da noch *le Japonisme*.

Man kann die Wirkung Monets auf seine Zeitgenossen kaum überbewerten, und das Gleiche gilt wiederum für den Einfluss, den Japan auf Monet ausübte. Die Wände seines Hauses in Giverny, an der Seine auf halber Strecke zwischen Paris und dem Meer gelegen, waren mit 231 japanischen Holzschnitten zugepflastert, von denen viele Schnee darstellten, und zwar in dem üppigen, überbordenden Stil, wie er bei keinem einzigen westlichen Künstler der vorangegangenen beiden Jahrtausende nachweisbar ist. Doch man musste nicht selbst im Besitz japanischer Kunst sein wie Monet, um diese wertzuschätzen. Bei der Weltausstellung, die 1867 auf dem Marsfeld stattfand, wurden die Franzosen durch Hunderte Drucke in die japanische Art, die Natur zu sehen, eingeführt. Dort waren die Arbeiten zweier japanischer Meister dieser Kunst vertreten, Utagawa Hiroshige und Katsushika Hokusai, und ihre Herangehensweise an die Darstellung von Schnee wies einige Ähnlichkeiten auf: Sie zeigten ihn fallend; sie schwelgten darin, die Wirkung wiederzugeben, die er auf natürliches Licht hat, und sie bildeten Menschen ab, die sich an ihm erfreuen.

Hokusai ist am bekanntesten für seine *Große Welle von Kanagawa* (mit Gischt, die aussieht, als würde sie gleich nach einem kleinen Boot greifen), doch in der gleichen Serie fertigte er auch eine sanftere Szene. *Schneemorgen bei Koishika-wa* fängt die einfache Freude geradezu perfekt ein, die man empfindet, wenn man morgens erwacht, und es ist frischer Schnee gefallen.

Sicherlich hilft es, dass der Druck zudem eine berauschende Ansicht des Fuji zeigt. Da japanische Künstler dank der geografischen Lage ihres Landes große Schneemengen gewohnt sind, fällt es ihnen vielleicht leichter, ihn dick aufzutragen. Doch betont wird die Freude des Mädchens im Vordergrund, das auf dem Balkon eines Restaurants steht und ausgelassen auf den Berg in der Ferne zeigt. Der Himmel ist blau. Die Luft ist klar. Das Mädchen kauert nicht in der Kälte – es ist dafür angemessen angezogen. Sie ist Teil einer Gruppe, die ihr Frühstück aus reinem Vergnügen *en plein air* zu sich nimmt. Sie weiß, wie man lebt.

Bis zur Öffnung Japans zum Westen und zu Amerika in den 1850ern ist, was der Großteil der europäischen Kunst zum Thema Schnee bot, reichlich trostlos. Die Farben waren unfassbare trübe. Man hat den Eindruck, es sei stets später Nachmittag und als bräche bereits die Nacht herein, weshalb die Menschen drinnen besser aufgehoben wären. Für mich sind die präimpressionistischen Schneegemälde – so selten sie auch sein mögen – die ersten Anzeichen einer deprimierenden Tradition westlicher Wetteransager, Schnee mit schlechtem Wetter gleichzusetzen.

Mit dem Aufkommen von *le Japonisme* änderte sich der freudlose Look. Pissarro bemerkte, dass ein altes Steinhaus nicht unter Schnee geduckt sein muss. Es könne stattdessen im Glanz des reflektierten Lichtes leuchten. Alfred Sisley ließ die Sonne zum Vorschein kommen über einer schneebedeckten Straße außerhalb des heutigen Pariser Vororts Argenteuil, als wäre ihm mit einem Schlag klar geworden, dass es völlig natürlich wäre, eine Familie beim Spaziergang auf dieser Straße zu malen. Ganz so, wie Hiroshige auf einem bekannten Holzschnitt von 1853 zwei Damen zeigt, die sich lieber draußen im Schnee unterhalten, als ihn schlichtweg zu erleiden. Wer hätte das gedacht? Schnee kann Spaß machen.

Für die Arbeitsmoral von uns Chronisten des Schnees ist diese neue Haltung gut, aber auch frustrierend. Weder die Japaner noch die von ihnen beeinflussten Künstler kümmerten sich darum, ihre Schneegemälde mit einem exakten Datum zu versehen. Es gibt nur wenige Ausnahmen, etwa Paul Signacs *Schnee auf dem Boulevard de Clichy* – eine Szene von großer meteorologischer Energie, in der wirbelnder Schnee die Hauptrolle spielt und die Straßen von Paris schneller zudeckt, als Passanten sie überqueren können. Es ist auf 1886 datiert, und Signac hat offenbar die ihn umgebende Wirklichkeit gemalt. Denn 1886 war auf beiden Seiten des Ärmelkanals ein bedeutendes Schneejahr, was wir wissen, weil ein unermüdlicher Beobachter mit dem Namen Leo Bonacina, einer der Eifrigsten in der gesamten Geschichte der Schneeaufzeichnungen, in seinem Notizbuch vermerkte: »Großer Schneesturm«.

Fünf

Die falsche Art Schnee

Nein, es handelte sich um eine andere Art Schnee.

Terry Worrall, BBC Radio 4, 11. Februar 1991

Der große Schneesturm in England im Jahr 1886 war gleichsam Angriff auf als auch Zierde für dieses pompöse Königreich. Es schien, als könne sich niemand entscheiden, was er nun war. Der Herbst hatte bereits einen Hauch Schnee gebracht, in großen Mengen ging er jedoch erst am 3. Januar, einem Sonntag, nieder. Innerhalb von sieben Stunden fielen 30 Zentimeter auf London. In den Yorkshire Wolds türmte starker Wind von der Nordsee den Schnee zu drei Meter sechzig mächtigen Verwehungen auf. Die Bahnlinie nach Barrow war in den Bergen der Pennines zum ersten Mal in 30 Jahren blockiert. Am folgenden Montag befanden sich Nutzvieh und Bauern in Lebensgefahr. Die Zeitungen berichteten von einem schreckliche Ereignis in den Hügeln von Landrillo in Wales: »Henrie Davies, 21 Jahre, wurde mit einem Schaf in seinen Armen von einem jähen Windstoß in ein tiefes Wasserbecken gerissen und ertrank vor den Augen seines Vaters, eines Schäfers. Er war auf den Hügel gestiegen, um seinen Vater in Sicherheit zu bringen, der nichts tun konnte, um seinen Sohn zu retten.«

In der Hauptstadt fiel die Musikbegleitung zum Wachwechsel im Buckingham-Palast aus, aber *The Times* schrieb, dass die Landseer's Lions auf dem Trafalgar Square »in einen Mantel aus strahlendem Weiß« eingehüllt waren.

In den Gärten des Kensington-Palasts zerbarsten die Bäume und brachen mit einem Geräusch wie Gewehrschüsse. Die Pendlerbahnen stoppten die Fahrt, weil die Telegrafenleitungen zwischen Signalboxen herunterhingen. Da sie nicht zur Arbeit konnten, erfreuten sich die Londoner in den königlichen Parks, im Wimbledon Common und in Hampstead Heath am Schnee. Unter ihnen befand sich mit größter Wahrscheinlichkeit auch die Familie von Leo Claude Wallace Bonacina. Er war damals drei Jahre alt. Er muss den Schneesturm von 1886 aus einem Kinderwagen mitangesehen haben, was ihn wohl sehr beeindruckt hat, denn als Südengland das nächste Mal von großen Schneemassen heimgesucht wurde, sollte dies die Weichen für sein langes Leben stellen.

Bonacinas Vater war ein italienischer Kaufmann, der sich in Haverstock Hill in Nordlondon niedergelassen hatte und große Pläne für seine drei Söhne hegte. Leo war der Älteste und wahrscheinlich eine Enttäuschung. Wie seine Brüder wurde auch er an katholischen Privatschulen erzogen. Am King's College in London besuchte er in vielen Fächern Vorlesungen, aber da er in Mathematik nicht gut genug war, konnte er sich nicht als Vollzeitstudent einschreiben. Er brachte es nie zu etwas, was sein Vater eine Karriere genannt hätte, wenngleich er 45 Jahre für die Bibliothek der Royal Geographical Society arbeitete. Dazu blieb er unverheiratet. Seine wahre Liebe galt dem Schnee.

Leo liebte die Vorstellung eines eingeschneiten Englands, von England als Heimstätte von Blizzards, und er hortete jeden Schnipsel, der diesen Wunsch stützte. So schrieb er 1949 in einem Brief an das *Journal of Glaciology*: »Ich bin alt genug, mich an einen sehr strengen Winter in meiner Kindheit zu erinnern, als eine große Weide hinter meinem Elternhaus in einem Londoner Vorort vom 27. November bis zum 21. Januar durchgehend weiß war.« In besagtem Winter sprach einer der Cousins von Bonacina davon, »›für mehrere Wochen ununterbrochen eingeschneit gewesen zu sein‹, was meine eigenen Erfahrungen in Middlesex stützt«.

Der Brief war eine Antwort auf ein Schreiben Eric Hawkes, eines Redakteurs des *Snow Survey of Great Britain*. Hawke hatte einer früheren Behauptung Bonacinas widersprochen, wonach nicht nur die Weide hinter seinem Elternhaus, sondern »der größte Teil Englands« von November 1890 bis Januar 1891 ununterbrochen eingeschneit war. Denn das stimme so nicht. Es lagen ihm Daten von Wetterstationen vor, die bewiesen, dass es nicht wahr sein konnte, doch Bonacina vertraute lieber seinen Kindheitserinnerungen.

Als Erwachsener war er klein, schlank, kahlköpfig und trug eine Brille, und er beharrte wichtigtuerisch darauf, er werde in akademischen Journalen publiziert und bei wissenschaftlichen Versammlungen angehört, obwohl er kein Wissenschaftler war. Für Fans von Wes Andersons Filmen: Bonacina war für die RGS, was Max Fischer für Rushmore war.

Seine Annäherungen an die Wissenschaft waren unwissenschaftlich, und er wurde dafür oft verspottet. Ein Artikel, den er 1916 in das *Quarterly Journal of the Royal Meteorological Society* gemogelt hatte, wurde laut eines ansonsten wohlgesinnten Rezensenten von »einer Leserschaft zerrissen, die von seinem Stil gelangweilt und genervt war«. Für jemanden, der ein sowohl geselliges als auch einsames Leben führte, ließ er sich erstaunlicherweise von Kritik nicht entmutigen. Vielleicht war ihm klar, dass seine pseudowissenschaftlichen Darbietungen als Farce betrachtet wurden, und er scherte sich nicht darum, denn er wusste, er hatte seine Berufung gefunden. Er war der Hobby-Schneeforscher per se, geradezu eine Inspiration für jeden Angehörigen dieser Spezies. Er war keineswegs ein Skifahrer oder ein Held des Cresta-Rennens. Es gibt noch nicht einmal viele Nachweise darüber, dass er sich gerne im Schnee aufhielt. Er sprach nur gerne über Schnee, besonders, wenn dieser nicht schmolz. Bonacina erfand den Begriff »snow survivals«, wie er kleinere Schneeflächen auf kühlen britischen Hügeln nannte, die manchmal bis lange in den Sommer hinein liegen blieben. Und zehn Jahre vor dem offiziellen Beginn des *Snow Survey of Great Britain* 1937, jener bahnbrechenden Forschungsarbeit über den Schnee in Großbritannien im Jahr 1937, begann er, regelmäßig Schneeberichte in der Zeitschrift *British Rainfall* zu veröffentlichen. Mithilfe viktorianischer Wetteraufzeichnungen und anderer Dokumentenquellen konnte er Schnee-Ereignisse bis ins Jahr 1875 aufarbeiten und hinterließ sie seinen Schülern, die die Aufzeichnungen bis zum heutigen Tag weiterführen. Das Ergebnis ist ein seit beinahe 150 Jahren fortlaufend erstellter Schneebericht – etwas Vergleichbares sucht man in Ländern, in denen es wirklich und viel mehr schneit, vergeblich.

Das mag paradox erscheinen, doch ist es das nur auf den ersten Blick. Schnee fasziniert die Engländer so, wie dies sonst nur der Fußball tut – oder es jedenfalls bis zur WM 2018 tat, obwohl er oft eine bittere Enttäuschung liefert. Zumindest ist das meine Erfahrung mit England und dem Schnee. In meinen 52 Jahren habe ich in England genau ein weißes Weihnachten erlebt, einen anständigen Schneesturm in Cumbria und einen in Dorset. Darüber hinaus gab es in meinen 14 Jahren in Südostlondon noch drei erwähnenswerte Wetterereignisse, die mit Schnee zu tun haben. Eines davon, die Kältewelle im März 2018, auch bekannt als das »Beast from the East«, führte zu kräftigem Schneefall außerhalb Londons. Keines der Ereignisse hinterließ mehr als einige Zentimeter Schnee in der Stadt selbst. Und das war's. Das eherne Gesetz der Verknappung besagt, dass diese Preis und Wert nach oben treibt. Für mich ist das die beste Erklärung für die englische Haltung dem Schnee gegenüber – drei Teile Faszination, zwei Teile (Ehr-)Furcht.

Der bonacinasche Schneebericht jedenfalls ist in seiner aktualisierten Version mit farbigen Kennzeichnungen versehen, je nach Grad des Schneefalls: »wenig« (grün), »durchschnittlich« (orange), »schneereich« (rosa) und »sehr schneereich« (blau).

In den 141 Einträgen, einer pro Jahr von 1975 bis 2016, kommt 55-mal Grün vor, 40-mal Orange, 38-mal Rosa und nur achtmal Blau. Seit 1963 gab es sogar nur zwei blaue Einträge. Das war 1978–79 und 2009–10. Großbritannien ist kein schneereiches Land. Aber Schnee ist, genau wie Politik, an die eigenen Lebenserinnerungen gebunden. Ein orangefarbenes Jahr kann als ein einziger Blizzard erinnert werden, falls man zur richtigen Zeit am richtigen Ort war, und ein blaues Jahr kann an einem vorüberziehen, weil man abgelenkt oder gerade nicht im Land war.

Mein Lieblingseintrag in dem Bericht stammt aus dem Jahr 1981–82. Er ist pink. Es heißt darin, der Dezember 1981 sei der schneereichste Monat des Winters gewesen, und er wird wie folgt näher beschrieben: »12.–18. Dez., Südwestengland, 7 In. 20. Dez., Nordengland, 7 in, 6 Fß. Verwehungen. 6.–15. Januar durchgängig Schnee, 1–2 Fß. Decke.« Das sind für England wahrlich beeindruckende Mengen, denn sieben Inch und sechs Fuß entsprechen ungefähr zwei Metern Neuschnee …

Ich erinnere mich an diese verschneiten Tage damals im Dezember besser als an den gestrigen Regen. Viel besser. Ich war auf einem Internat; es war das Ende eines langen Schuljahres, das der Schnee wie von Zauberhand verkürzte. Die ganze Stadt war schlagartig in Stille getaucht; als wäre sie ins Mittelalter zurückversetzt worden, in dem sie tatsächlich größtenteils erbaut worden war. Der Schulgottesdienst wurde bei Kerzenlicht abgehalten. Wir wanderten in der vom Schnee erleuchteten Dunkelheit umher, warfen Schneebälle und durften früher nach Hause fahren.

Es gibt weitere britische Schneejahre, die eine besondere Erwähnung verdienen, allerdings nicht immer aus Gründen, die Bonacina verstanden hätte.

Zum Beispiel:

1620

Es ist lange her, dass die britischen Inseln so richtig von Väterchen Frost bezwungen wurden; unter großen Verlusten geschlagen wie Napoleons Armee bei ihrem Rückzug aus Moskau. Damals waren die Toten Soldaten, die nicht spürten, dass ihre erfrorenen Finger verbrannten, wenn sie diese zu nahe an die Feuer im Schnee hielten. Hier in Großbritannien handelte es sich bei den Toten um Schafe. Sie waren Opfer eines vierzehn Tage andauernden Sturms, der Schottland kurz nach seiner Vereinigung mit England lähmte, nicht lange vor dem Ende der Kleinen Eiszeit.

Diese Phase wurde als die »stürmischen 13« bekannt. Häufig wird sie auf das Jahr 1674 datiert, doch eine ihrer anschaulichsten Beschreibungen, sie stammt von dem Dichter und Romancier James Hogg, besagt, sie hätte sich bereits 1620 ereignet. Wir sollten ihm Glauben schenken. Hogg war schottisch und außer Autor auch Schäfer. Und der Sturm tobte hauptsächlich in Schottland und tötete hauptsächlich Schafe.

»Die Geschichten und Bilder der Verzweiflung, die davon bleiben, sind die entsetzlichsten, die man sich vorstellen kann«, schrieb er 1828 im *Gentleman's Magazine*. »Man sagt, der Schneesturm habe in 13 Tagen und Nächten nicht einen Moment Ruhe gegeben … und die Schafe hätten während all der Zeit nichts gefressen.« Es gab also kein Frühstück für die armen Kreaturen, und auch kein Mittag- oder Abendessen. Er fährt fort:

Am fünften oder sechsten Tag des Sturms verfielen die jungen Schafe in einen schläfrigen und trägen Zustand; sie alle starben in der Nacht. Um den neunten und zehnten Tag begannen die Schäfer, aus den toten Tieren zwei große halbrunde Mauern aufzutürmen, um den verbliebenen Schafen ein wenig Schutz zu verschaffen, doch sie erreichten damit nur wenig. Und zur gleichen Zeit sah man, wie die Schafe einander mit den Zähnen am Fell rissen.

Hoggs Bericht zufolge starben sogar die Schafe, die das Schlimmste auf geschützteren Bauernhöfen überlebt hatten, infolge von Hunger und Unterkühlung. Er schätzte, dass neun Zehntel der schottischen Schafe damals verendeten.

1784

Der Winter 1783–84 war der Beginn einer dreijährigen Kälteperiode, die zwei Lektionen für die Nachwelt bereithielt. Erstens, es gibt Winter, in denen die Insel – trotz des sie umgebenden wohltemperierten Wassers – so tut, als sei sie Kanada im Hochwinter. Zweitens, wenn das der Fall ist, können sich Klimaforscher nicht über die zugrunde liegenden Ursachen einigen.

Der erste Schnee fiel früh im Jahr 1783 – im Oktober – und dann wieder 1784. In beiden Jahren blieb er monatelang liegen. Beide Male fror die Themse zu. Und 1785 war dann schon das dritte Jahr in Folge mit Oktoberschnee, was selbst vernünftige Menschen dazu verleitete, einen Trend auszumachen. In Wirklichkeit handelte sich jedoch wohl um eine Ausnahmeerscheinung.

Benjamin Franklin, der die frühen 1780er als amerikanischer Botschafter in Paris verbrachte, war einer der Ersten, die die strengen Winter mit einer Reihe von Ausbrüchen des Laki in Verbindung brachten, eines isländischen Vulkans mit einem ungewöhnlich leicht auszusprechenden Namen. Die Eruptionen begannen im Sommer 1783 und müssen das Wetter sicherlich durcheinandergebracht haben. Ihr Staub und die Asche breiteten sich um den ganzen Planeten aus; ein Schatten fiel auf die Welt. Die Aschewolken schlossen einen Teil der Wärme in der Troposphäre regelrecht ein, strahlten allerdings mehr noch in den Weltraum ab. Und sie brachten Staubkörnchen mit sich, um die sich Schneeflocken bilden konnten. Es ist also kein Märchen, dass Vulkane einen natürlich verursachten quasi-nuklearen Winter hervorbringen können, doch ob der Laki allein für den Dauerfrost von 1784–86 verantwortlich war, ist eine andere Frage.

Zweieinhalb Jahrhunderte nachdem Franklin die Laki-Hypothese verbreitet hatte, machten Wissenschaftler der Columbia University in New York eine Entdeckung. Wie Peter Robinson von der University of North Carolina hatten sie sich die Geschichte der Nordatlantischen Oszillation vorgeknöpft. Anders als Robinson, der sich dafür interessierte, wie die NAO die Kunst beeinflusste, betrachtete das Team von der Columbia die Wechselwirkung der NAO mit dem El-Niño-Phänomen.

El Niño kann das Wetter auf der ganzen Welt beeinflussen. Kalifornier wissen das von der Grundschule an, da es für sie zu ihrer Heimat dazugehört – die regelmäßige Erwärmung der Wasseroberfläche des mittleren Pazifik. Die kalifornische Küste liegt am Pazifischen Ozean, wo man das Phänomen zuerst spürt, aber am Ende trifft es alle. Das ist einleuchtend, da es sich beim Pazifik um das größte Wasservorkommen der Welt handelt. Liegt seine Temperatur über dem Durchschnitt, gibt er mehr Wasser als sonst in die Atmosphäre ab. Das Wasser wird von den vorherrschenden Winden über die Festlandstaaten der USA nach Osten getragen, zum Nordatlantik und nach Europa. Die Stürme, die das gespeicherte Wasser in Niederschlag verwandeln, brauen sich jedoch weiter südlich zusammen.

Was das Team der Columbia herausfinden wollte, war, wie häufig ein starker El Niño mit einer stark negativen NAO zusammenfiel und was in diesem Fall das Ergebnis wäre. Die Antworten: selten und Schnee. Zu Beginn untersuchte das Team die starken Schneevorkommen von 2009–10, nicht die von 1783–84, doch am Ende erklärten sie beide auf einen Schlag – als wären dies die einzigen beiden Winter in der Geschichte der Wetteraufzeichnungen gewesen, in denen sich ein El Niño und eine negative NAO von solcher Stärke zusammenschlossen.[*] Ihre Auswirkungen waren auf beiden Seiten des Atlantiks spürbar. Ich selbst erlebte sie in Washington.

Innerhalb von zwei Tagen fielen 1,20 Meter Schnee auf unserem Balkon. Das reicht nicht aus, um den nordamerikanischen Rekord zu brechen, aber es war genug, um die Bundesregierung und jede Schule von Philadelphia bis zur Mündung der Chesapeake Bay vor Washington, D. C., lahmzulegen. Bei der Arbeit konnte ich nichts anderes tun, als Storys über das Wetter zu schreiben, und zu Hause blieb mir nur, mit meinen beiden kleinen Jungs in hohen, weichen Schneewehen zu toben. Und dabei gab es noch nicht einmal eine Aschewolke, die die Sonne verdeckte.

So war 2010 ein gutes Schneejahr, aber 1784 hatte einfach alles. Es steht auf meiner Shortlist für Jahre, in denen das Schnee-Ereignis schlechthin möglicherweise stattgefunden hat. Ob es wirklich damals geschah, werden wir vielleicht

---

[*] Sollten sie sich darüber wundern, warum hier einer negativen NAO Schnee zugeordnet wird, während andere Studien eine positive NAO damit verbinden, sind Sie damit wahrscheinlich nicht allein. Ohne El-Niño-Phänomen bringt eine negative NAO tendenziell kalte, aber trockene Winter nach Westeuropa, und eine positive bedeutet eher mehr Niederschlag, der als Schnee im Hochwinter zur Erde fällt. Kommt der El-Niño dazu, ist alles möglich.

niemals erfahren. Sich die Vergangenheit aus aktuellen Daten herzuleiten, ist eine unsichere Wissenschaft, und historische Quellen sind rar, vor allem für bergige Regionen, wo naturgemäß am meisten Schnee fällt.

Mit dem Aufkommen der Zeitungen hat sich die Datenlage entscheidend verbessert.

1814

Im Januar 1814, während die britischen Soldaten Napoleon in Frankreich mit einem Manöver einkreisten, war ihre Heimat vom Schnee lahmgelegt. Der drei Tage andauernde Sturm, der vom Atlantik ins Inland rollte, traf den Südwesten zuerst.

Am Montag, dem 10. Januar, waren die Moore und Straßen Devons von einer über einen Meter hohen Schneeschicht bedeckt. In Exeter hatte man seit 40 Jahren nichts Vergleichbares erlebt. Pferdekutschen kamen nicht vom Fleck. Die Post wurde stattdessen von Reitern ausgeliefert, die sich einen schmaleren Pfad durch die Schneemassen bahnen konnten, doch sie riskierten dabei ihr Leben. Am 12. wurde im Schnee in der Nähe von Chudleigh ein toter Soldat gefunden. Er hatte zwei Schilling in seiner Tasche. Am nächsten Tag wurden drei weitere Soldaten aus einer Schneeverwehung in der Nähe ausgegraben.

Der Schneesturm bewegte sich nach Norden und Osten, und Schnee fiel auf gefrorenes Wasser ebenso wie an Land. Die Themse fror zu, auch der Severn und der Meeresarm Solway Firth, der, wie ein Zeuge berichtete, aussah »wie eine weite Ebene voller Schneehügel«.

In der Nähe von Burford, am Rande der Cotswolds, blieben weitere Unglückselige im Schnee stecken und erfroren. Einer war ein Junge, der Post austrug, ein anderer ein Bauer, der tot auf seinem Pferd sitzend aufgefunden wurde.

Oxford war völlig von der Außenwelt abgeschnitten. Vor dem ersten Tauwetter im Februar schaffte es nur eine Kutsche aus dem nördlich gelegenen Banbury in die Nähe. Doch auch diese blieb etwa drei Kilometer vor der Stadt stecken, sodass die Passagiere sich bis zum nächsten Dorf, Wolvercote, zu Fuß durch Schneewehen kämpfen mussten, die ihnen bis zum Hals reichten.

Was der Redaktion der *Times* offenbar am meisten zu schaffen machte, waren die Auswirkungen des Blizzards auf die Informationslage. Jeden Tag begann der Wetterbericht mit einer Liste der Postkutschen, die sich verspäteten mitsamt neuer Ankunftszeit (bloße Todesfälle wurden am Ende der Story begraben). Am 26. Januar tauchte ein Päckchen auf, das zwei Wochen zuvor in Plymouth abgeschickt worden war. Die Zeitung merkte dazu an, die Leser »würden wohl eher Nachricht aus Deutschland, Holland und Frankreich erhalten als von ihren Freunden und Briefpartnern zu Hause«. Der Reporter fuhr fort: »Etwas Vergleichbares hat es in der Geschichte Englands noch nie gegeben.«

Das Königreich sollte seinen Zenit erreichen und überschreiten, bis es wieder so viel Schnee erlebte.

1947

An dieser Stelle folgt Bonacinas Zusammenfassung dessen, was als schneereichster Winter Englands seit der Industriellen Revolution gelten könnte:

> *Gesamtnote: Sehr schneereich. Monate nennenswerter Schneefälle: DJFM. Besonderheiten: Wahrscheinlich der schlimmste seit 1814 ... 22. Jan.–17. März, durchgehende Schneedecke. 28.–29. Jan., Südwestengland, Scilly-Inseln 7 In. 7. Feb., South Midlands und East Anglia. 25.–27. Feb., Nordengland und Wales, der Osten Schottlands. 4. März,*

Blizzard, Wales, Midlands, Nordengland, 1 Fß.; 5 Fß. häuf-
ten sich in den Hügeln an. 12. März, Landesgrenze.

Filmaufnahmen des Schnees von 1947 überlebten, und einige zeigen respektable Schneehöhen. In einem auf 8-mm-Be-
ständen aus der Vorkriegszeit gedrehten Kurzfilm nimmt
Colin Horner von Halifax seinen Sohn auf, der von der Royal Air Force beurlaubt ist und tapfer durch Schneewehen
strauchelt, die so hoch sind wie Trockensteinmauern. In anderen Filmen wiederum ist die Schneehöhe weniger beeindruckend als das Aufhebens, das darum gemacht wird.

Die Produktionsfirma Pathé News schickte zur Aufklä-
rung ihr eigenes Flugzeug von Nordlondon bis hoch nach
Nottingham und wieder zurück über Luton. »Bei unserer
Ankunft stoßen wir auf ein Nottingham, dessen bekannte
Wahrzeichen unter einheitlichem Weiß verschwunden
sind«, hört man den Sprecher sagen, doch das ist mitnichten
wahr. Aus 600 Meter Höhe kann man jeden Busch, jede He-
cke, jeden Schornsteinkopf sehen. »Das ist Leicester, und
hier ist Leicesters Bahnhof, doch wo sind die Züge? Auf unserem Rückweg nach London finden wir die Züge tief im
Schnee eingeschlossen.«

Die Züge stecken tatsächlich fest. Die Frage ist, warum, da
der Schnee die Schienen eigentlich kaum bedeckt. Zum Skifahren in Surrey war es genug; genug für die Entsendung
polnischer Truppen, um die Fernstraße von Norden nach
Süden offen zu halten; genug, um Pocklington in Yorkshire
von der Außenwelt abzuschneiden, bis sich deutsche Kriegs-
gefangene mit Essensvorräten ihren Weg dorthin bahnten.
Der Schnee lag länger und war an manchen Orten höher als
in den Vorjahren, und doch war es kein Winter, in dem die
Natur siegte. Vielmehr war es einer, in dem Organisationsta-
lent und Einfallsreichtum der Briten unterlagen.

Der Schnee von 1947 kam weniger als zwei Jahre, nachdem der Krieg gewonnen war. Das Königsreich war schwer angeschlagen. Noch immer wurden die Rationierungen fortgesetzt, und jetzt das. Was war aus dem »We Can Do It« geworden? »Die Ausrüstung zur Beseitigung des Schnees und seiner Folgen ist primitiv und unzureichend«, polterte die *Times*. Es hatte Experimente mit Flammenwerfern und Triebwerken gegeben, »die offenbar weiter vorangetrieben werden sollten, um frische, hohe Schneeverwehungen zu beseitigen«. Wie sich herausstellte, lag man damit richtig. Es gibt nichts, was Schnee so schnell wegputzt wie heißes Gas und einige Tonnen Schubkraft. Aus diesem Grund werden auf Wagen geladene Triebwerke dazu benutzt, die Flugzeugbetriebsflächen an Flughäfen in ganz Russland freizuräumen. Dann jedoch, beim Versuch, seinem Beitrag mehr Gewicht zu geben, vermischte der Redakteur der *Times* Wetter und Klima und vergaß dabei, dass London nicht Moskau ist:

Eine unserer nationalen Marotten ist es, uns nicht einzugestehen, dass der britische Winter alles andere als mild ist … Man sollte meinen, dass in einer Volkswirtschaft mit so geringen Gewinnen Sicherheitsvorkehrungen an erster Stelle stehen, dass das Thema Schnee vor dem nächstem Winter angegangen und nötige Gerätschaften gekauft werden. Der Nutzen von Kreiselpflug und Triebwerken muss überprüft werden. Man muss eine angemessene Anzahl passender Maschinen beschaffen und an strategischen Punkten entlang der Bahnschienen und Straßen verteilen, um sicherzustellen, dass Kohle und andere Güter unter allen Bedingungen die vorgesehenen Orte erreichen.

Manchmal spielt einem die Erinnerung Streiche, ganz so wie Redakteure hin und wieder Unsinn schreiben. Das Wetter Großbritanniens war in den vier oder fünf vorherigen Wintern schneearm gewesen, und so sollte es auch in zwei der folgenden drei Winter bleiben. Mit den so gering ausfallenden Gewinnen der Volkswirtschaft ergab es überhaupt keinen Sinn, viel Geld für Kreiselpflüge und düsenbetriebene Räummaschinen auszugeben. Der typische britische Winter war keineswegs »alles andere als mild«. Er war mild. Er ist auch heute noch mild und wird milder, Ausnahmen bestätigen die Regel.

1963

Es gibt noch Menschen, die sich an den Winter 1963 als ihre persönliche Mini-Eiszeit erinnern. Bob Dylan lebte damals in einer Wohnung in London und musste seine Möbel verfeuern, um nicht zu frieren. In ganz Europa war es kalt, es war der einzige Winter des 20. Jahrhunderts, in dem der Bodensee und der Zürichsee zufroren.

Im November war der Südwesten Englands von Schnee bedeckt. Im Februar fiel dann von Devon bis in den Nordosten eine Schneedecke von 60 Zentimeter Höhe. Unweigerlich wurde dieses Wetter als »schlecht« bezeichnet. Aber wie schlecht war es? Die Wahrheit ist, dass es für britische Verhältnisse ein strenger Winter war, nicht aber für eines der anderen Länder auf demselben oder einem höheren Breitengrad. In den Aufzeichnungen ragt er aus zwei Gründen heraus: Er war 3,7 °C kälter als gewöhnlich, und das bedeutete, dass der Schnee liegen blieb. Diese beiden Besonderheiten waren einer stark negativen NAO geschuldet, die sich weiter westlich bemerkbar machte als sonst. Die Wissenschaftler der University of Southampton verglichen im Jahr 2007 diese negative NAO des Jahrs 1963 mit der der Winter 1955–56, 1968–69 und 1984–85 und fanden heraus, dass alle drei kälteres, schneereicheres Wetter brachten als 1962–63; sie brachten es nur weiter östlich.

»Was den Winter 1962–63 [für Großbritannien] zu etwas Besonderem macht, ist, dass die Wetterabweichung so weit im Westen zu verorten ist«, schrieb Dr. Joel Hirschi vom National Oceanography Centre in Southampton. Dies zeigte, dass »eine Temperaturverschiebung um nur ein paar Grad Celsius einen traditionell grünen britischen Winter in einen verschneiten (weißen) verwandeln kann«.

Die Bedeutung des Jahres 1963 lag also darin, dass die Briten ausnahmsweise einmal in den Genuss eines Winters kamen, wie andere Europäer ihn kennen. London wurde zu Wien. Norwich zu Kiel. Es war die Ausnahme, die die Regel bestätigte, dass Schnee in Großbritannien noch exotischer ist als die Sonne (und keiner hatte einen Schimmer, wie man damit umgehen sollte).

1991

Eines der größten Forschungsgruppenergebnisse zur Klimaforschung ist die Datenbank des britischen Wetterdienstes: die MET Office's Hadley Centre Central England Temperature series, oder abgekürzt die CET. Dabei handelt es sich um die am längsten fortlaufenden Temperaturaufzeichnungen der ganzen Welt. Seit 1772 werden sie täglich aktualisiert und bestehen in Reinform aus 7600 Zahlenreihen mit jeweils zwölf Ziffern. Insgesamt zeigen sie einen langfristigen Anstieg der Durchschnittstemperatur um etwa ein Grad, und zwar zum größten Teil seit Mitte des 20. Jahrhunderts. Wir alle zusammen müssen entweder Lösungen finden, wie wir damit leben können, oder die Erwärmung rückgängig machen. Doch zwischen den Zahlen versteckt, finden sich Hinweise auf Tausende weniger bedrohliche Wettergeschichten, und von denen handeln einige von Schnee. Für die Tage vom 3. bis zum 14. Februar 1991 beispielsweise stehen die folgenden Zahlen: −9, −12, −8, −15, −47, −36, −38, −28, −5, −20, −1 und –9. Jede Zahl zeigt die durchschnittliche Tagestemperatur. Diese zwölf Tage waren also nicht gerade arktisch, aber sie waren kalt. Die Temperatur stieg fast nie über den Gefrierpunkt, und vom 5. bis zum 10. fiel beinahe über dem gesamten Land Schnee.

Für Großbritannien ungewöhnlich – doch bei den tiefen Temperaturen vorhersehbar –, war der Schnee leicht und pudrig, nicht nass und klebrig. In London fielen knapp dreizehn Zentimeter. Und wenn es auch in vielen Gegenden nicht mehr als 30 Zentimeter waren, reichte das doch aus, um eine ganz besondere Art von Chaos mit sich zu bringen.

Die Eisenbahngesellschaft British Rails, damals noch staatlich geführt, hatte kurz zuvor eine Lieferung von 7000 elektrischen Antriebseinheiten entgegengenommen, die meisten davon waren für die Passagierbeförderung vorgesehen und im Gegensatz zu den altmodischen Lokomotiven mit Motoren ausgestattet. Der Schnee führte dazu, dass 35 Prozent der Einheiten durchbrannten. Darüber hinaus waren Weichen vereist, und Schiebetüren blockierten. Im Rückblick auf den Sturm berichtete die *Sunday Times* am 17. Februar: »... zwei der größten Endstationen Londons, Euston und Waterloo, waren abgeschnitten, und drei Viertel der Schienenfahrzeuge im Radius von 80 Kilometern um die Hauptstadt fielen aus.« Am 11., einem Montag, für Pendler ein höllischer Tag, hatte Terry Worrall, der Einsatzleiter bei der British Rails, einem Interview mit James Naughtie von der Nachrichtensendung *Today* von der BBC, tapfer zugestimmt. Danach gefragt, was zum Teufel los sei, sagte er: »Wir haben insbesondere mit der Schneeart Probleme; sie kommt im Vereinten Königreich nur selten vor.«

NAUGHTIE: Oh, ich verstehe, es war die falsche Art Schnee.
WORRALL: Nein, es war eine andere Art Schnee.

Worrall korrigierte sich in der Aufzeichnung schnell, aber nicht schnell genug. Naughties Fazit lief im Land hoch und runter über die Ticker. Am Nachmittag stand »Die falsche Art Schnee« über den Klatschseiten des *London Evening Standard*. Die Würfel waren gefallen. Die Wendung erhielt so schnell Einzug in die Umgangssprache wie ein Absolvent Etons ins Parlament. Seit diesem Tag gilt sie in Großbritannien als Musterbeispiel für erbärmliche Ausreden und ist sogar der Titel eines Buches über die besten davon. Wahrscheinlich führte sie auch zur schnelleren Privatisierung der English Rail, und das, obwohl der freundliche und aufrichtige Mr Worrall die Worte nie geäußert hatte.

Als man ihm die Möglichkeit gab, sich detaillierter zu erklären, sagte er vielmehr, starke Seitenwinde hätten den für Großbritannien untypischen Pulverschnee direkt in die seitlich angebrachten Lufteinlässe der neuen Schienenfahrzeuge geblasen. Diese waren dafür vorgesehen, den Motor zu kühlen, und dafür konzipiert, Regen- und Schneefall abzuleiten, zumindest solange dieser auf vorhersehbare Weise auf die Schwerkraft reagierte. Was dieser Schnee nicht tat. Er trieb durch die Luft, bis er mit heißen Elektrokomponenten in Berührung kam, sodass er schmolz und sie kurzschloss. Es war keine Hilfe, dass die Einlässe keine Filter hatten; auch nicht, dass die neuen Motoren tief angebracht waren, unterhalb der Bodenhöhe, anders als bei den in Kontinentaleuropa eingesetzten Fahrzeugen derselben Generation. Bei Letzteren konnten die Motoren, da sie breiter waren, höher montiert werden, ohne die Passagiere beim Einsteigen zu behindern.

»Man kann nicht im Vorhinein wissen, dass einem eine bestimmte Schneeart Probleme bereiten wird«, sagte Roger Freeman, als Staatsminister für den öffentlichen Verkehr verantwortlich, dem *Guardian*, aber natürlich lag er damit falsch. Man kann es sehr wohl wissen. Alles, was er hätte tun müssen, wäre, auf die Wettervorhersage zu schauen und dann auf Nakayas Schneediagramm, welches ihm angezeigt hätte, dass bei der vorhergesagten Temperatur und Luftfeuchtigkeit kleine windschlüpfige Schneeflocken fallen würden. Es würde sich um Plättchen und Nadeln handeln, mit ein paar kleineren Dendriten und um nur wenige große Flocken. Doch es ist nicht belegt, dass Freeman auch nur einen Bruchteil mehr über Schnee wusste als Worrall. Die *Times* widmete der Ahnungslosigkeit der beiden einen sarkastischen Leitartikel: »Da es, wie sich die British Rail scheinbar einredet, nie wieder schneien wird, warum sollen wir uns den Kopf zerbrechen über die Konstruktion von all den Weichen, Türen, Motoren und Signalen, die einen modernen Bahnbetrieb ausmachen?«

Warum sich den Kopf zerbrechen? Es wäre etwas anderes und hätte der British Rail sicherlich mehr Sympathien beschert, wäre der Schneefall vom 5.–10. Februar wirklich gewaltig gewesen. Aber das war er nicht. »Es war ungewöhnlicher, aber kein völlig ungewöhnlicher Schnee«, berichtete das MET Office.

Die Suche nach dem erbärmlichsten Einknicken im Angesicht von Schnee ist vorüber. Die nach dem ultimativen Schnee-Ereignis dauert an.

Sechs

Rekordverdächtig

Draußen wütete ein Schneesturm; der Wind heulte,
die Fensterläden lärmten und klapperten; wie eine
Drohung erschien ihr das und wie eine traurige Vor-
bedeutung.

Alexander Puschkin, *Der Schneesturm*

Große Schneemassen sind dermaßen aufregend, dass es nützlich ist, einen Maßstab zu haben, sodass man weiß, wann man es mit einem wirklich herausragenden Ereignis zu tun hat. Es war im Jahre 1938, dass Charles Franklin Brooks, Gründer der American Meteorological Society, endlich einen lieferte.

»Es kam die Frage auf, wie viel Schnee an einem Tag fallen kann«, schrieb Brooks im Bulletin der Vereinigung, das er auch herausgab. Die Antwort darauf ist nicht einfach, auch wenn er sie so aussehen ließ. Er begann nicht mit den theoretischen Grundlagen, sondern mit einer Beobachtung. Er nahm den weltweiten Regenrekord für einen Tag zur Hand, der zur damaligen Zeit bei 119,35 Zentimetern lag und bei einem schweren tropischen Wirbelsturm am 14. und 15. Juli 1911 in Baguio City auf den Philippinen gefallen war. Er rundete auf 120 Zentimeter, teilte die Zahl durch fünf und multiplizierte sie mit zehn.

Die Division war notwendig, da der Regen in Baguio City bei einer Durchschnittstemperatur von 24 °C fiel, was bedeutet, dass die Luft fünf Mal so viel Feuchtigkeit enthalten kann wie eisig kalte, die für Schnee Voraussetzung ist. Die Multiplikation war notwendig, da Schnee Pi mal Daumen und unter Berücksichtigung der großen Schwankungen, je nach Wassergehalt eines Schneesturms, zehn Mal weniger dicht ist als Regen. Das heißt, es kommen zehn Zentimeter Regen auf jeden Zentimeter Schneewasser. Das vorläufige Ergebnis bezifferte den maximalen Schneefall an einem Tag mit etwa 229 Zentimetern. Aber Brooks, ein Harvard-Absolvent, der in Minnesota aufgewachsen war, hatte wirklich Ahnung von Schnee. Schnee sinkt ab. Wenn neuer Schnee fällt, wird der alte, darunterliegende niedergedrückt. Oder, in seinen Worten:

Das Gewicht des Schnees wäre so groß, dass die Dichte der gesamten Schicht nicht nur ein Zehntel betragen könnte. Daher könnte der Schnee kaum mehr als zwei Drittel oder drei Viertel der normalen Dichte aufweisen. Legt man zwei Drittel als vorsichtig geschätzten Wert zugrunde, könnte man von einem Maximalschneefall pro Tag von etwa 1,80 Meter ausgehen.

So also gelangte Brooks zu einer schönen runden Zahl, die so groß ist, dass sie die Mehrheit der aufrecht stehenden Menschen unter Schnee begräbt und nur einige wenige mit Ausnahmestatur übrig lässt, die über den Schnee blicken können. Doch sein Maßstab erweist sich als brauchbar. Darauffolgende Schneestürme zeigten, dass knapp zwei Meter pro Tag zwar keine Rekorde brechen, doch dem recht nahekommen und für Ärger sorgen.

Am 18. Dezember 1991 beispielsweise wälzte sich ein starker Mistral vom Atlantik kommend über Frankreich. Wie Stahl, der durch ein Walzwerk gedreht wird, wurde der Wind von riesigen Druckzonen bewegt – dem üblichen Azorenhoch und einem Tief, in geringer Höhe über den Hebriden.

Ein zweites Tief über dem Golf von Genua schaffte zusätzliche Feuchtigkeit aus dem Mittelmeerraum heran.

Frankreich war gerade dabei, sich für die Olympischen Winterspiele 1992 in Albertville bereit zu machen. Man hatte mehrere Tausend Tonnen Sprengstoff eingesetzt, um die alte Straße das Isère-Tal hinauf zu den Skiresorts der Tarentaise zu erweitern. Zwei Monate blieben noch, doch die neue Straße war noch nicht vollständig geöffnet und war von Albertville in die Berge auf jeder Seite nur einspurig.

Nun fegten schon seit einer Woche heftige Stürme über die Savoien. Am 21., einem Samstag, erreichten sie ihren Höhepunkt. Die Feuchtigkeit flockte als Schnee aus – und erzeugte das reinste Chaos. Von zehn Uhr morgens an ging rein gar nichts voran auf der Route Nationale 90. Es schien, als hätten sich einfach alle dort versammelt; Pariser auf dem Weg zum Weihnachtsfest in den Bergen, Bauarbeiter, die für die Olympischen Spiele Überstunden hätten schieben sollen und nun in ihren Lastwagen feststeckten; ganze Busladungen britischer Touristen.

Dunkelheit legte sich über das Land. Der Schnee fiel stärker. Noch immer bewegte sich nichts. Rote Bremslichter beleuchteten die Fahrzeuge, wo der Motor nicht abgestellt wurde.

Ich saß in einem Bus, vorne auf einem Notsitz. Die anderen Passagiere hatten alle mehrere Tausender gezahlt, um jetzt hier in diesem Stau festzustecken. Ich trug die Verantwortung für sie, und sie wurden ungeduldig, da sie um diese Zeit längst in warmen Chalets in Courchevel hätten sein sollen, dem französischen Verwöhn-Resort schlechthin.

Der Schnee war gnadenlos und wunderschön: Flocken ballten sich zur Größe von Münzen zusammen und landeten wie Frachtgut an Fallschirmen. Sie waren Boten des voll ausgewachsenen Blizzards, der, wie wir wussten, weiter oben wütete, doch es war schwierig, sie willkommen zu heißen, wie sie es verdient hätten, sorgten sich meine Reisegäste doch mehr um komfortable Zwischenstopps und die Weinauswahl.

Lange Zeit war der große Scheibenwischer an der Windschutzscheibe das Einzige, was sich bewegte. Es war hypnotisierend. Als sich der Stau schließlich auflöste, konnten wir weiter hinauffahren, und je weiter wir nach oben kamen, desto härter musste der Scheibenwischer arbeiten. Er wurde von einem Elektromotor unten an der Windschutzscheibe angetrieben, der einen rhythmischen Summton von sich gab. Hätte ich doch nur einen neueren Bus gemietet. Gegen Mitternacht, nach acht Stunden auf der Straße, erreichten wir das Zentrum des Resorts und kamen mit seufzenden Bremsen mitten in einer Schneewehe zum Halten. An den Reifen des Busses waren Schneeketten angebracht, doch er kam trotzdem nicht weiter. Wir steckten fest. Der Elektromotor geriet in Brand, und der Bus füllte sich mit Rauch.

Der Schnee war so hoch und weich, dass nur mehr ein einziges Fahrzeug in der ganzen Stadt noch fahren konnte. Es war ein Taxi, aber nicht irgendeines. Es war ein schwarzer Toyota Land Cruiser mit Selbstsperrdifferenzialgetriebe und Winterreifen, aus denen ein Teil der Luft abgelassen war, sodass sie auf Schnee in jedem beliebigen Winkel Halt fanden. Es wurde von einem Besessenen gesteuert. Ich bezahlte ihn, die mir anvertrauten Personen zu ihren Unterkünften zu bringen. Am nächsten Morgen drohte mir einer von ihnen mit Klage, da ich versäumt habe, seine Heizung anzuschalten. Dabei war der Techniker, den ich damit beauftragt hatte, im Stau stecken geblieben.

Es schneite bis Weihnachten weiter. Der französische Wetterdienst stufte das *événement* vom 18.–25. Dezember 1991 als Zweimetersturm ein. In mein Gedächtnis hat es sich wegen dem wilden Schneetreiben eingegraben, aber auch aufgrund des Zorns meiner prozessfreudigen Gäste. In den

Rekordbüchern wird es jedoch kaum erwähnt, da es sich über eine ganze Woche hinzog.

Es ist sehr viel wahrscheinlicher, dass Schnee es in die Schlagzeilen schafft, wenn er ganz plötzlich auftaucht, wie am 14. Oktober 2014. Ein paar Tage zuvor hatte ein starker tropischer Wirbelsturm, vom Golf von Bengalen kommend, das Land nahe der indischen Stadt Visakhapatnam erreicht und sich weiter in den Norden in Richtung des Himalaja gewälzt. Dort schloss er Hunderte Wanderer in einem Blizzard ein – was viele nicht überleben sollten. Paul Sherridan, ein Polizist aus dem Süden Yorkshires, war einer, der es geschafft hatte.

»Am Morgen des Vortags wurde mir zum ersten Mal klar, dass sich ein Unwetter zusammenbraute«, erzählte er mir, als ich einige Jahre später mit ihm telefonierte. Er wanderte mit einem Guide und zwei weiteren Westlern, einem holländischen Paar, auf dem Annapurna Circuit in Nord-Zentral-Nepal. Sie waren in einem Gästehaus im winzigen Dorf Thorong Phedi einquartiert, und die nächste Etappe ihrer Tour war zugleich die höchstgelegene: der Aufstieg zum Hochgebirgspass Thorong La auf 5099 Metern.

Wenn man Glück hatte, empfing man in Thorung Phedi ein schwaches Handysignal. Ihr Guide hatte, wie die meisten, nur wenig Kontakt zur Außenwelt, doch Sherridan hörte zufällig mit, als eine größere Wandergruppe Anweisungen erhielt. Dabei wurde auch »die Möglichkeit von ein bisschen schlechtem Wetter« erwähnt.

»Das Nächste, was mir in Erinnerung geblieben ist, war, dass es schneite«, sagte Paul. Das war am 13. um vier Uhr nachmittags. Thorung Phedi liegt beinahe auf der gleichen Höhe wie der Pass, und dort ist es nachts bitterkalt. Mit Untergang der Sonne begann Schnee zu fallen. Bis um acht Uhr abends lag eine recht ansehnliche, doch nur einige Zentimeter hohe Schneedecke.

Normalerweise beginnen Wanderer den Aufstieg lange vor der Dämmerung. Die meisten, die sich mit Paul in Thorung Phedi aufhielten, waren junge Israelis, die das Ende ihres dreijährigen Militärdienstes feierten. Sie waren nicht gerade gut ausgerüstet, was im Normalfall auch keine Rolle spielt. Der Oktober ist in Nepal der Monat der Gipfelstürmer, da der Himmel meist klar ist, die Temperaturen erträglich und die Sicht spektakulär. Viele der Israelis hatten nur Turnschuhe an und Kleidung, die für Herbst-, nicht aber für Wintertemperaturen geeignet ist. Daher fiel ihnen beim Aufwachen am Morgen des 14. die Entscheidung weit schwerer als erwartet: Sollten sie sich, wie geplant und trotz des Schnees, zum Gipfel aufmachen; sollten sie das Wetter in Thorung Phedi aussitzen oder sich auf eine angenehmere Höhe zurückziehen?

Paul trug gute Stiefel und eine wetterfeste Jacke. Er war ein erfahrener Wanderer und für seine 48 Jahre gut in Form. Er machte sich auf in den Schnee.

»Hunderte gingen zur gleichen Zeit los, alle ganz unterschiedlich ausgerüstet«, berichtete er. »Die meisten liefen, doch einige hatten Pferde oder Esel gemietet. Die Guides hatten Plastiktüten um ihre Stoffschuhe gewickelt, um den Schnee abzuhalten. Manche benutzten Müllsäcke als Anoraks.«

Die ersten eineinhalb Stunden der Wanderung wurden im Schein von Taschenlampen zurückgelegt. Trotz des Schnees war die Dämmerung mehr grau als weiß. Man konnte keinen Horizont ausmachen, keine Grenze zwischen Schnee und Himmel; nur ein langer Zug unterschiedlich stark beunruhigter Gestalten.

»Um acht Uhr morgens wurde klar, dass einige der Guides die Orientierung verloren hatten, da sie keinen Schnee gewohnt waren. Einige der Wanderer kollabierten. Pferde liefen aufgescheucht herum.« Am Pass gab es eine niedrige

Notunterkunft aus Stein, doch als Paul ankam, war sie bereits voll. Auf den Gesichtern derer, die draußen standen, bildete sich Eis, während sie sich fragten, was sie als Nächstes tun sollten. »Die Augäpfel von einigen ohne Brille gefroren. Irgendjemand meinte, der beste Weg nach unten führe weiter über den Pass, also schloss ich mich einem auf den ersten Blick geordnet erscheinenden Menschenzug an. Doch mir wurde bald bewusst, dass ich, bliebe ich in der Reihe, erfrieren würde.«

Dann wurde der Schneefall stärker. »Zuerst konnte ich dreißig Menschen sehen, dann drei. Dann sah ich nur noch meine Hand, wenn ich sie direkt vor meine Nase hielt.«

Es war wie eine Falle, die zuschnappt. Ein Jahr später fügte ein Forscherteam aus Utah, wo Schnee wertvoller ist als Uran, das Puzzle zusammen zu einem Bild von dem, was sich wohl ereignet hatte. Sie fanden heraus, dass es von allen tropischen Wirbelstürmen, die im Golf von Bengalen seit 1979 entstanden waren, nur genau einer als Sturm bis in den Himalaja geschafft hatte.

Das Joint Typhoon Warning Center der US-Navy verfolgte ihn über 2400 Kilometer von den Andamanen bis nach Nepal, doch kaum einer dort glaubte, er könne Schaden anrichten. »Ich vermutete, es würde ein bisschen mehr regnen als sonst, mehr Schnee, ein paar Wolken«, sagte der Direktor des örtlichen Bergtouren-Veranstalters gegenüber der *New York Times*.

Es gab durchaus Gründe, sich nicht allzu große Sorgen zu machen. Wirbelstürme verlieren an Kraft, sobald sie das Land erreichen, da warmes Wasser ihre Hauptenergiequelle ist. Auch dieser, nach einer exotischen Haubenvogelart Hudhud benannte Sturm war keine Ausnahme. Er verlor an Stärke, als er am 12. und 13. Oktober über Nordostindien zog, und auch der Himmel über Katmandu war klar. Das, was als Nächstes geschah, bezeichneten die Experten aus Utah als »tropisch-extratropische Wechselwirkung«. Die tropische Komponente war der Wirbelsturm, der sich langsam entgegen dem Uhrzeigersinn drehte. Die extratropische eine zwar ungewöhnliche, nicht aber beispiellose Abweichung des Jetstreams nach Süden. Der Wirbelsturm brachte Feuchtigkeit. Der sogenannte Höhentrog brachte kalte Luft aus dem Nordwesten. Über dem zehnthöchsten Berg der Welt prallten sie aufeinander, und so geriet Hudhud ins Stocken und ließ allem, was er an nasser Fracht noch bei sich trug, in einem außergewöhnlichen Sturm freien Lauf.

Dabei sorgten zwei Prozesse dafür, dass auch noch das letzte bisschen Wasserdampf aus dem Himmel gewrungen und in Schnee verwandelt wurde: Eine orografische Hebung, das unaufhaltsame Emporsteigen von Luftmassen, die auf höhere Lagen treffen, und eine »topografische Aufwärtsbewegung« – wärmere Luft, die sich wie eine Decke über kühlere legt; was immer dort geschieht, wo Schnee ohne die Hilfe von Bergen fällt.

Das gesamte Ereignis kann auf den Wetterkarten des 12., 13. und 14. Oktober nachvollzogen werden, die Hudhuds Schweif als einen Klecks zeigen, der sich dem Himalaja nähert, während der Höhentrog darüber hinwegfegt. Am 14. bedeckt der Klecks das gesamte Bergmassiv mit dem Annapurna im Zentrum. Am 15. verschwindet er schlagartig.

Sich unmittelbar unter diesem Zusammenprall zu befinden, war entsetzlich. Paul beschrieb es so:

Ein bisschen fühlt es sich an wie unter Wasser, ohne Orientierung darüber, ob man nun nach oben oder nach unten schwimmt. Fügen Sie dem Winde hinzu mit einer Wucht, die einen umwirft. Dann Kälte, so unerbittlich, dass einem die Augäpfel gefrieren, und Geräusche, so laut wie der Lärm direkt neben einem Flugzeug auf dem Rollfeld. Es ist einfach schrecklich.

Der Schnee wuchs schnell höher, von unter den Stiefeln über sie, das Schienbein halb hinauf, und schon war man einge-graben. Er war nass und schwer, eher Sand als Schnee. Am schlimmsten Punkt war er so hoch, dass es schwierig war, sich zu bewegen. Ich kam von der Spur ab und schlitterte bis zur Hüfte in den Schnee, und das auf 5180 Meter Höhe.

Mein Herz schlug so schnell, dass ich kaum atmen konnte. Ich steckte fest und hatte das Gefühl, gleich das Bewusstsein zu verlieren. In dem Moment dachte ich wirklich, ich würde sterben. Ich kann es nur anhand des Vergleichs damit be-schreiben, wenn einem gesagt wird, man solle unter Wasser die Luft länger anhalten als bis zum Atemreflex. Und dann öffnet man seinen Mund, um einzuatmen, und es geht nicht.

Dutzende folgten Paul, möglicherweise über 100. Ihm wurde danach die Rettung ihrer Leben zugeschrieben, viele andere jedoch waren verloren. Siebenundvierzig Wanderer und Guides starben in dem Sturm auf dem Annapurna. Eine nicht bekannte Anzahl kehrte beim Abstieg von dem Pass um; sie wurden erst wieder gesehen, als man ihre Leichen aus Schneebergen von 30 Meter Höhe barg. Schon lange da-vor wusste Paul, was geschehen war: »Beim Abstieg hörte ich die Lawinen, die jene in den Tod rissen, die hinter mir ka-men.«

Der Sturm brach trotz dieser Niederschlagsintensität kei-nen Rekord, denn sein Höhepunkt dauerte nur kurz (Paul schätzt, dass er am Morgen des 14. für 15 bis 20 Minuten am stärksten war); zum anderen, da der Schnee einen so hohen Wassergehalt hatte. Im Vergleich mit einem Pulverschnee-sturm am gegenüberliegenden Ende der Skala des Schnee-Wasser-Spektrums handelte es sich hierbei um ein Schoß-beziehungsweise Schneematschhündchen. Beinahe sofort nachdem er gefallen war, wurde der Schnee allerdings hart und fest. Als frostiger Wirbelsturm war er jedoch eine Seltenheit, und die Geschwindigkeit, mit der der Schnee fiel, reichte durchaus an andere Rekordstürme heran.

Am 15. Oktober fand ein Helikoptersuchtrupp in zwei Meter hohen Schneewehen Fußspuren. Schätzt man vorsichtig, dass durchschnittlich halb so viel Schnee auf der Passspitze fiel, deckt sich dies mit Pauls Erinnerung, in hüfttiefen Schnee geschlittert zu sein, als er vom Weg abkam. Ein Teil war über Nacht gefallen, aber das meiste an einem einzigen Morgen. Ein Meter in acht Stunden, das ist schnell fallender Schnee und hätte Vorbote für mehr gewesen sein können. Tropische Wirbelstürme vom Golf von Bengalen werden mit steigender Temperatur der Meeresoberfläche stärker und ziehen höher in den Norden. Unterdessen hat sich der Jetstream in diesem Teil Asiens seit 1948 durchschnittlich um 320 Kilometer nach Süden verlagert. Daher sind häufigere Zusammenstöße wahrscheinlich – ebenso wie mehr »Wirbelschnee«.

Als ich mit Paul sprach, hatte ihn die Frage noch immer nicht losgelassen, warum ihm in den schlimmsten Augenblicken des Sturms die Luft weggeblieben war. Bei seiner Rückkehr nach England hatte er einen Arzt gefragt, aber keine befriedigende Antwort erhalten. Auch mir fiel nichts anderes ein als die große Höhe – wobei ihn diese mehr oder weniger den ganzen Tag über hätte beeinträchtigen müssen. Seine Beschreibung erinnerte mich jedoch an eine Präsentation des amerikanischen Geografen Douglas Powell auf der US Western Snow Conference 2006.

Die Western Snow Conference ist eine Versammlung von Hydrologen, deren Hauptaugenmerk der Schnee ist, da die westlichen Vereinigten Staaten für ihre Bewässerung darauf angewiesen sind. Hin und wieder akzeptieren sie jedoch auch leichtere Kost von Leuten wie Powell. In seinen Zwanzigern hatte er als Schneevermesser für den Bundesstaat Kalifornien in den südlichen Sierras gearbeitet. Am 24. Februar 1969 fand er sich inmitten eines heftigen Schneesturms im oberen Strombecken des Kern River, dessen Entstehung man heute wahrscheinlich einem atmosphärischen Fluss zuschreiben würde. Für Powell war es ganz einfach »der gewaltigste Schneesturm, den ich in meinen 30 Jahren als Schneevermesser in der Sierra Nevada, in Afghanistan und Chile erlebt habe«. Dazu entschlossen, sich mitten hineinzubegeben, schnallte er seine Skier an und machte sich von seiner Beobachtungshütte in 3000 Meter Höhe auf zu einer von Bäumen umgebenen Lichtung. Auf Karten ist sie als Big Whitney Meadow eingezeichnet. Bei einer Durchschnittsgeschwindigkeit von knapp acht Zentimetern pro Stunde hatte sich seit eineinhalb Tagen Schnee aufgetürmt. Der Schneefall schien nicht abflauen zu wollen und wurde von Windböen mit 80 bis 100 Kilometern pro Stunde und Verwirbelungen verstärkt.

»Die Sichtweite war gleich null. Zu atmen war kaum möglich, [und] um zu überleben, musste ich sofort in den Schutz der Kiefern zurückweichen. Ich war dankbar, noch am Leben zu sein«, erzählte Powell während der Konferenz. »Welches Lebewesen kann in so starkem Wind und Schnee überleben? Während ich zwischen den Bäumen verschnaufte, legte sich über das Heulen des Windes ein anderes; ein Kojote hatte in etwa dreißig Metern Entfernung von mir ein langes Geheul ausgestoßen, das weithin widerhallte … Spontan antwortete auch ich mit einem lang gezogenen Ruf, und während der folgenden fünfzehn Minuten sangen wir uns gegenseitig ein Ständchen. Ich glaube nicht, dass mich der Kojote für einen Artgenossen hielt, aber vielleicht spürte er, so wie ich, dass wir Gleichgesinnte waren in dieser in Weiß gehüllten Welt.«

Qual und Ekstase liegen hier nicht weit auseinander. Gäbe es an allen schneereichen Orten genug gemütliche Beobachtungshütten, wäre der Ruf von Schnee vielleicht besser. Aber so ist es nun mal nicht, und so bleibt dem Schnee nichts, als die Unvorsichtigen unter sich zu begraben.

Im oberen Strombecken des Kern hatte Powell, wie auch Paul Sherridan auf dem Thorong La, das Gefühl, keine Luft mehr zu bekommen, während er in dem schnell herabfallenden Schnee stand. In British Columbia und dem Nordwesten der USA gibt es ein Akronym für Menschen, die ums Leben kommen, weil sie im Schnee buchstäblich ertrinken. Sie werden NARSIDs genannt – non-avalanche-related snow immersion deaths –, oder auf gut Deutsch: Todesfälle, bei denen Menschen durch Einwirkung von Schnee, aber nicht infolge einer Lawine zu Tode kommen. Zwei Drittel tragen sich in Vertiefungen unter Bäumen zu: Skifahrer stürzen kopfüber in Schneemulden in der Nähe von Baumstämmen oder unter herabhängenden Ästen und ersticken. Die Mulden entstehen dadurch, dass der Schnee teilweise geschmolzen ist, sie enthalten aber kaum Luft. Neunzig Prozent kommen nicht aus eigener Kraft wieder aus dieser Situation; und wenn die Hilfe nicht schnell kommt, droht der Tod durch Ersticken.

Im Jahr 1972 begrub Schnee im Iran ganze Dörfer unter sich. Betrachtet man allein die Anzahl der Todesopfer, so war es der schlimmste Schneesturm der Geschichte; er hielt große Teile des Landes sechs Tage lang in seinem eisigen Griff. Der Sturm kam aus Nordwesten und brachte Feuchtigkeit vom weit entfernten Atlantik, aber auch vom Schwarzen Meer mit sich. Vom 3. bis 8. Februar fiel pausenlos Schnee, von der türkischen Grenze bis zu den Hunderte Kilometer von Teheran entfernten Hochwüsten. Es gab kaum Berichterstattung darüber, vor allem nicht auf Englisch, was dazu führte, dass seitdem ziemlich viel Unfug über den Blizzard im Iran geschrieben wurde. Er wird auf den meisten Listen historisch wichtiger Schneestürme aufgeführt, doch viele derer, die sie zusammenstellen, nehmen an, er habe das kaum an Schnee gewöhnte Land im Mittleren Osten wie ein Blitz aus heiterem Himmel getroffen.

Dabei ist Schnee in Wirklichkeit integraler Bestandteil des persischen Lebens, der Kunst und der Geografie. Jeden Winter bedeckt er das mächtige Elbrus-Gebirge nördlich von Teheran. Jeden Sommer bewässert die Schneeschmelze das gesamte Land. Die ausgedörrt aussehenden Berge der Provinz Kerman im Südosten sind an Schnee ebenso gewöhnt wie die Berge New Mexicos, denen sie ähneln. Im Iran bedeutet an Schnee gewöhnt zu sein jedoch nicht, darauf vorbereitet zu sein. Im dörflichen Hochland sitzen Bauern und ihre Familien Schneestürme »zusammengekauert in ihren Häusern [aus], von ihrem Vieh im gleichen Gebäude warm gehalten«, berichtete mir der Vorsitzende der in London ansässigen Iran Society. Im Jahr 1972 bewährte sich diese Überlebenstaktik nicht.

Bis zum 6. Februar wurden schätzungsweise 6000 Menschen vermisst. Die endgültige Zahl der Toten wurde auf 4000 korrigiert, doch genau weiß man es nicht. Lokalzeitungen schrieben, es seien 200 Dörfer zerstört worden, darunter zwei im Zentraliran, wo man keinen einzigen der Toten je bergen konnte. Associated Press berichtete von einem Suchtrupp, der am 9., als das Wetter umschlug, in die türkischen Grenzgebiete entsandt wurde. Im Hundert-Seelen-Dorf Sheklab wurde kein einziger Überlebender gefunden, nur 18 Leichen.

Nach einem milden Tag kehrte der Schnee zurück. In den Schlagzeilen wurde eine Schneehöhe von knapp acht Metern genannt – gefallen innerhalb von sieben Tagen. Wenn das stimmt, wäre der westliche Rekord um 75 Prozent übertroffen. Wahrscheinlich wurde die Zahl übergroß durch Schneeverwehungen und Lawinen und umfasste wohl auch Schnee, der bereits während einer Reihe kleinerer Stürme im Vormonat gefallen war. In der Geschichte des Schnees ist dieser Februar-Blizzard dennoch als Rekord vermerkt. Leider. Er forderte die höchste Zahl an Todesopfern. Die Suche nach anderen Rekorden führt in Länder, die sich sicherlich mehr darüber freuen können.

Heutzutage werden die maßgeblichen Daten über extreme Schneevorkommen in den USA von der Wetter- und Ozeanografiebehörde, der National Oceanic and Atmospheric Administration, an einem Ort zusammengetragen und nach Bundesstaaten sortiert. Für jeden Bundesstaat gibt es Aufzeichnungen der Schneefallrekorde für einen, zwei und drei Tage nebst der Angabe der Messstationen, an denen sie verzeichnet wurden. Dabei tauchen ein paar wild anmutende Ortsnamen auf, so wild, dass sie direkt der Fantasie entsprungen sein könnten. Wer könnte schon widerstehen, Schneeflocken in Wolf Creek zu zählen oder in Last Chance in Colorado? Auch die vier großen Schneefabriken sind mit dabei: die Rockies, die Kaskadenkette, die kalifornischen Sierras und die Chugach Mountains im mittleren Süden Alaskas. Um das einmal festzuhalten, die derzeit offiziellen Rekordhalter der USA sind:

- Für eine Dauer von 24 Stunden: Silver Lake in Colorado, am 15. April 1921:193 Zentimeter
- Für eine Dauer von 48 Stunden: Thompson Pass in Alaska, 30. Dezember 1955:304 Zentimeter
- Für eine Dauer von 72 Stunden: Thompson Pass in Alaska, 30. Dezember 1955:373 Zentimeter

Problematisch ist an diesen Zahlen, dass sie nur Streiflichter bilden und wir davon ausgehen müssen, dass große Stürme übersehen wurden. Fast die gesamte erste Hälfte des 20. Jahrhunderts über ging man davon aus, der amerikanische Rekord für eine Dauer von 24 Stunden läge bei 160 Zentimetern und sei am 4. Dezember 1913 in Georgetown in Colorado aufgestellt worden. Georgetown befördert heute als Durchgangsstation auf der Interstate 70 den Straßenverkehr von Denver in die Rockies. Damals, im Jahr 1913, war der Ort ein Tor zum Wilden Westen, das für einige Wochen vom Schnee zugeschlagen wurde. 160 Zentimeter entsprechen 5,3 Fuß und liegen damit innerhalb des theoretischen Maximalwerts nach C. F. Brooks. Er war zu der Zeit der Präsident der American Meteorological Society und konnte geduldig abwarten, ob die Natur ihn eines Besseren belehren würde, was letzten Endes passierte. Allerdings nur, weil Natur und gewissenhafte Forschung einmal Hand in Hand gingen: J. L. H. Paulus, ein Hydrologe des amerikanischen Wetterdienstes in Washington, nahm sich 1953 noch einmal die offiziellen Schneefallmessungen eines Sturms vor, der im April 1921 vier Tage lang über der kontinentalen Wasserscheide verharrt hatte. Eine wahre Schönheit, die vom Mittleren Westen herangerollt kam und sich vor den Bergen der Rockies zu einer wogenden, kilometerhohen Mauer aus gefrorenem Wasserdampf auftürmte.

In Denver fiel ein Teil des Sturms als Regen, doch auf 3000 Meter Höhe wurde daraus ungewöhnlich leichter Schnee. Fünf Kilometer östlich der Wasserscheide, an der Messstation am Silver Lake bei Boulder, häufte er sich mit mehr als siebeneinhalb Zentimetern pro Stunde für 27,5 Stunden kontinuierlich auf. Dann flaute der Schneefall ab, um gleich darauf neu einzusetzen. Die Gesamthöhe, die für diesen Sturm aufgezeichnet wurde, lag bei 254 Zentimetern. 193 Zentimeter fielen im Laufe der ersten 24 Stunden; 241 Zentimeter im Laufe der ersten 48; 248 Zentimeter im Laufe der ersten 72. Starke Winde sorgten für Verwehungen, vor allem im Laufe des zweiten Tages (15. April). Es gab jedoch keinen Hinweis darauf, schrieb Paulus, »dass der Beobachter an der Station am Silver Lake weniger gründlich dabei vorgegangen wäre, eine repräsentative Schneehöhe zu ermitteln, als die Beobachter, die vorige Rekordschneefälle aufgezeichnet haben«.

Der springende Punkt war die Leichtigkeit des Schnees. Am Silver Lake lag das Wasseräquivalent dessen, was in den 27,5 Stunden zu Boden gefallen war, bei 5,6 Inch (14,2 Zentimeter), was eine Dichte von 0,06 und großartige 15,5 Inch (394 Zentimeter) Schnee für jeden Inch (2,54 Zentimeter) Schnee-Wasser-Äquivalent bedeutet. Erinnern Sie sich an Brooks, der seinem Maximalwert von sechs Fuß (circa 1,80 Meter) pro Tag ein Schnee-Wasser-Verhältnis von 10:1 zugrunde legte. Der große Mann der Schneeberechnung C. F. Brooks lag im Prinzip nicht falsch. Er hatte nur nicht mit dem feinsten Pulverschnee Colorados gerechnet. Nach sorgfältiger Überprüfung schrieb Paulus in der *Monthly Weather Review*: »Der Schneefall am Silver Lake wird als der mit der höchsten bekannten Wachstumsrate für eine Dauer von vier Tagen anerkannt.«

Das war 1953. Seitdem wurden die Zwei-, Drei- und Viertagesmarken des Silver-Lake-Schnee-Ereignisses übertroffen, aber er hält weiterhin den Rekord für die Menge des an einem einzigen Tag gefallenen Schnees.

Die Alpen können da nicht mithalten. Einer der größten Favoriten auf den Thron war ein Sturm, der 1959 in Bessans in Frankreich, eine Stunde von Turin entfernt in der Nähe der italienischen Grenze tobte. Er kam erst spät im Winter und mit kaum einem der benachbarten Täler in Berührung, doch entlang der einsamen, nur im Sommer geöffneten Bergstraße, die das Val d'Isère mit der Ortschaft Modane verbindet, fielen innerhalb von 19 Stunden 172 Zentimeter. Einem Artikel in der *Revue de Géographie Alpine* zufolge hatte der Schnee eine seltsame, salzartige Konsistenz, was darauf hindeutete, dass er eher in einer Reihe von Mini-Lawinen an steileren Hängen herabgerollt war, als sich in einer einzigen großen anzusammeln. Wie der Schnee vom Oktober 2014 im Himalaja begann auch dieser, schnell zu schmelzen. Dies sind die flüchtigen Freuden des Frühlings in dieser Gegend, der Haute Maurienne.

Was aber ist mit Japan? Dort wachsen die Schneeberge höher, und der Schnee bleibt länger liegen. Jedes Jahr Mitte März schicken Vermesser im Hida-Gebirge westlich von Tokio einen mit einem GPS-Routenfinder ausgestatteten Bulldozer über die Schneedecke. Ziel ist es, einen Weg zu markieren, der direkt über die ostwestliche Hauptstraße in den Bergen führt, die zu dieser Jahreszeit unter mehr als zehn Metern Schnee begraben sein kann; genug, um ein fünfstöckiges Wohnhaus oder zwei aufeinandergestapelte Doppeldeckerbusse komplett zu bedecken.

Weitere Bulldozer räumen die Straße dann bis auf eine Höhe von zwei Metern. Dann übernehmen die Kreiselpflüge. Gemeinsam schneiden sie einen sauberen Korridor mit steil aufragenden Seitenwänden aus dem Schnee; das Yukino-Otani – das große Schneetal –, das bis Mitte Juni Touristen anzieht und etwas Wichtiges beweist: Ganz gleich, wie viel Schnee an einem Ort fällt, an dem regelmäßig Messungen durchgeführt werden, es wird immer höhere, wildere Orte geben, an denen nicht gemessen wird und wo noch mehr Schnee fällt.

Da ist zum Beispiel der offiziell schneereichste Ort in Japan, das Thermalbad Sukayu Onsen auf der Nordspitze der Insel Honshū, wo, wie Professor Jim Steenburgh hervorhebt, noch mehr Schnee fällt als an der hier schon gelobten Wasatchkette in Utah. Die durchschnittliche winterliche Schneehöhe in dem japanischen Thermalbad ist ungeheuerlich. Das Japanische Meer, das den sibirischen Winden im tiefsten Winter, wenn selbst ein See zugefroren wäre, schier unendliche Mengen an Wasserdampf opfert, ist der immer gebende Schneegott.

Die Rekordhöhe des japanischen Wetterdienstes für gefallenen Schnee beträgt hier erstaunliche 523 Zentimeter. Und doch wird diese Höhe am Schneekanal Yuki-no-Otani laufend übertroffen. Die Wände des Schneetals sind bis zu 20 Meter hoch. Ein Teil der Höhe kann dem Schnee zugeschrieben werden, der von den Kreiselpflügen nach oben ausgeworfen wird und sich an den Rändern des Korridors auftürmt. Doch da die Pflüge nur die letzten gefallenen zwei Meter Schnee abtragen, handelt es sich eindeutig um weniger als die Hälfte der Gesamthöhe. Der Rest wird von den Bulldozern durch den Schacht geschoben und dann an einer Seite abgeladen, wo der Schnee nicht mehr so hoch ist. Man kann vom Yuki-no-Otani einiges lernen: Es ist gut, dass es offiziell anerkannte Rekorde gibt, was allerdings nicht bedeutet, dass diese unbedingt *tatsächlich* die Rekorde sind. Nicht offizielle sollten nicht gleich verworfen werden, nur weil sie nicht offiziell sind.

In diesem Geiste gebe ich ein paar erstaunliche japanische Schneezahlen weiter, die Christopher Burt, ein amerikanischer Historiker für Wetterextreme, ursprünglich von Yusuke Uemura übernahm, einem japanischen Schneeliebhaber. All diese Angaben sind nicht offiziell. Sie wurden von japanischen Bahnmitarbeitern im alpinen Norden und im Westen Honshūs aufgezeichnet und sind Beispiele kumulierten Schneefalls des äußerst strengen Winters 1944–45. Zu nennen sind:

- 3760 Zentimeter am Bahnhof Oshirokawa, Präfektur Niigata

- 3280 Zentimeter am Bahnhof Echigo-yuzawa, Präfektur Niigata
- 3090 Zentimeter am Bahnhof Sekiyama, Präfektur Niigata
- 3010 Zentimeter am Bahnhof Tsuchiatru, Präfektur Niigata

Wir sprechen hier von einer Schneehöhe von über 30 Metern – das ist mehr als drei Mal so viel wie der durchschnittliche Schneefall am schneereichsten Ort Europas und erheblich mehr als der allgemein angenommene Schneefallweltrekord für eine Saison, der 1999 am Mount Baker im Kaskadengebirge im Bundesstaat Washington fiel und 2896 Zentimeter betrug.

Die Zahlen mögen nicht offiziell sein, aber sie sind erfreulich präzise. Als ich zu Yusuke Uemura Kontakt aufnahm, um zu fragen, wie sie erhoben wurden, antwortet er, die Messungen von Japan Railways seien für die Schneehöhe mit einer sogenannten Snow Scale durchgeführt worden (quasi eine Brückenwaage für Schnee, die dessen Wassergehalt misst) und für die Stärke des Schneefalls mit einem Schneebrett. Schneebretter werden abwindig aufgestellt und nach jeder Messung abgewischt, um genauere Gesamtsummen zu erlangen. Die Messungen, so Uemura, wurden zweimal am Tag durchgeführt, bis 1987 um acht Uhr morgens und um vier Uhr nachmittags, seit 1988 um 8 Uhr 30 morgens und um fünf Uhr nachmittags.

Als er 2014 seine Daten an Burt übermittelte, zitierte er den japanischen Wetterdienst. Uemura gab an, der Weltrekord für Schneefall an einem Tag sei am Valentinstag 1927 unweit Kyōtos auf den oberen Hängen des Mount Ibuki niedergegangen. Die Höhe: 230 Zentimeter. Das übertrifft die 193 Zentimeter von Silver Lake bei Weitem, doch der Weltrekord von 2014 war nicht von Dauer. Im folgenden Jahr wurde er an einem unerwarteten Ort außerhalb Japans geschlagen – wenngleich Japan schon einmal einen Hinweis gibt auf die Lage dieses Ortes.

Es ist ein zweigeteilter Hinweis: der Breitengrad und die Nähe zu Wasser. Es ist interessant, vor einer Weltkarte zu stehen und eine Linie auf der Höhe vom japanischen Thermalbad Sukayu Onsen in Richtung Westen zu ziehen. Der Ort liegt auf circa 40 Grad nördlicher Breite. Bewegt man sich nach Westen, stößt man auf Höhe der Mitte der nordkoreanischen Küste auf asiatisches Festland. Man überquert das Kaspische Meer ein bisschen weiter nördlich als Baku, lässt das Schwarze Meer nördlich liegen und erreicht in Italien, etwa auf der Höhe von Rom, Land. Wäre man eine Windböe, würde man erwarten, Wasserdampf aus der Adria aufzunehmen. Wäre man ein Wassermolekül, müsste man sich im Winter auf kalten Wind aus dem Nordosten und auf eine orografische Hebung sowie bei Ankunft an den Apenninen auf das plötzliche Andocken an einen Schneekristall gefasst machen. Die Apenninen sind nicht sonderlich hoch, aber das sind die Berge um Sukayu Onsen herum auch nicht. Geografisch gesehen, haben die beiden Orte viel gemeinsam, und wie sich zeigt, konkurrieren sie auch um Schneehöhen.

Am 10. März 2015 wurde die Kleinstadt Capracotta, in einer Talmulde voll struppigem Weideland an der Ostflanke der Apenninen gelegen, von einem ungewöhnlich starken Sturm heimgesucht. Es war »ein atemberaubendes Spektakel«, sagte der Bürgermeister. Innerhalb von 18 Stunden fielen 2,5 Meter Schnee. Es waren genau 254 Zentimeter – und damit 60 mehr, als am Silver Lake im Laufe eines Tages niedergingen.

In Capracotta ist man an Schnee im Winter gewöhnt, da die Stadt die volle Kraft jeder Balkan-Breitseite aus dem Nordosten abbekommt. Deswegen ist hier jeder Haushalt mit einer Schneeschaufel ausgerüstet, und die Hügel über der Stadt sind von Windrädern übersät. Dennoch gab es anfänglich Zweifel daran, dass ein Ort, 480 Kilometer südlich der Alpen, in so kurzer Zeit und dermaßen stark eingeschneit werden könnte. Doch die Fotos von Schnee, der alte Sträßchen bis zum ersten Stock hinauf verstopft, die Ortsansässige an jenem Abend geschossen hatten, lügen nicht.

Bald darauf erkannte das *Guinnessbuch der Rekorde* Carpacotta als Weltrekordhalter in der Sparte »eintägiger Schneefall« an. Silver Lake wurde nach 65 Jahren an der Spitze auf den zweiten Platz verwiesen. So könnte die Suche nach dem ultimativen Schnee-Ereignis zumindest vorläufig enden. Doch das wäre langweilig und obendrein unwissenschaftlich.

Die bisher wichtigste Schlussfolgerung, die aus der Suche gezogen werden kann, ist, dass sogenannte Schneerekorde nur Annäherungswerte sind. Sie sind unzuverlässig, weil kein Schneevermessungsverfahren überall zur gleichen Zeit angewandt werden kann und selbst die vermeintlich gut organisierten Institutionen manchmal große Schnee-Ereignisse ohne guten Grund verpassen.

Das bringt uns zurück zu Douglas Powell, dem kalifornischen Schneevermesser, der 1969 auf der Whitney Meadow für unvergessliche 15 Minuten mit einem Kojoten heulte. Als er ein halbes Jahrhundert später von seiner Erfahrung berichtete, behauptete er nicht, der Sturm habe Anspruch auf einen Rekord. Stattdessen nannte er ihn »Weltklasse« und merkte an, dass er »jede Aufzeichnung großer Schneemengen überstieg, die mir in den Sinn kommen«. Ganz eindeutig brach er aber auch wirklich einen Rekord; zwar nicht den für Schneefall an einem, aber den für ein zweitägiges Schnee-Ereignis. Hier folgt die Größenordnung des Schneesturms in Powells Worten:

Genau um 18 Uhr begann es zu schneien, gerade als wir in der Hütte ankamen. Anders als bei vielen anderen Stürmen war der Schneefall gleich von Anfang an stark. Während der nächsten 48 Stunden schneite es mit nur geringen Abweichungen siebeneinhalb Zentimeter pro Stunde ... 48 Stunden nachdem es begonnen hatte, hörte es am 24. um 18 Uhr auf zu schneien. Mit der Schneesonde und einem Maßband erfassten wir den Schnee an einigen zugänglichen Stellen vor der Hütte. Durchschnittlich hatten sich an beiden Tagen 180 Zentimeter angesammelt, das bedeutet, innerhalb von 48 Stunden fielen insgesamt 360 Zentimeter.

Das konnte Silver Lake für den Schneefall an einem Tag zwar nicht übertrumpfen, doch es schlägt den Thompson Pass in Alaska, den offiziellen NOAA-Rekordhalter, für zwei Tage, mit 306,3 Zentimetern. Und dennoch hat die NOAA den Schneesturm ignoriert.

Powell war ein hochdekorierter Kriegsveteran und wurde nach seinem Dienst als Schneevermesser ein beliebter Geografieprofessor an der University of California in Berkeley. Für seine Expeditionen gab es immer zu viele Anmeldungen, und die Qualität seiner Forschung wurde nie infrage gestellt. Er gab mit seinen Messungen aus dem Jahr 1969 nicht an, fragte aber: »Wer könnte besser qualifiziert sein, um Rekordschneefälle zu erfassen, als ehemalige Schneevermesser?«

Ja, wer denn eigentlich? Was hat die NOAA noch alles ignoriert? Historische und geografische Aufzeichnungen sind voll von Hinweisen auf Stürme, die nie erfasst wurden. Sie kamen leise, doch wenn sich der Schnee, den sie hinterließen, in Bewegung setzte, gab es ein lautes Tosen.

Sieben

Winter des Schreckens

*Was mich am meisten beunruhigte, war das Gefühl, ein-
gesogen zu werden wie von einer sich brechenden Welle.
Ich wurde nach unten gezogen, nur noch einen Gedanken
im Kopf: Oh, Gott, alles ist völlig weiß, ich bin mitten in
der Wolke ... Ich stecke in der Scheiße.*

Jim Sweeney, Sicherheitsbeauftragter für Lawinen,
Valdez in Alaska, in *The Times*, 1. Februar 2012

Am 12. Februar 1951 um 10 vor 1 Uhr in der Früh wurde
das schweizerische Dorf Airolo am Fuß des Gotthard-
passes von einem lauten donnerartigen Grollen geweckt. Zu
dem Zeitpunkt hatte es bereits 36 Stunden lang geschneit.
Oberhalb des Dorfes hatte sich eine ein Meter dicke Schicht
frischen Pulverschnees auf eine bereits bestehende Decke
von eineinhalb Metern gelegt. Zwei Wochen zuvor war das
auf der Nordseite des Passes gelegene Andermatt innerhalb
einer Stunde von sechs Lawinen überwältigt worden. Nun
war Airolo an der Reihe. Die Polizei hatte bereits eine Teil-
evakuierung angeordnet, und Armeeeinheiten standen bereit. Dennoch sollte jenen, die im Ort ausharrten, nur wenig
Zeit bleiben, sich zu retten.

Wie von unsichtbarer Hand auf den Berghöhen losgelöst,
stürzte eine Schneewand von Westen her auf das Dorf zu.
Eine Betonbarriere, in den 1920ern zum Schutz errichtet,
hätte ebenso gut nicht vorhanden sein können. Der Schnee
wälzte sich als 200 Meter breite Front einfach darüber hin-

weg. Er drängte in das Dorf vor, begrub die Kirche bis zum Giebel, war damit jedoch noch nicht am Ende.

In den ersten Sekunden hatte der Schnee auf die mehrfache Geschwindigkeit eines Schnellzugs beschleunigt; daher rührte der Donner. Dann wurde er langsamer. Nach zwölf Minuten kam er wie ein Monster mit vielen Köpfen zum Stillstand. Bis um 1 Uhr 15 waren die Schule und Dutzende Häuser zerstört. Fünfzehn Dorfbewohner wurden verschüttet, von denen noch in der Nacht fünf lebend geborgen werden konnten. Doch es sollte weitere fünf Tage dauern, bis man die Leichen der anderen zehn ausgegraben hatte. Lawinen hatten in dem betreffenden Jahr in der Schweiz bereits 91 Menschenleben gefordert. Am Ende des Winters lag die Zahl bei 99. In ganz Österreich waren es 135. Und in den gesamten Alpen waren es 256, eine Zahl, die schwer auf dem Gewissen von Ingenieuren und Architekten lastete, die gedacht hatten, sie hätten die gewaltige Kraft des Schnees verstanden. Wie sich herausstellte, gab es für sie noch einiges zu lernen in diesem Winter, der als »Winter des Schreckens« bekannt werden sollte.

Seit dem Schreckensjahr 1916 war 1951 das wahrscheinlich schneereichste Jahr in den Zentralalpen überhaupt. Wobei das Schreckensjahr 1916 auch noch aus anderen Gründen berüchtigt war: Damals hatten die österreichischen und italienischen Truppen das Auslösen von Lawinen mit Waffengewalt perfektioniert, indem sie Schneebretter mit Haubitzen sprengten. Einer Schätzung zufolge töteten sich in Tirol in einem Zeitraum von nur 48 Stunden 3000 Soldaten gegenseitig – während des gesamten Krieges waren es nur zehnmal so viele gewesen. »Ich habe die Toten gesehen«, schrieb Walter Schmidkunz in *Der Kampf über den Gletschern*. »Es ist eine erbärmliche Art zu sterben.«

Die Schneehöhen des Jahres 1951 sollten erst viele Jahre später übertroffen werden, als am späten Nachmittag des

23. Februar 1999 eine schockierende Meldung eintraf. Während der vorangegangenen Monate waren bereits fünf Meter Schnee auf den Hängen über Galtür im Westen Österreichs gefallen, ein Rekord, der ausreichte, die gesamte Region wegen der Lawinengefahr in höchste Alarmbereitschaft zu versetzen und den Ort vom Rest des Landes abzuschneiden. Trotzdem hatte niemand eine Lawine der Größe und Gewalt vorhergesehen, die weite Teile Galtürs innerhalb von zwei Minuten zerstörte. Insgesamt starben 31 Menschen, mehr als in jeder anderen Lawine in Europa seit 1951 oder danach. In den Folgemonaten fügten Wissenschaftler zusammen, was passiert war, aber sie konnten sich das Geschehen noch immer kaum erklären.

Ihrer Schätzung zufolge hatte die Schneemasse im Anrissgebiet hoch über Galtür bereits ein Gewicht von 170 000 Tonnen. Da die Lawine auf ihrem Weg weiteren Schnee aufgenommen haben musste, ging man von dem Doppelten aus und einer mehr als 100 Meter hohen Schneewand, die das Dorf traf. Wobei der Hauptteil der Zerstörung nicht von einer festen Schneemasse angerichtet wurde, sondern von Schneebrocken, die förmlich durch die Luft katapultiert wurden, gefolgt von einer Wolke aus feinem, trockenem Pulverschnee, die eine Spitzengeschwindigkeit von rund 300 Stundenkilometern erreicht haben musste. Eine Computeranimation, die auf diesen Daten basiert, gleicht dem reinsten Hollywoodspektakel, aber nur so lässt sich erklären, was die Überlebenden berichteten: Gebäude im Fadenkreuz der Lawine, die schlicht explodierten oder von ihrem Fundament fortgerissen wurden; Balkons, die zu Kleinholz zerlegt waren; fliegender Schnee, so dicht, dass man keine Luft bekam; und als er sich gelegt hatte, war dort, wo zuvor ein Parkhaus gestanden hatte, ein 20 Meter hoher Haufen Schnee.

Doch genau das berichteten die Augenzeugen ebenjenem schweizerischen Lawinenforschungszentrum, das ironischerweise hätte verhindern sollen, dass so etwas wie im Jahr 1951 je wieder passieren könnte.

Eine Lawine ist wie die Quittung eines großen Schnee-Ereignisses, obwohl sie tatsächlich selbst eines darstellt. Man kann sie als ein Festspiel der Physik betrachten, das den Schnee zum Leben erweckt. Oder aber man bezeichnet sie als einen der übelsten Konstruktionsfehler der Natur. Oder als beides zugleich. Der Hauptfehler bei der Konstruktion: Man kann sich einfach nicht darauf verlassen, dass Schnee dort bleibt, wo er gefallen ist. Es muss sich nur genug ansammeln – eine Gesamtmenge von drei Metern etwa –, und das an einem Hang mit einem Gefälle von mehr als 30 Prozent, schon steigt die Wahrscheinlichkeit, dass der Schnee früher oder später ins Rutschen kommt. Bei Felsen verhält sich das meistens anders. Werden sie von Eis zusammengehalten, kommen sie erst in Bewegung, wenn es schmilzt. Oder nach einem Erdbeben oder einem Vulkanausbruch. Sonst aber finden sie ihre natürliche Ruheposition und bleiben dort, wo sie sind. Schnee aber folgt der Schwerkraft, auch aufgrund seiner Veränderlichkeit. Was einen friedlich wirkenden Hang in eine Lawine verwandelt, ist normalerweise eine Schwachschicht unter der Oberfläche, eine Schicht, die die Schneedecke instabil werden lässt, oder eine, auf der neuer Schnee nicht anhaften kann. Wie dem auch sei, die Geheimnisse liegen in den tieferen Schichten verborgen. Sie tragen Namen wie Graupel, Zuckerschnee oder Tiefenreif, und vor allem Letzterer ist ein untrügliches Zeichen für Lawinengefahr.

Tiefenreif entsteht, wenn aufsteigender Wasserdampf Schneeflocken zu großen Eiskristallen verdichtet, weshalb der frisch darauffallende Schnee nicht hält. Ein Bergführer, der Tiefenreif unter seinen Sohlen spürt – oder sich die Mühe macht, die Schneedecke systematisch danach abzusuchen –, kann Leben retten.

In den 1860er-Jahren galt Joseph Bennen als einer der besten Bergführer der Schweiz. Er war, glaubt man Lawinenhistorikern, ein wunderlicher und einsamer Mann, aber seine Kunden hielten ihn für fast übermenschlich. Er lebte mit seiner Mutter und seinen Schwestern in Laax im oberen Rhonetal, und man sagte über ihn, er kenne die Berge von dort bis zum Genfer See wie seine Westentasche. Im Winter 1864 führte er eine Gruppe von sechs Personen auf den Haut de Cry gegenüber von Verbier. Drei von ihnen waren einheimische Bergführer, die Bennen, wie es scheint, angetrieben haben, auch wider besseres Wissen weiterzugehen: In der Nähe des Gipfels überquerten sie eine steile, verschneite Felsschlucht und warteten darauf, dass er ihnen folgte. Das tat er auch, warnte sie aber vor einer drohenden Lawine. Einer seiner Klienten, ein französischer Kletterer namens Philipp Gosset, bildete das Schlusslicht und beschrieb, was als Nächstes geschah:

Bennen ging voran. Er hatte gerade erst ein paar Schritte gemacht, da hörte er ein tiefes krachendes Geräusch. Das Schneefeld vier oder fünf Meter über uns teilte sich in zwei. Der Riss war zunächst schmal, nicht mehr als zweieinhalb Zentimeter breit. Entsetzliche Stille folgte, die von Bennens Stimme durchbrochen wurde: »Wir sind alle verloren.«

Gosset steckte seinen Stock in den Schnee und lehnte sich mit gesamtem Gewicht darauf in der Hoffnung, das möge ihn retten. »Ich drehte mich zu Bennen, um zu schauen, ob er dasselbe getan hatte«, schrieb er weiter. »Zu meinem Erstaunen sah ich, wie er sich in Richtung des Tals umdrehte und beide Arme ausstreckte.« Gosset gelang es irgendwie, sich freizurudern und den Kopf über dem Schnee zu halten, der auf ihn einbrach. Dennoch musste er mit einem Eispickel aus den Tiefen der Schlucht ausgegraben werden. Bennens Leichnam wurde drei Tage später unter zweieinhalb Metern Schnee geborgen. Er war in einer klassischen Schneebrettlawine gestorben, ausgelöst dadurch, dass der Altschnee den Neuschnee nicht halten konnte. Bennen musste genau gewusst haben, was das Krachen und der Riss bedeuteten. Dass der Schnee sie alle mit sich reißen würde. Er aber zog es vor, nicht zu kämpfen, sondern er schickte den Bergen einen letzten, unvergessenen Gruß.

Die Bewohner Galtürs hatten für so etwas hingegen keine Zeit. Wie sich nach der Lawine von 1999 herausstellte, war Tiefenreif keineswegs der Auslöser der fatalen Ereignisse im Entstehungsgebiet oberhalb des Dorfes, sondern eine Schneeschicht, die während einer ungewöhnlich warmem Wetterperiode Ende Januar kurz vor den Februarstürmen mehrfach aufgetaut und wieder festgefroren war.

Experten bezeichnen eine solche Schicht als Schmelzkruste. Man kann sie sich auch als Schicht aus grobkörnigem Eis vorstellen. Sie war nicht schwach, im Gegenteil: Ihre Stabilität führte überhaupt erst dazu, dass sich mehr Schnee als gewöhnlich aufschichten konnte, bevor das Ganze wie ein Kartenhaus in sich zusammenbrach. Und auf einen Schlag löste sich die Lawine und stürzte wie ein 170 000-Tonnen-Bob talwärts.

Auf dem hangabwärts rasenden Schneefeld aber lag unschuldig der leichteste, trockenste Pulverschnee, den man sich vorstellen kann. Es waren Flocken, die nie unterhalb von 3000 Höhenmetern gewesen waren, sie kannten keine Temperaturen über 10 °C und wurden nie von etwas anderem berührt als vom Wind und von anderen ihrer Art. Es gibt Lawinen, die bestehen aus reinem, jungfräulichem Schnee. Eine hat in *Höhere Gewalt*, dem schwedischen Film über eine junge Familie im Skiurlaub in Frankreich, einen eleganten Auftritt als Statistin. Die Lawine rollt wie ein Geist an ein Bergrestaurant heran. Sie fügt niemandem Schaden zu, außer der Beziehung zwischen Ebba, die ihre Kinder wie eine Löwin beschützt, und ihrem Ehemann Thomas, der sie zurücklässt und um sein Leben rennt (und dann so tut, als wäre das nicht wahr).

Hinsichtlich ihrer Festigkeit aber kommen auch Lawinen dieser Art mit ihren losen Schichten jenen nahe, wie sie nach jedem Schneesturm unbemerkt von egal welcher Oberfläche rutschen. Am anderen Ende der Skala findet sich alter, nasser Schnee, der an einem ansonsten unbedeckten Berg mit etwas mehr als Schrittgeschwindigkeit geradezu gemächlich hinabgleitet. Solche Lawinen entstehen häufig dadurch, dass weiter oben liegende Schneeschichten in der Sonne tauen und weiter unten liegende dadurch mit immer mehr Wasser angereichert werden. Jeder, der töricht genug ist, sich ihnen in den Weg zu stellen, wird zermalmt. Alle anderen können jedoch in aller Seelenruhe Fotos schießen, wie man es auf YouTube bewundern kann, wo im März 2018 eine Gruppe russischer Skifahrer in einem Clip mit dem Handy drauflosfotografiert, während sich mehrere Hundert Tonnen Schnee langsam in ein Parkhaus am Fuße des Elbrus ergießen.

In der Mitte der Skala finden sich die großen Lawinen mit allem Drum und Dran: mit Pulverschnee, losem Schnee und festem Schnee, die gemeinsam zur etwa gleichen Zeit ihre verheerende Bahn ziehen.

Das Schweizer Institut für Schnee- und Lawinenforschung (SLF) konnte prognostizieren, dass sich in den nächsten 300 Jahren vermutlich keine Lawine von dieser ganz großen Zerstörungswut ereignen wird; und sollte sie kommen, so ist es beinahe unmöglich, sich dagegen zu wappnen. Der Druck inmitten einer Lawine wie der von Galtür liegt bei 100 Tonnen pro Quadratmeter. (Stellen Sie sich das Gewicht von 50

Autos auf einem Gullydeckel vor.) Die erste Ladung Pulverschnee, die die Galtür-Lawine ankündete, konnte alle Äste
einer ausgewachsenen Pinie in wenigen Sekunden abreißen.
Das Geröll, das sie mit sich gerissen hatte, traf Menschen
und Gegenstände »wie Schüsse aus einem Maschinenge-
wehr«, und der Schnee, den sie mit sich brachte, konnte
einen ersticken wie ein Python.

Ich muss gestehen, dass mich das beruhigt.

Das hat auch mit einer Bar von zweifelhaftem Ruf zu tun,
hoch oben in der Tarentaise, dem heiligsten aller französischen Skigebiete. Tagsüber bleibt die Bar die meiste Zeit
ruhig und leer. Nachts aber drängen sich dort die Reichen
und Schönen und Feierlustigen. Ich war nichts davon, doch
es gab eine Woche im Dezember 1982, da war ich jeden
Abend dort zusammen mit einem meiner Brüder. Er war 13.
Ich war 16. Wir gingen früh hin und gaben nie auch nur einen Cent aus. Was wir dort wollten? Uns die einzig kosten-
lose Attraktion ansehen: die Videos.

Solange wie wir es uns trauten, standen wir vor dem großen Bildschirm, über den die Highlights aus den Skifilmen
von Warren Miller flimmerten, dazu eine Auswahl an Lawi-
nenabgängen in Dauerschleife. Es mag an der Beleuchtung
gelegen haben, aber es schien, als hätten die Bilder einen
Blaustich, so wie Monets *Sonnenuntergang über der Seine*.
Höhepunkt der Dauerschleife jedenfalls war eine Wolke aus
Pulverschnee, die mit 640 Kilometern pro Stunde von einem
mystisch anmutenden Bergmassiv in British Columbia direkt auf die Kamera zuwogte. Das war zumindest, was der
Sprecher behauptete, gefolgt von dem Hinweis, die Kamera
verfüge über keine Fernbedienung.

Beim Aufprall der Lawine wurde der Bildschirm schwarz.
Wir erfuhren nie, was aus dem Kameramann geworden war.
Für uns Fans war klar, dass er für seine Arbeit das größte
aller Opfer gebracht hatte. Und die Angabe der Spitzenge-

schwindigkeit von 640 Kilometern pro Stunde habe ich nie hinterfragt. Ich behauptete gegenüber jedem, der mir zuhörte, dies sei die Maximalgeschwindigkeit einer Lawine.

Der Grund dafür, warum mich die Aussagen der SLF auch 35 Jahre später noch beruhigen, ist, dass sie die Filme nicht widerlegen. Ganz im Gegenteil, für mich wird klar, dass die Bilder der Dauerschleife stimmen, denn sie zeigen, dass Lawinen schneller sind als ein Körper in freiem Fall.

Die Frage ist nur: Warum? Wie kommt es, dass sie so schnell sind? Und wie kommt es, dass die SLF darüber Bescheid weiß? Die Antworten darauf finden sich in einem Tal, nicht weit entfernt vom Haut de Cry am Nordufer der Rhone. Das Vallée de la Sionne ist tief und mit seinen kargen Talseiten von strenger Schönheit. Niemand lebt hier dauerhaft, da von den Osthängen jeden Winter Lawinen mit solcher Wucht und Regelmäßigkeit niedergehen, dass sie jedes normale Wohnhaus niederwalzen würden. Die durchschnittliche Steigung der Hänge beträgt 35 Prozent, was für Lawinen perfekt ist. Wäre die Steigung geringer als 30 Prozent, würde sich der Schnee einfach auf ihnen ansammeln; ist sie größer als 45 Prozent, rutscht der Schnee, bevor überhaupt zu viel liegt.* Das Tal wurde daher der SLF für Recherchezwecke überlassen. Lawinen sind ihr Erntegut, ihr Winterweizen.

In 1850 Metern über dem Meeresspiegel sind eine ganze Reihe von Sensoren zur Messung von Geschwindigkeit, Temperatur und Dichte sowie einige der sonst bei Flugzeugen gebräuchlichen Pitotrohre zur Druckmessung an einem

---

* Bewohner Alaskas machen sich über so etwas lustig. Sie sagen, ihr maritimer Schnee würde dank seines höheren Wassergehalts ganz ausgezeichnet an Hängen mit einer Steigung von über 45 Prozent liegen bleiben. Es gibt keinen Mangel an Beweisen, die für feuchte Handflächen sorgen und diese Behauptung stützen. Wenngleich ganze Bücher über die Rettung derer geschrieben wurden, die Heldenmut über Besonnenheit stellten und am Ende von Schnee begraben wurden, der sich eigentlich nicht von der Stelle hätte rühren sollen.

Mast aus gehärtetem Sahl angebracht, der seinen Vorgänger ersetzt, der in den großen Schneemassen von 1999 zerstört wurde. Ebenso wie für den neuen Mast zahlte die österreichische Regierung Gelder für eine dicke Betonmauer am selben Ort und ließ diese mit Druckkissen ausstatten, um die Auswirkungen von Lawinen auf die Breitseiten zu messen. Auf fünfzig Metern Höhe vom Talgrund entfernt, findet sich auf der gegenüberliegenden Seite ein Betonbunker, der vor Dopplerradaren nur so strotzt, die die Geschwindigkeit und die Dichte messen.

Zwei Wochen vor der Lawine in Galtür setzte die SLF Sprengkörper ein, um die größte Lawine auszulösen, die sie je im Vallée de la Sionne analysieren konnte. Bei ihrer Ankunft im Tal prallte der Schnee zurück und begrub den Bunker unter mehreren Metern Schnee, sodass sich die Wissenschaftler, die im Inneren ausgeharrt hatten, einen Tunnel graben mussten, um herauszukommen. Obwohl die Lawine den Mast zerstörte, konnten ausreichend Daten gesammelt werden, die als Modell für die Berechnungen über die Ereignisse in Galtür dienten.

Das Schneevolumen, das von der Anrisszone losbrach, wurde auf 50 000 Kubikmeter beziffert. Auf ihrem Weg den Berg hinab konnte die Lawine sozusagen aus dem Vollen schöpfen, da es in den drei Wochen zuvor gleich drei massive Schneestürme gegeben hatte. So vervierfachte sie ihr Volumen vermutlich. Die Schätzung der SLF, das Volumen der Lawine von Galtür habe sich auf ihrem Weg nach unten verdoppelt, könnte man daher als eher vorsichtig bezeichnen.

Die Pulverschneewolke von Sionne erreichte Höhen von bis zu 100 Metern und eine Geschwindigkeit von bis zu 25 Kilometern pro Stunde, dabei gab es drei ausschlaggebende Faktoren für die Geschwindigkeit. Der erste war die Schwerkraft, die den Schnee umso stärker beschleunigte, je steiler der Hang wurde. Der zweite die Beschaffenheit des Geländes. Hunderttausende Tonnen Schnee ließen sich auf den oberen Abschnitten des Hangs von der fließenden Masse mitreißen und wurden weiter unten durch schmale Rinnen geradezu in Bahnen geschleust. Diese sind für die Geländebeschaffenheit der Alpen typisch, und einzig durch eine besonders hohe Beschleunigung kann der Schnee überhaupt durch diese Rinnen gepresst werden. Der dritte Faktor liegt im Spezialgebiet der SLF begründet: der Lawinendynamik. Zweck aller Messgeräte ist es, ins Innere der Lawinen zu schauen. Was sie entdeckten, war, dass sich die unteren Schichten am langsamsten bewegten, da sie durch Reibung aufgehalten wurden. Darüberliegend und über sie hinweggleitend, war eine mörderische Schicht aus »Salzkristallen«, aus Lockerschnee, Schneebrocken, Graupeln und aufgewirbeltem Geröll. Und darüber befand sich die Wolke aus Pulverschnee, von der »Salzschicht« gefüttert und mitgezogen, acht Mal so dicht wie Luft und mit dem einzigen Ziel, schnell vorwärtszukommen. Auch in Galtür wirkten diese drei Faktoren, und nimmt man hinzu, dass sie auf eine größere Schneemasse einwirkten, die auf einer Schmelzkruste hinunterrutschte, erklärt sich, warum sie so schnell sein konnte.

Manche Experten unterscheiden zwischen bloßen Puderschneewolken und explosionsartigen Pulverschneewolken. Und das aus gutem Grund. Eine Wolke kann ganz harmlos sein. Eine explosive Wolke – die in die Luft geschleuderte Bugwelle einer großen Staublawine – ist es nicht. Jill Fredston, eine der besten Köpfe in der Lawinenforschung Alaskas, beschrieb die Auswirkungen einer explosiven Pulverschneewolke einmal anhand einer Staublawine, zu der sie in die Nähe von Anchorage gerufen wurde:

Die Lawine hatte sich ganz offensichtlich gewaltsam Zutritt verschafft. Dort, wo ein Außenklo mit zwei Toiletten, braunen Wänden und einem grünen Dach hätte sein sollen,

standen einfach weiße Kloschüsseln auf einem Betonklotz.
Von den Wänden des Außenklos war nichts übrig geblieben,
das viel größer war als ein Streichholz. Im umliegenden
Wald lagen Bäume vom Durchmesser eines Basketballs, aus
der gefrorenen Erde gerissen wie Unkraut ... In einigen
Stämmen der Bäume, die noch standen, steckten Kieselstei-
ne wie Granatsplitter fest, und das in zwölf Meter Höhe.
Picknicktische mit einem Gewicht von 160 Kilo waren wie
Frisbeescheiben über die halbe Länge eines Footballfelds
durch die Luft geschleudert worden.

Jill Fredston wird die Aussage zugeschrieben, die Staubwolke
des einstürzenden World Trade Centers am 11. September
2001 habe sie an die Wolke einer mächtigen Lawine erinnert.
Hinsichtlich ihrer physikalischen Beschaffenheit ist sie
durchaus vergleichbar mit den pyroklastischen Strömen hei-
ßer Gase, die bei einem Vulkanausbruch frei werden, nur
kühler.

Nicht viele Menschen wissen, wie es sich anfühlt, inmitten
einer Staublawine zu stehen. Colin Haley schon. Er lebt in
Seattle, ist aber überall dort zu Hause, wo es Berge gibt. Im
April 2015 war er gerade dabei, sich für eine Kletterexpediti-
on in Nordnepal zu akklimatisieren, als das Land von einem
Erdbeben der Stärke 7,8 erschüttert wurde. Die Auswirkungen fielen völlig willkürlich aus, je nachdem, wo man sich
befand, und unter dem Strich hatte Haley wohl Glück. Zur
Zeit des Erdbebens befand er sich mit seinem Kletterpartner
in Kyanjin Gompa, einem Dorf im Langtang Valley unweit
der Grenze zu Tibet. Innerhalb weniger Minuten war das
Dorf Langtang, eine Ansammlung von Teehäusern und Stein-
hütten acht Kilometer talabwärts von Kyanjin Gompa, unter
40 Millionen Tonnen Gestein und Eis begraben. Ein großer
Teil des darüberliegenden Berges hatte sich gelockert und
war ins Tal hinabgestürzt.

Kyanjin Gompa selbst wurde von dem Felssturz verschont. Den meisten der Einwohner blieb genug Zeit, um aus den Häusern in Richtung einer grasbewachsenen Ebene östlich des Dorfes zu flüchten. Unter ihnen befand sich Haley, der dies für den offensichtlich sichersten Ort hielt. Auf seinem Blog beschrieb er, was geschah, als die Staublawine über sie hereinbrach:

Ich hatte gerade die letzten Gebäude hinter mir gelassen und war beinahe auf der Wiese angekommen, da drehte ich mich noch einmal um und sah die Lawine. Niemand hatte sie kommen hören, denn um uns war es aufgrund der einstürzenden Häuser und der Schreie der Menschen laut. Niemand hatte sie kommen sehen, da das Dorf von einer dichten Wolkendecke eingehüllt war. Ich erblickte eine gigantische Schneewolke, die sich ihren Weg durch die Wolken bahnte, das Tal entlang bergab und genau auf uns zu ... Ich habe in meinem Leben schon viele große Lawinen gesehen, in Alaska und Pakistan, doch keine war mit dieser hier vergleichbar. Die Lawine, die hier durch die Wolken und über die Moränenhänge hinunterkam, schien 300 bis 400 Meter breit. Es war lediglich die Puderschneewolke, da der Eis- und Gesteinsschutt weiter oben auf den Moränen liegen geblieben war, doch [sie] bewegte sich schneller, als ich das je bei anderen Puderschneewolken beobachten konnte.

Haley rief den anderen eine Warnung zu und rannte los:

Die Lawine erreichte mich, als ich es gerade halb über die Wiese geschafft hatte, und ich kauerte mich auf alle viere ... Der Wind war unglaublich stark mit Schnee angereichert, und ich zog meine Kapuze tief ins Gesicht, um so eine kleine Tasche zum Atmen zu bilden. Innerhalb weniger Sekunden

*war so viel Schnee in der Luft, dass kein Licht mehr durch-
dringen konnte ... Jetzt hatte ich Angst ... Auch wenn ich
voller Verzweiflung versuchte, zu bleiben, wo ich war, wurde ich über die Wiese gedrückt, noch immer zusammengekauert auf Händen und Füßen. Ich war gerade erst ein paar
Sekunden und nur wenige Meter weit nach vorne gepresst
worden, als mich die volle Wucht der Lawine erwischte. Ich
nehme an, so etwas wird als Druckwelle bezeichnet. Ich
wurde von einem ungeheuer starken Windstoß erfasst, in
einer völlig anderen Liga als die schlimmsten Winde, die
ich in Patagonien erlebt hatte, und im gleichen Moment
wurde ich nach oben gewirbelt ... Wie eine Puppe flog ich
durch die Luft. Es war äußerst brutal. Ich war mir sicher:
›Okay, das war's. Das ist die Lawine, in der ich sterben
werde.‹*

Haley schätzt, dass er 30 bis 40 Meter weit durch die Luft
geschleudert wurde, bevor er am Fuß eines steilen Abhangs
in der Nähe der Ebene kopfüber landete. Er verletzte sich am
Nacken, doch nicht so ernst, als dass er nicht hätte weiter-
rennen können. Er fürchtete sich vor weiteren Lawinen. Die
Puderschneewolke alleine hatte bereits alles, was nicht aus
Stein gemacht war, emporgehoben und wie Stroh durch die
Gegend geworfen. In etwas mehr als einer Minute war das
gesamte Tal von einem Fuß Schnee bedeckt. Schließlich
wurde Haley klar, dass, sollte es weitere Lawinen geben, er
ihnen nicht entkommen könnte. »Und etwas zögerlich«,
schrieb er, »machte [ich mich] auf, zurück zum Dorf.«

Menschen, die voll von einer Lawine erwischt werden, sterben meistens auf eine der beiden Arten: Sie werden erschla-
gen oder ersticken.

Als ich mich einmal auf einer Pressereise nach Chamonix befand, wurde mir gesagt, ich solle mich mit einem Extremskifahrer aus Oregon treffen, dem der Ruf folgte, ein begnadeter Skifahrer und unterhaltsamer Zeitgenosse zu sein. Sein Name war Dave Rosenbarger, auch bekannt als »American Dave«. Er saß im Untergeschoss in einer Bar in der Rue Whymper, während wir – ein bunter Haufen von Journalisten und Bloggern, die darauf hofften, einen Einblick in das Leben eines echten Superhelden in Aktion zu bekommen – im Obergeschoss beim Abendessen saßen. Doch zu meinem Treffen mit Dave sollte es nicht kommen, da ich früh zu Bett ging und er am nächsten Tag zur Mittagszeit bereits tot war. Zusammen mit Freunden war er durch den Mont-Blanc-Tunnel auf die italienische Seite des Massivs gefahren und hoch oben auf der Pointe Helbronner im Schlund einer Felsschlucht von einer Lawine erwischt worden. Er wurde nicht nur verschüttet, sondern regelrecht zermalmt und starb an seinen Verletzungen in einem Helikopter auf dem Weg ins Krankenhaus.

Im Tod wie im Leben war American Dave außergewöhnlich. Die meisten Lawinenopfer sterben nach Atem ringend in einem hermetisch verschlossenen Sarg, der sich auf ganz natürliche Weise um sie herum gebildet hat. Es muss eine unvorstellbare Qual sein, doch die physikalischen Abläufe, die dazu führen, sind faszinierend.

Wird Schnee bewegt, wird er zunächst fester, so, wie wenn man sich daraufsetzt oder ihn zu einem Schneeball formt. Die Flocken verlieren ihre ursprüngliche Form, wobei die feinen sechseckigen Mikrostrukturen der sternförmigen Dendriten zuerst und unmittelbar zerstört werden. Dr. Percy Bartelt von der SLF erklärt: »Es beginnt mit schönen flauschigen Flocken, doch wenn man sie schüttelt, zerbrechen sie zu Granulat. Im Folgenden werden sie kompakt und hart; sie haben in etwa die Dichte von Holz.« Dann – »und das ist das Faszinierende« – wandele die Lawine ihre potenzielle Energie in kinetische Energie, aber auch Wärmeenergie um. Ein flüchtiger Temperaturanstieg tief im Inneren der Lawine hinterlässt Feuchtigkeitsnester auf der Oberfläche von Milliarden kompakten Körnchen und wirkt so wie Schmiermittel zwischen ihnen. »Dann, nach der Lawine, gefrieren die Körnchen schnell wieder, was ein äußerst hartes Material ergibt. All das geschieht innerhalb von vielleicht zwei Minuten.«

Diese drei Prozesse – Granularisierung, Fluidisierung und erneutes Gefrieren – führen zu einer perfekt maßgeschneiderten Passung für alles, was von der Lawine eingeschlossen wird. Aus diesem Grund können Opfer, die geistesgegenwärtig genug sind und bei Stillstand die Hände vors Gesicht legen, in der Hoffnung, eine Lufttasche zu bilden, vielleicht gerade noch mit den Fingern wackeln. Und genau deswegen sagt Dr. Bartelt, ihr Lieblingswerkzeug, um sich durch einen von einer Lawine hinterlassenen Schneeberg zu graben, sei eine Kettensäge.

Philipp Gosset schrieb nach der Lawine auf dem Haut de Cry, die seinen Bergführer getötet hatte, dass er versucht habe, durch eine Bewegung wie beim Wassertreten den Kopf über dem Schnee zu halten. Als er damit keinen Erfolg hatte, versuchte er, den Kopf mit den Armen zu schützen, doch der Druck »war so stark, dass ich dachte, ich würde zu Tode gequetscht«. Als er dann erst einmal begraben war, stellte er fest, dass er den Kopf nicht frei bekam, da »die Lawine im Moment ihres Stillstands durch den Druck zu Eis erstarrt und ich darin eingefroren war«. Seine wiederholte Erwähnung des Drucks ist eine Erinnerung daran, dass man im Strom der Schneemassen ganz einfach zerquetscht werden kann, aber »durch Druck gefroren« beschönigt die wahre Ironie beim Tod durch eine Lawine: Beschrieben wird sie durch das Energieerhaltungsgesetz – von potenzieller zu kinetischer zu Wärmeenergie –, wodurch ein Vakuum entsteht, das jedes Leben erstickt. Die Natur kann so grausam sein.

Nach dem Winter des Schreckens gelobten die Regierungen der Schweiz und Österreichs, nie wieder zuzulassen, dass ihre Bergdörfer von Lawinen überrollt würden. Vor 1951 war die einzig ernst zu nehmende Forschung über Lawinen in Russland unternommen worden, wo ganze Gefangenenlager in den Chibinen in der Nähe Murmansks und auf der fernöstlichen Insel Sachalin verschüttet worden waren. Der Dalstroi, die gefürchtete Gulag-Verwaltung, wollte wissen, warum. Die Antwort lautete, da man die Gefahr einer bestehenden Lawinenbahn schnell unterschätze, mangele es an historischen Aufzeichnungen und einem guten Verständnis dafür, warum eine Lawinenbahn überhaupt entstünde. Doch sowjetischen Wissenschaftlern wurde im Westen zur Zeit Stalins wenig Gehör geschenkt, daher fiel die Forschungsarbeit für Europa einem Werkstoffingenieur aus Dübendorf zu, einem Dr. Adolf Voellmy.

Es war Voellmy, der das erste mathematische Modell entwickelte, mit dem auf der Grundlage von Schneevolumen in der Anrisszone und der darunterliegenden Geländeneigung vorausberechnet werden konnte, bis wohin eine Lawine kommen würde. Das Voellmy-Modell tauchte 1955 in einem Aufsatz mit dem Titel *Über die Zerstörungskraft von Lawinen* auf. Damals erhielt er überraschend wenig Aufmerksamkeit, vielleicht, weil es sich um eine Auftragsarbeit für ein österreichisches Bauunternehmen handelte, doch später wurde die Untersuchung als Meilenstein der Forschung anerkannt. Voellmy wurde hinzugezogen, um Bauvorschriften umzugestalten und um die Hunderte Kilometer langen Stützverbauungen zu legitimieren, die heutzutage alpine Schneefelder wie Stirnfalten durchziehen. Doch die Lawine von Galtür konnte er nicht vorhersagen. Aus diesem Grund hat die SLF seit der Jahrtausendwende die Berechnung von allen 800 000 Lawinenbahnen auf ihren Karten für die Schweizer Alpen überarbeitet. Die Idee dahinter: Die am Ende dieser Lawinenbahnen lebenden Menschen sollten Daten darüber erhalten, ob die Gefahr einer Jahrhundertlawine tatsächlich bestehe. Die Annahme war, dass vielleicht in dreihundert Jahren, vielleicht aber auch schon morgen eine solche Lawine kommen wird.

Der Klimawandel wird auch auf diese Frage großen Einfluss haben. Über die Jahrhunderte hinweg waren Lawinen gute Indikatoren für schneereiche Jahre; schließlich gibt es das eine nicht ohne das andere. Sollten erwärmte Wettersysteme zu stärkeren Schneestürmen führen, bevor sich diese in Regen umwandeln, wie die Clausius-Clapeyron-Gleichung nahelegt, könnte dies auch für Lawinen gelten. Vielleicht werden sie zuerst noch mächtiger – und dann zu Geschichte.

Unterdessen fordert der *Homo sapiens* weiterhin das Schicksal heraus. Auch wenn Lawinen laut Statistik durchschnittlich 200 Menschen pro Jahr töten, gelten sie auf einem Planeten mit sieben Milliarden Bewohnern doch als etwas, das den anderen zustößt, nicht einem selbst. Zumindest ist das meine Erfahrung. Im Jahr 1992 strapazierte ich meine Lungen, als ich auf beinahe 6000 Meter Höhe auf den schönen kirgisischen Berg namens Khan Tengri kletterte. So wie alle anderen hielt auch ich an einer Stelle, um die Aussicht zu bewundern. Und das, obwohl diese genau auf einer wohlbekannten Lawinenbahn liegt. An diesem Tag regte sich nichts. Genau ein Jahr darauf wurden vier Kletterer an exakt derselben Stelle vom Berg gefegt. Niemand aber denkt auch nur im Traum daran, die Route zu ändern, und so wurden dort zehn Jahre später erneut 14 Kletterer getötet.

Die Opfer eines Lawinenabgangs kennt kaum jemand. Anders verhält es sich mit den Überlebenden. An den Skifahrer Sverre Liliequist erinnert man sich für seine Fahrt vom Frühjahr 2013 durch tiefsten Schnee, nur einen kurzen Helikopterflug von Zermatt entfernt. Anlass war ein Team-Wettbewerb zwischen Europa und Amerika. Liliequist war einer der Organisatoren des Events und scharf darauf, vor den Kameras zu glänzen. Er ist ehemaliger Worldcup-Rennfahrer, technisch selbstbewusst und mit der Statur eines Footballspielers gesegnet. Bei seiner zweiten Runde prüfte er kurz vor dem ersten zweier großer Sprünge auf halber Strecke für einen Moment seine Geschwindigkeit. Etwas, vielleicht die Bewegung seiner Skier, löste auf beiden Seiten von ihm je eine Lawine aus. Beide brachen in Rinnen los, sodass ihr Fluss gelenkt war, während Liliequist weiter nach unten raste und, ohne sich der Gefahr bewusst zu sein, voller Übermut zum zweiten Sprung ansetzte – einem Backflip von einem Felsen von der Höhe eines Hauses hinab.

Und unwillkürlich stellt man sich die Frage: Konnte er den Schnee sehen, wie er auf ihn zuraste, ihn von beiden Seiten jagte, nach ihm schnappte wie zwei wild gewordene Tigerklauen, oder entdeckte er ihn erst in dem Moment, als sich sein Rücken nach hinten durchbog und er kopfüber nach einem Landeplatz suchte?

Zumindest ich rätselte darüber. Als ich ihn fragte, sagte er, er habe die Lawinen noch nicht einmal dann gesehen. »An dem Tag lag sehr viel loser Schnee von den Vorausgefahrenen. Das war natürlich schon ein bisschen speziell, aber ich habe es erst bemerkt, als ich mich an der Ziellinie umgedreht und zurück nach oben geschaut habe. Bei meinem Sprung hatte ich keine Ahnung von dem ganzen Schnee. Ich hielt einfach an meinem Plan fest.«

Es sieht dabei alles andere als geplant aus. Eher erinnert es an selbstmörderische Chuzpe in einem Dann-sterbe-icheben-im-großen-Stil-Moment. Es sieht aus, als gäbe es nur eine winzige Chance, dass er es hinbekommt. Nur den Hauch einer Chance, aber er nimmt sie wahr. Mit Schwung bringt er die Skier rücklings über den Kopf. Er schafft die Landung. Einen Moment lang sieht es so aus, als würden die Lawinen miteinander verschmelzen und ihn begraben, doch dann taucht er unter ihnen hervor wie ein Magier.

Acht

Beim Spiel in den Schneefeldern der Götter

Girl in Blockhütte: James, ich brauche dich.
Bond: England auch.
[Bond geht ab, er hat einen gelben Skianzug an und trägt seine Skier]
Girl in Blockhütte: Er ist gerade weg, er ist gerade weg.

Der Spion, der mich liebte, Drehbuch 1976

Ohne Lawine im Hintergrund sieht ein Backflip heutzutage ganz schön alt aus. Ein Hurricane, für das Freestyle-Springen beim Worldcup entwickelt, ist ein dreifacher Salto mit fünf Schrauben. Ein Backside Triple Rodeo, für die Winter-X-Games ersonnen, ist ein dreifacher Rückwärtssalto mit Schrauben im rechten Winkel zur Flugrichtung und einer abschließenden Drehung bei der Landung. Die Winter-X-Games sind ein jährlich stattfindender Jahrmarkt des Wagemuts, bei dem junge Athleten ihre Social-Media-Accounts mit Bildern füllen, auf denen sie häuptlings über riesigen, gut gepflegten Sprungschanzen in Aspen schweben. Die Freeride World Tour ist dasselbe in Grün, nur für das Off-Piste-Fahren.

Sie alle sind Nebenprodukte einer der kostspieligsten Zerstreuungen, die der Menschheit je in den Sinn kamen. Sie alle hängen von der unsichtbaren flüssigen Schicht ab, die sich auf Schnee- und Eiskristallen befindet und diesen ihre Gleitfähigkeit verleiht. Allgemein sind sie als Wintersport bekannt, doch dies wird dem Maß an Verschwendung und

Aufwand in ihrer Folge nicht gerecht. Betrachtet man sie, steigt eine Frage wie eine Wolke aus der Inversionsschicht auf: Warum? Warum werden so viele Milliarden dafür ausgegeben? Warum sind so viele Menschen davon derart angefixt?

Darauf gibt es viele nüchterne Antworten. Menschen bekommen im Winter einen Hüttenkoller und müssen raus. Professionelle Skifahrer verlieren ihren Biss und suchen neue Wege, sich zu messen. Fernsehproduktionsfirmen brauchen gute Quoten, und der durch die flüssige Schicht ermöglichte Nervenkitzel liefert zuverlässig.

Alternativ kann man alles auf James Bond zurückführen. Seinen Namen im Jahr 2018 zu erwähnen, lädt zu Augenrollen und zu Spott ein – zumeist berechtigt. Bond in einem Buch über Schnee nicht zu erwähnen, wäre allerdings ein Vergehen. Keiner hat Schnee in unseren modernen Zeiten sowohl zur Flucht als auch für Eskapismus derart effektiv und attraktiv eingesetzt wie 007. Ian Fleming, und vor allem die, die die Filmrechte an seinen Büchern kauften, wussten, dass nichts ihr Publikum so schnell aus der piefigen Enge der Nachkriegsvorstädte wegzaubern könnte wie Skier[*] auf Schnee. Sogar noch in den 60ern war diese Kombination für die meisten Menschen so exotisch wie Düsenjets. Sie eignete sich auch perfekt dazu, um Bond rasch in oder aus Schwierigkeiten zu manövrieren, und daher beginnt eine der Geschichten ausgerechnet in Kalifornien.

Bis 1955 war Squaw Valley ein unberührter Flecken Erde in den kalifornischen Sierras. Mit seiner Lage in zwei Kilometer Höhe über dem Meeresspiegel und nur eine kurze Fahrt

---

[*]   und natürlich Sex.

von Lake Tahoe entfernt, war es Heimat dicht stehender Schwarzeichen und Douglasfichten. Der Boden des Tals war von einer saftigen Wiese bedeckt, die im Frühling häufig überschwemmt wurde. Jeden Sommer war sie von Wildblumen übersät.

An einer Seite der Wiese führte eine holprige, ungeteerte Straße nach oben und verlor sich im Nichts, wo die Wildnis der Berge übernahm. 1955 gab es hier einen Seillift, einen Sessellift und eine einzige Skihütte, die bis zum Grund niederbrannte und erst vor Kurzem wieder aufgebaut wurde. Und das war's. Dann, im Juni, reiste eine Gruppe amerikanischer Geschäftsleute nach Paris, um vor dem Internationalen Olympischen Komitee zu berichten, dass in Squaw Valley jeden Winter mehr als zehn Meter Schnee fielen.

Die Gruppe wurde von einem großen rothaarigen Ostküstler namens Alexander Cushing angeführt. Er war zur Harvard Law School gegangen, was jedoch nicht bedeutete, er hätte großen Respekt vor dem Gesetz gehabt. Was er über den Schnee in Squaw sagte, stimmte nicht, doch das spielte keine Rolle. Keiner vom IOC war je dort gewesen, was die Delegation um Cushing ändern wollte. Ihr Ziel war es, das Gebiet in ein riesiges Resort zu verwandeln und den Menschen Kalifornien als Heimat von beidem, Schnee und Sonne gleichermaßen, schmackhaft zu machen. Das Olympische Komitee zu umwerben, war also ein Mittel für ebendiesen Zweck. »Ich hatte nicht mehr Interesse daran, den Zuschlag für die Spiele zu erhalten, als der Mann im Mond«, sagte Cushing später. »Es war nur eine Methode, um in die Zeitung zu kommen.«

Und in die sollte er so was von kommen. Er hatte ein überdimensioniertes Pappmaschee-Modell des geplanten Resorts mitgebracht. Das Modell war für das Büro des IOC zu groß, und es mussten eigens Räumlichkeiten gefunden werden.

»Die Menschen wollten das Ding wirklich gerne sehen«, erinnert sich ein alter Geschäftspartner von Cushing. »Es stand ein paar Häuserblocks entfernt; so hatte Cushing auf dem Weg dorthin Zeit, den Mitgliedern des Komitees Honig um den Bart zu schmieren. Er war ein Teufelsbraten, der charmanteste Gentleman, den man sich vorstellen kann. Er log einem direkt ins Gesicht. Nicht ganz so schlimm wie Donald Trump, das muss man ihm zugutehalten.«

Was den Schnee betrifft, nahmen die Mitglieder des Komitees Cushing bei seinem Wort. Squaw Valley schlug Innsbruck mit 32 zu 30 Stimmen, und innerhalb von fünf Jahren wurden 80 Millionen Dollar für Straßen, Brücken, Skischanzen, Skilifts, Eishallen, Hotels und für das erste Olympische Dorf überhaupt ausgegeben.

Teams aus 33 Nationen buchten eine Reise zu den ersten Winterspielen im amerikanischen Westen, und Walt Disney wurde angeheuert, um die Eröffnungszeremonie zu inszenieren.

Es gab nur ein Problem: keinen Schnee. Nicht einmal die leiseste Spur. Als Disney Anfang Januar 1960 von Los Angeles ins Squaw flog, waren die Dächer all der brandneuen Gebäude noch immer braun. Die Straßen waren schwarz. Die Bäume und Pisten kahl.

In jedem gewöhnlichen Jahr wäre Squaw bis Januar mindestens zwei Meter hoch eingeschneit gewesen. Es liegt zwischen Berggipfeln, die wie ein Hufeisen angeordnet sind und jedem Sturm, der sich von Westen her nähert, die Feuchtigkeit abtrotzen. Zur Zeit von Disneys Besuch hätten eigentlich bereits mehrere Sturmfronten den Ort gestreift haben sollen, aber es war noch keine da gewesen. Er und Cushing sahen schon die riesige Blamage, doch keiner der beiden Männer ergab sich dem Schicksal einfach so. Es war Disney, der letztendlich sagte, wenn man es sich erträumen kann, kann man es auch schaffen. Also machten sich die beiden auf

die Suche nach Wundertätern. Jemand schlug die Schneetänzer der Westlichen Schoschonen vor, deren Territorium
einst halb Nevada umfasste. Die Schneetänzer konnten sich
auf über 10 000 Jahre alte Stammesweisheiten aus der Region
berufen. Vor allem wussten sie, dass man die Gaben des
Himmels nicht als selbstverständlich voraussetzen kann. Sie
wussten auch, wie man der Natur ein wenig Respekt zollt.
Disney entschied, er habe nichts zu verlieren. Einen Anruf
später kamen die Tänzer aus Reno und Carson City und aus
einem Dutzend kleinerer, über das Große Becken zwischen
den Sierras und den Rockies verstreut liegender Siedlungen.
Sie zogen Gewänder aus Hirschhaut und Hasenfell an und
stampften und sangen in einem großen Kreis in Squaws
brandneuem Stadtzentrum. Doch es wollte noch immer
nicht schneien.

So machte sich Disney erneut auf die Suche. Dieses Mal
kam der Name Irving Krick auf. Krick war Meteorologe und,
wie Disney, ein Showman. Im Jahr 1944 hatte er in einem
Team amerikanischer Prognostiker gedient, die damit beauftragt waren, General Dwight Eisenhower beim richtigen
Timing für die Landung der Truppen in der Normandie zu
unterstützen. Seine Methode war nichts als reiner Schwindel. Er sagte die Zukunft eher mithilfe der Vergangenheit
voraus als aufgrund gegenwärtiger Beobachtungen, doch er
schrieb sich den D-Day dennoch auf die eigene Fahne.

Krick trug einen akkuraten Schnauzer und hatte eine Vorliebe für teure Strickwaren. Nach dem Krieg entschied er,
dass die Meteorologie für jemanden seines Stils und Formats
keine Zukunft bereithielt, und verlegte sich von der Wetter-
voraussage darauf, das Wetter zu machen. Damals experi-
mentierten Wissenschaftler zum ersten Mal damit, Wolken
mit Silberiodid zu impfen, um Niederschläge herbeizufüh-
ren, und er machte die Idee zum Geschäft. Irving P. Krick &
Associates konnten es regnen oder schneien lassen. Alles,

was man tun musste, war anfragen und bezahlen. Bis 1960 setzte er mehr als eine Million Dollar im Jahr um.

Disney stellte Krick als Wettermacher ein, und Kricks Leute installierten einen Ring von Silveriodid-Generatoren rund um Squaw Valley. Zunächst konnten sie nichts tun als warten. Der Himmel war klar; es gab nichts, was man hätte impfen können. Doch am 10. Januar rollten vom Pazifik her Wolken heran, und so entfachte man die Paraffinflammen unter den Generatoren. Einen oder zwei Tage lang geschah nichts, außer dass weiterhin Wolken aufzogen und die Temperatur sank. Doch dann begannen Flocken, so groß wie Gurkenscheiben, in Richtung Boden zu wirbeln, wie sie es seit Wochen schon hätten tun sollen.

Im Tal fiel knapp ein Meter, zwei auf den darüberliegenden Pisten. Und dann regnete es. Eine Winddrehung brachte subtropische Luft vom Süden, und der Schnee verschwand fast vollständig. Doch am Ende kam es, wie es kommen musste: Es blieb kaum noch Zeit, bis die gesamte Weltöffentlichkeit eintraf, um Squaws berühmten Schnee zu bewundern, denn die Kälte kehrte zurück. Disneys Eröffnungszeremonie fand in dichtestem Schneegestöber statt.

Natürlich sagten Krick und seine Leute, es sei allein ihr Werk gewesen. Was auch die Schoschonen taten. Es gab noch eine dritte Möglichkeit – dass Disney einfach Glück gehabt hatte –, doch die scheint weit weniger verlockend als der Gedanke, man könne sich Schnee einfach herbeiwünschen.

Zwei Jahre nach den Spielen in Squaw wurden Tänzer der Südlichen Ute eingeladen, bei der Eröffnung des neuen Skiresorts in Vail im über 900 Kilometer entfernten Colorado aufzutreten. Während sie tanzten, begann es zu schneien. Sie kehrten 1999 für die Skiweltmeisterschaften zurück und noch einmal im Jahr 2012, um zu versuchen, eine Dürre zu beenden. Beide Male brachten sie Schnee.

Die indigenen Völker der Berge des Westens wissen vielleicht etwas, das dem Rest von uns verborgen bleibt. Etwas, das über die Jahrhunderte mit den Legenden des Sturmvogels und des Wendigos weitergegeben wurde. Oder sie nehmen aufgrund langjähriger Erfahrung Einladungen zum Schneetanz nur dann an, wenn der Himmel ohnehin vielversprechend erscheint.

»Von jetzt an sollte alles laufen wie geschmiert«, sagte Cushing kurz vor den Wettkämpfen gegenüber dem *Time Magazine*. Und tatsächlich, und insbesondere für ihn, lief alles wie am Schnürchen. Die Winterspiele waren ein durchschlagender Erfolg. Sie setzten Squaw als kalifornisches Chamonix gekreuzt mit Hollywood-dem-Himmel-so-nah (auch »Squallywood« genannt) auf die Karte, und sie machten Cushing zu einem vermögenden Mann.

Er war ein Querdenker, der andere anzog, und einer derer, die es in den späten 60ern nach Squaw verschlug, war ein dünner, nachdenklicher 25-Jähriger namens Rick Sylvester.

Sylvester sah sich selbst nie als Stuntman. Es klang zu professionell, und er war doch der Amateur *par excellence*. Einerseits ist diese Einstellung völlig irrelevant – er tat, was er tat –, andererseits jedoch könnte sie erhellend sein. Vielleicht hätte sich ein Profi nie getraut, was er tat. Möglicherweise brauchte es einen Amateur, um den ungeheuerlichsten Stunt in der Geschichte des Kinos zuwege zu bringen.

In Brooklyn geboren, besuchte Sylvester als Teenager die Beverly Hills High School und dann die University of California in Berkeley. Auf dem Höhepunkt der Gegenkultur belegte er Soziologie und Skandinavistik im Hauptfach. Er wurde durch die 60er radikalisiert, aber anstatt eine Revolution anzustiften, ging er in die Berge: Er war eine der frühen

»Wandratten« am El Capitan, dem tausend Meter hohen Felsvorsprung im Yosemite-Nationalpark. In den Resorts rund um Lake Tahoe lernte er auch das Skifahren. Ein Skilehrer, den er bewunderte, Jim McConkey, war vor Ort bekannt, und es lohnt sich, seinen Namen im Gedächtnis zu behalten.

Sylvester kam 1967 in Squaw an. Ein Grund für seinen Aufenthalt war der Schnee. »Ich bin auf Champagne Powder gefahren, und es hat mir eigentlich keinen Spaß gemacht«, sagte er 50 Jahre später am Telefon. »Unser Schnee hat mehr Gewicht. Er gibt mehr Widerstand. Wir mögen ihn.« Er mag auch die Rituale, die das Leben mit Schnee mit sich bringt, und er misst sein Alter daran, wie gut er ihn noch schippen kann.

Er blieb in Squaw, allerdings nicht im Sinn von »niemals weggehen«; rastlose Seelen müssen schließlich in Bewegung bleiben. 1969 gab er einen Sommer lang Kletterunterricht in der Schweiz, und im Herbst des Jahres ging er nach Hawaii, um als Bauarbeiter Geld zu verdienen. Dort, so sagt er, hatte er zum ersten Mal den Traum – einen realen Traum, keinen Tagtraum –, mit Skiern vom El Capitan zu springen. Auf den Berg zu klettern, schafften schon nur wenige. Kaum einer jedoch brachte es fertig, absichtlich von dort oben hinunterzufallen. Nur einmal hatte es jemand gewagt. Zwei Kalifornier waren eines Sommers hinuntergesprungen (und auch wenn sich ihre Fallschirme öffneten, brachen sie sich bei der Landung doch mehrere Knochen).

Sylvesters Traum sollte im Winter umgesetzt werden. Am Ende sprang er nicht ein-, sondern dreimal mit Skiern vom El Capitan. Er behauptet halb im Scherz, er habe eine selbst diagnostizierte Zwangsneurose und dass er völlig darauf fixiert gewesen sei, den perfekten Kamerawinkel für den Sprung zu finden. Was ihm nie gelang. Seine größte technische Herausforderung war es, die Ski abzuschnallen, sodass sie ihn nicht in eine ungünstige Position bringen und sich im Fallschirm verheddern könnten. Dafür hatte er ein in der Praxis gut funktionierendes System entwickelt. Es beruhte auf einer ungewöhnlichen Bindung, der Spademan-Bindung. Entwickelt hatte sie ein orthopädischer Chirurg mit demselben Namen, der nach Squaw hinaufreiste, um sie der örtlichen Pistenrettung (der auch Sylvester angehörte) vorzuführen. Im Gegensatz zu den meisten anderen Bindungen hatte sie kein Zehenstück. Entscheidend war, dass sie nicht durch Hinunterdrücken, sondern durch Hochziehen der Fersenklemme gelöst wurde.

Sylvesters System war simpel. »Ich befestigte einen schmalen Klettergurt [an der Fersenklemme]«, sagte er. »Außen an meiner Skihose kurz über den Knien hatte ich an beiden Beinen ein Stück Klettverschluss angebracht. Und oben an dem Klettergurt war ein Holzstift, ebenfalls mit Klettverschluss versehen. Ich machte also den Gurt oberhalb meiner Knie fest und musste dann nur daran ziehen, um die Bindung zu öffnen.«

So wollte er eine halbe Sekunde Zeit einsparen, da er sich nicht bis hinunter zu seinen Fersen bücken musste. »Wer weiß, vielleicht macht genau das den Unterschied, wenn du wortwörtlich in den Tod springst.«

Der erste Sprung wurde von einer Gonzo-Crew gefilmt, die laut Selbstbeschreibung »Ski-Pornos« drehte. Sylvester befand sich auf halber Strecke nach unten, bis er seine Ski abgeschnallt hatte. Zu dem Zeitpunkt war er bereits einige Sekunden nicht im Bild. »Ich hätte genauso gut aus sechs Meter Höhe springen können«, schrieb er danach in der *Tahoe Winter Times*.* Der zweite Sprung war perfekt, doch

---

* Es gibt noch eine andere Version der Geschichte. Die des Regisseurs der Crew, die versuchte, den Sprung auf Film zu bannen, Mike Marvin. In dieser Version ist es Marvin, der den Skibindungsmechanismus entwickelte, nicht Sylvester. Und es ist Marvin, der den Sprung mit Bedacht auf elf Uhr morgens legte, jedoch

Sylvester entschied danach, er wäre besser von einem Helikopter aus aufgenommen worden. Der dritte wurde dann von einem Helikopter aus gefilmt, aber die Kamera funktionierte nicht richtig, und Sylvester wäre beinahe gestorben, da er auf einem Baum landete.

Vielleicht hätte sein Versuch, den, wie er fand, großartigsten Skisprung aller Zeiten zu filmen, damit geendet. Er hatte seinem Schicksal ein Schnippchen geschlagen und überlebt. Er hatte auf den Titelseiten der *San Fransisco Chronicle* und der *Los Angeles Times* einen gewissen Bekanntheitsgrad erlangt. Und wichtiger noch: Er hatte sich einen Namen gemacht, dort, wo es wichtig war, in Squaw Valley. Cushing wusste, wer er war. Andere Skifahrer und Kletterer zeigten manchmal sogar auf ihn, wenn sie ihn auf einem Parkplatz sahen. Er trat nie bei den Olympischen Spielen an, doch er hatte sich seine Sporen verdient.

Und dann klingelte das Telefon.

Albert »Cubby« Broccoli, der Produzent der Bond-Filme, rief ihn aus London an. Broccoli war auf ein Foto aufmerksam geworden, auf dem Sylvester auf seinen Skiern über steilen Felsen und überirdischen Gletschern schwebt. Es handelte sich um eine Werbeanzeige für Canadian Club Whisky. Es war ein Fake – ein echtes Foto vom El-Capitan-Dreh, das auf ein Bild der Baffininsel in der kanadischen Arktis montiert worden war. Schlimmer noch war, dass es Sylvester in einer schrecklichen Pose zeigte. Den Hintern

nicht ahnen konnte, dass Sylvester oben auf dem El Capitan für 24 Minuten die Nerven verlor. Im Helikopter hatte man Sorgen, der National Park Service würde etwas bemerken, darum waren sie abgelenkt, verloren den Fokus und verpassten schließlich den richtigen Augenblick für die Aufnahme. Das Einzige, worauf sich beide Parteien einigen können, ist, dass sie sich zerstritten haben. Ich glaube Sylvesters Version. Sogar wenn er oben auf dem Berg ein paar Minuten Zeit gebraucht hätte – wobei er darauf besteht, dass dem nicht so war –, wäre das völlig nachvollziehbar gewesen.

rausgestreckt, die Beine steif, die Hände fassen ins Leere. Es strahlte Furcht aus. Aber Broccoli hatte auch Filmmaterial der Sprünge gesehen, und sie schienen ihn zu überzeugen. Gemessen an anderen Bond-Filmen, war Broccolis letzter Wurf, *Der Mann mit dem goldenen Colt*, ein Flop gewesen. (Es scheint kein Zufall zu sein, dass es ihm an Schnee mangelte.) Der nächste Streifen musste groß werden. Würde Sylvester den Sprung wiederholen?

Es war das Ende der Wintersaison, und als Skilehrer hatte er gerade Arbeitslosengeld beantragt. Für den Sprung wurde ihm jedoch gutes Geld angeboten. Die Höhe der Summe verriet er nie. Bekannt ist nur, dass sie fünfstellig war, heute wohl sechsstellig wäre. Er sagte zu.

Als Sylvester gefragt wurde, wo der Stunt seiner Meinung nach gefilmt werden sollte, schlug er Mount Asgard vor. Asgard kannte er aus den skandinavischen Sagen als Heim der Götter. Und als Kletterer war ihm Mount Asgard als sagenumwobener Ort ein Name – nur allzu gern wollte er sich dort hinunterstürzen.

Mount Asgard liegt so weit oben im Norden, dass man selbst im Sommer völlig sicher sein kann, dass auf seiner Spitze Schnee liegt. Überall sonst auf diesem äußerst ungewöhnlichen Gipfel ist nahezu kein Schnee vorhanden, da es keinen Ort gibt, wo er landen könnte. Der Berg besteht aus zwei Plateau-Gipfeln, die man nur über eine gut einen Meter hohe, senkrecht aufragende Granitwand erklimmen kann. 40 Kilometer nördlich des Polarkreises ragen sie aus einer Gletscherlandschaft nach oben wie die Säulen Walhallas.

Der Sprung vom Gipfel führt in 1219 Meter Tiefe, das sind fast 30 Meter mehr als am El Capitan oder fünf zusätzliche Sekunden Endgeschwindigkeit. Die Szenerie besteht aus

Schnee und Fels, ähnelt eher Österreich als dem Yosemite. Dies kam Mr Broccoli aufgrund der anderen bereits geplanten Drehorte sehr gelegen. Im Vordergrund führt eine kurze, steile Piste direkt in den Abgrund.

Der nächste Ort liegt in 80 Kilometer Entfernung in Pangnirtung, an der Mündung eines mächtigen Fjords. Im Juli 1976 kam Eon Productions, die Firma von Broccoli, dort mit der gesamten Crew des zweiten Stabes an, einem Helikopter des Typs Bell JetRanger und einem leuchtend gelben Skianzug für Bond, den Sylvester beim Sportmodehersteller Willy Bogner ausgewählt hatte. Als farbliches Gegengewicht diente ein knallroter Fallschirm auf Bonds Rücken. Die Crew war im einzigen Hotel vor Ort untergebracht, der Auyuittuq Lodge, wo sie zusammen jeden Abend Saibling schlemmten.

Eine Woche lang hielt das Wetter. Die Crew flog jeden Tag auf den Turner-Gletscher und zum Mount Asgard, um die richtigen Kamerapositionen auszukundschaften und um Rauchbomben vom Berg zu werfen. So wollte man herausfinden, in welche Richtung Sylvester vom Wind geweht werden würde. Ihn machte es jedoch nervös, so viele schöne Tage so hoch im Norden zu vergeuden. Und natürlich schlug das Wetter genau dann um, als die Crew bereit war. »Es fing mit Nieselregen und Nebel an und wurde immer schlechter«, sagt er. »Es sah übel aus.«

1300 Kilometer südlich waren die Olympischen Sommerspiele in Montreal in vollem Gange. Sylvester bezeichnet sich selbst als Olympia-Süchtigen, und das Hotel hatte seit Kurzem Satellitenfernsehen. So kam er zwar zu seiner täglichen Dosis, doch auch die konnte ihn nicht von der Furcht ablenken, die sich in seiner Seele ausbreitete:

Ich wurde abergläubisch. Ich war Dilettant, aber hier gab es schnöden Mammon. Es ging mir nur ums Geld. Es war wie ein Fluch. Das Wetter blieb schlecht, und ich bemerkte, wie

ich das Projekt insgeheim abschrieb. Dabei hatte ich melo-
dramatische Gedanken. ›Wenn ich es heute nicht tun muss,
gewinne ich einen weiteren Tag Leben.‹ Natürlich sprach ich
mit niemandem darüber. Es war zu belastend, doch ich
wollte die Nummer trotz der ganzen bereits investierten
Zeit, des Aufwands und der Kosten einfach nicht durchzie-
hen.

Abgesehen von allem anderen, quälte es ihn vor allem, kein
Profi zu sein. Er war unter Profis, doch er selbst war keiner,
weder im Filmgeschäft noch als Skifahrer oder Stuntman. Er
war der Exzentriker, der willig war, sein Leben zu riskieren,
und das nur für Geld und ein paar Sekunden auf der Lein-
wand. Immerhin wusste er mehr über Berge als der Rest der
Crew. Er sprach mit ihnen über das Mikroklima, darüber,
dass, nur weil das Wetter in Pangnirtung mies war, es auf
dem Mount Asgard nicht notwendigerweise schlecht sein
musste. Und so begann eine neue Routine: Der Helikopter
flog zwei Mal am Tag zu dem Berg, um die Wetterlage dort
zu prüfen, einmal am Morgen, einmal abends. So ging es
beinahe eine Woche mit viel Saibling und immer üblerer
Laune weiter. Nur die Olympiade brachte noch ein wenig
Licht ins Dunkel. Bis Sylvester eines Abends eine Überdosis
erwischte. Am nächsten Morgen schlief er lange aus und erwachte zum bisher schlechtesten Wetter. Der Morgenflug
war ein einziger Reinfall. »Doch dann, ein paar Stunden später, startet der Nachmittagsflug, und der Typ kommt zurück
und sagt: ›Auf geht's, wir können loslegen. Der Himmel ist
klar.‹«
   Zu diesem Zeitpunkt fühlt sich Sylvester ängstlich und
verunsichert. Es scheint, als habe sich seine Theorie über das
Mikroklima bewahrheitet, aber er hat Zweifel. Zu Beginn
der Reise hatte ihn der Produktionsleiter zur Seite genommen und ihm ernsthaft versichert, nichts wäre wichtiger als

sein Leben. Wenn er den Sprung aus irgendeinem Grund nicht durchführen wolle, müsse er es nur sagen. Seitdem kam allerdings ein Anruf aus London. Hat er es schon getan? Wann wird er es tun? Was hindert ihn? Sylvester fragt sich, ob der Produktionsleiter seine Entscheidung davon beeinflussen lässt.

Der Flug dauert weniger als eine Stunde, und schnell steht fest, dass man es durchzieht. Die kolossalen Granittürme des Mount Odin und des Thor Peak, nur ein Vorgeschmack auf den Mount Asgard, brechen durch die Wolken hindurch. Am Fuß des Mount Asgard hängt noch Nebel, aber die gesamte Nordseite ist bereit für eine Nahaufnahme. Sylvester kann sich so viel Zeit lassen, wie er möchte. In dieser Jahreszeit geht die Sonne kaum unter.

Zwei Kameras sind auf dem Berg fixiert – eine nahe am Rand des Felsens mit Seitenblick auf den Sprung, die andere auf einem Absatz direkt unter dem Punkt, an dem Sylvester starten wird. Die Kameramänner gehen auf Position, der Mann auf dem Absatz ist gut gesichert. John Glen, der Regisseur des zweiten Stabs, steht neben der Kamera mit der Seitenperspektive. Der Master Shot wird vom Helikopter aus gefilmt.

Sylvester rutscht mit einem Seil gesichert vor bis zum Rand des Felsens. Der Schnee ist eine brüchige Kruste, und er möchte ihn ein wenig glätten, um nicht an einer Kante hängen zu bleiben. »Ich mag dämlich sein, aber ich bin nicht dumm«, sagt er. »Oder ist es andersherum?« Der Helikopter hebt ab und schwebt nördlich der Absprungstelle über dem Gletscher. Glen fragt alle nacheinander, ob sie bereit sind. »Als Letzter bin ich an der Reihe«, erinnert sich Sylvester. »Er sagt: ›Bist du bereit?‹«

Zwei Dinge muss Sylvester hinbekommen: das Lösen der Skibindung und die richtige Position seines Körpers. Bevor er den Fallschirm auslöst, muss er bäuchlings in der Luft liegen. Er hat das Lösen viele Male geübt, aber nicht in diesem Skianzug oder mit schweren Lange-Skistiefeln oder an diesem Felsen.

»Bist du bereit?«

Sylvester will nicht Ja sagen, aber ihm fällt kein Grund ein. »Also sage ich Ja, und er gibt den Kameras das Startzeichen und sagt zu mir: ›Auf los geht's los.‹« Und schon ist er weg, der Einzige, der nicht am Fels angeseilt ist, als ob gleich ein Taifun losbrechen würde. Es ist ein geradliniger Sprung, keine Drehungen, kein Zögern. Nach wenigen Sekunden wirft er seine Skistöcke ab, und dann befindet er sich in der Luft, die Schwerkraft wirkt noch nicht auf ihn ein, als er über dem 800 Meter tiefen Nichts in der Luft zu stehen scheint.

Auch noch vierzig Jahre nach der Weitwinkelaufnahme dieser wenigen Sekunden, die von hohen, schneidenden Geigen (des Soundtracks von Marvin Hamlisch) unterlegt ist, drückt einen dieser schier unglaubliche Sprung und der Umstand, dass er kein Fake ist, tief in den Kinosessel. Und so sitzt man dann da, mit offenem Mund, und kann seine Augen nicht abwenden von diesem Gladiator im Angesicht des Todes.

Sylvester schrieb, er »habe ein bisschen Schwierigkeiten gehabt, sich in der Luft zu stabilisieren«, nachdem er die Skier abgeworfen hatte. Tatsächlich lässt er sich vom Wind in einen entspannten Rückwärtspurzelbaum blasen. Dann zieht ihn das Gewicht seiner Stiefel für einen qualvoll langen Moment in eine aufrechte Haltung, bevor er es schafft, sich bäuchlings zu positionieren und seinen Fallschirm zu öffnen. Die Sicht auf den unten liegenden Gletscher ist teilweise von Nebel verdeckt, sodass es scheint, als käme er aus der Stratosphäre.

Wie kann man das noch übertreffen? Indem der Fallschirm ein Union Jack ist. *Der Spion, der mich liebte* kam im Jahr des silbernen Thronjubiläums der Queen in die Kinos, und für viele Zuschauer war die Flagge auf dem Fallschirm einfach das Größte. Für mich war es der Sprung und die lange Stille beim Fall. Verglichen mit all den aufwendigeren Sprüngen, die es seitdem gab, sticht dieser durch seine unschlagbare, schlichte Perfektion hervor.

Es war der Sprung der Sprünge. Er war todesverachtend und lebensbejahend. Dass er von einem selbstzweiflerischen Amateur mit einem Abschluss in Soziologie und skandinavischer Literatur ausgeführt wurde, machte ihn nur noch bedeutender.

Der Sprung vom Mount Asgard hob Bond in den Rang der Götter. *Newsweek* nannte ihn den großartigsten Stunt in der Geschichte des Kinos. Beinahe hätte er es jedoch nicht in den Film geschafft, da der Helikopter den richtigen Bildausschnitt verpasste. Er fing ein, wie Sylvester Anlauf nahm, sonst aber herrlich wenig, da Sylvester so weit sprang und so schnell in die Bauchlage kam. Sylvester selbst tadelte sich dafür beinahe vom Moment der Landung an und tut es noch heute.

Nach dem Sprung kehrte die Crew nach Pangnirtung zurück, wo der Kameramann der Luftaufnahmen die schlechten Neuigkeiten verbreitete. Der Kameramann der seitlichen Aufnahmen war optimistischer. Er meinte, er habe alles auf Band. Sicher wissen konnte es jedoch keiner, da Filmmaterial verwendet wurde, das vor Ansicht in ein Labor eingeschickt werden musste, und das nächste Labor befand sich in Montreal. Der Film wurde also dorthin geflogen, und bald schon kamen glücklicherweise gute Nachrichten. Die zweite Kamera hatte genug eingefangen. Die Aufnahmen zeigten sogar, wie einer der Skier auf den Fallschirm aufschlägt, als dieser sich öffnet. Der Dreh musste nicht wiederholt werden, was Sylvester sofort ungemein erleichterte und was im Nachhinein eine noch größere Erleichterung ist, da er den Fallschirm, als er ihn wieder verstaute, falsch zusammenpackte. Er hätte nicht funktioniert, meint er. Und das kann er mit Sicherheit sagen, da sich der Fallschirm bei seinem nächsten Sprung in Kalifornien tatsächlich nicht öffnete. Er musste den Hauptschirm abschneiden und den Reserveschirm auslösen, der allerdings kein Union Jack war.

Glen und fast die gesamte Crew kehrten nach England zurück. Sylvester und ein Kletterkumpel blieben noch ein paar Tage in der Arktis. Nachdem sie andere dazu gebracht hatten, ihren Trip zum Mount Asgard zu bezahlen, versuchten sie, den Berg zu erklimmen. Das Wetter war jedoch nicht gut, daher wanderten sie zurück nach Pangnirtung und legten den restlichen Weg bis zum Fjord an Bord eines Bootes zurück.

Im darauffolgenden Jahr sahen sich Sylvester und seine Mutter eine Vorauffführung des Films in Los Angeles an. Er erzählt gerne die Anekdote, wie sich eine Frau am Ende der Eröffnungsszene zu ihrer Freundin beugt und flüstert: »Wie machen die das bloß?«

Die Freundin: »Sie benutzen Dummys.«

Mrs Sylvester dreht sich um: »Ja, meinen Sohn, den Dummie.«

Zurück in Squaw Valley, wurde Sylvester etwas mehr Respekt entgegengebracht. Unter seinen Bewunderern war der Sohn seines früheren Skilehrers Jim McConkey. Sein Name war Shane. Er war acht, als der Film herauskam, ein gutes Alter, um ihn zum ersten Mal anzuschauen, und er wurde internationaler Extremskisuperstar, der sich im Rampenlicht sonnte, wie Sylvester es nie getan hatte. Sein Steckenpferd war ein zweifacher Vorwärtssalto aus großer Höhe, wobei er die Skier anbehielt, um seinen Fallschirm früher öffnen und von niedrigeren Bergen als dem El Capitan oder dem Mount Asgard springen zu können.

Ihre erste Begegnung, so erinnert sich Sylvester, hat im Postamt in Squaw Valley stattgefunden, wo sie ihre Briefe abholten. McConkey fragte Sylvester nach seiner Schnellspannmethode mit Klettergurt, Holzstiften und Klettverschluss. Sylvester selbst bezeichnete sie mittlerweile als völlig antiquiert, doch McConkey wandte sie manchmal an. Eines dieser manchen Male war beim Dreh einer Parodie auf die Jagd auf Skiern aus *Der Spion, der mich liebte,* inklusive alberner, im Studio aufgenommener Nahaufnahmen von McConkey als Roger Moore. Ein anderes Mal wandte er sie bei einem Sprung für einen kommerziellen Sponsor vom Sass Pordoi in den Dolomiten an. Der Sass Pordoi sieht genauso überwältigend hoch aus wie der Mount Asgard, ist aber in Wirklichkeit niedriger. McConkeys geplanter Base-Jump war ein senkrechter Fall und absolut spektakulär, allerdings bloß aus 457 Meter Höhe. McConkey hatte Schwierigkeiten, seine Skier zu lösen. Als er es schließlich schaffte, befand er sich seit zwölf Sekunden im freien Fall. Und bis er sich in die Bäuchlingsposition bringen konnte, war es zu spät. Er prallte auf Schnee auf, bevor sich sein Fallschirm geöffnet hatte, und war auf der Stelle tot.

Beim Extremskifahren wie auch bei anderen Unterhaltungsformen muss die Show immer weitergehen. Teils aus Respekt für ihn sorgten McConkeys Freunde dafür, dass dem so war. 2015 sprang sein bester Freund und Weggefährte, JT Holmes, für die CBS-Nachrichtensendung *60 Minutes* von der Eigernordwand. Es war ein Sprung mit einem besonderen Dreh: Das erste Viertel sollte er mithilfe eines Gleitschirms auf Skiern den Berg hinunterfahren, dann 300 Meter vor dem Absprung den Gleitschirm abwerfen. Darauf folgten zwei Backflips, und erst dann öffnete er seinen Fallschirm. Alles verlief formvollendet – so tadellos, dass er gleich wieder auf den Berg stieg, um den Sprung zu wiederholen. Doch beim zweiten Mal löste sich einer der Skier nicht gleich. Es gab keine Backflips, nur angespanntes Warten darauf, ob er es schaffte.

Einer der Kameramänner von CBS beschrieb es für die Sendung: »Ich sehe, wie er in der Luft fliegt, und ich sehe, wie ein Ski runterfällt, aber den anderen sehe ich nicht. Es dauerte zwei Sekunden, bis er ihn loswurde. Ich filme das Ganze, und mein Herz schlägt wie wild ›Oh Gott, oh Gott, mach schon‹.«

Schließlich konnte er den Ski abwerfen und hatte noch Zeit, den Fallschirm zu öffnen. Doch seine Körpersprache zeigt ganz genau, was in ihm vorgeht. Er hängt kraftlos in seinem Geschirr, als ob all das Adrenalin, das durch seinen Körper strömt, da er dem Tod ein Schnippchen geschlagen hat, auf einmal aus ihm weicht. »Es war genauso furchterregend, wie ich mir das immer vorgestellt habe«, sagte er. »Es war ein wilder Ritt.«

Holmes lebt – wo auch sonst? – in Squaw Valley. Sylvester begegnet ihm manchmal und hofft, ihn irgendwann fragen zu können, ob ihm beim zweiten Sprung am Eiger der Gedanke kam: »Oh, genau so war es bei Shane.« Bisher ist es nicht zu dieser Gelegenheit gekommen. Unterdessen läuft Sylvester im Sommer Marathons, fährt im Winter in den Sierras Ski und freut sich geradezu unanständig darüber, noch immer selbst den Schnee von seinem Dach schaufeln zu können. »Ich habe begriffen, dass es nicht nur darum geht, ein großes Ding zu drehen, sondern darum, zu überleben«, sagt er. Er ist 76 Jahre alt.

Neun
Letzte Riten

*Statt der Sonne jedoch gab es Schnee, Schnee in Massen,
so kolossal viel Schnee, wie Hans Castorp in seinem
Leben noch nicht gesehen … Sie [die Schneemassen,
Anm. d. Ü.] waren monströs und maßlos, erfüllten das
Gemüt mit dem Bewusstsein der Abenteuerlichkeit und
Exzentrität dieser Sphäre. Es schneite Tag für Tag und
die Nächte hindurch …*

Thomas Mann, *Der Zauberberg*

Früher einmal war Davos ein anderes Wort für Schnee. In einem tiefen, breiten Tal gelegen, 160 Kilometer von Zürich entfernt, war es Schauplatz und Inspiration für die winterliche Traumlandschaft, die Thomas Mann für seinen Hans Castorp in *Der Zauberberg* entwarf. Später wurde der Ort Gastgeber für das Weltwirtschaftsforum, das Unternehmer und Idealisten an einen Tisch bringt, und das in einem Gebäude, das von der Natur völlig abgeschnitten ist. Davos ist auch der Heimatort des Schweizer Instituts für Schnee- und Lawinenforschung. 2017 veröffentlichte das Institut eine Abbildung, die die Studie über die Schneeprognosen für die Skiorte des Landes begleitete.

Die Aussichten waren miserabel, genau wie die Abbildung. Im Zentrum desselben stand die Bergstation der Standseilbahn im Skigebiet Parsenn bei Davos. Daneben ein kurzes Stück der Skipiste. Die Piste war weiß, doch der Berg an jeder Seite braun. Die Anzahl der Skifahrer wurde von der der Schneekanonen übertroffen – es waren neun. Der Text von Dr. Christof Marty entwarf drei bis ins kleinste Detail ausgearbeitete Szenarien für Schweizer Schneemengen im verbleibenden 21. Jahrhundert. Das erste beruhte auf Hoffnung: Ein internationaler Plan zur Reduzierung des Kohlenstoffdioxidausstoßes halbiert die Emissionen bis zum Ende des Jahrhunderts auf den Wert von 1990. Die beiden anderen beruhen auf Tatsachen. Das eine nimmt ein rapides wirtschaftliches Wachstum an, eine Stabilisierung der Weltbevölkerung und einen Mix aus erneuerbaren und fossilen Energien. Das andere geht von einer niedrigeren wirtschaftlichen Wachstumsrate aus und von einer sich kontinuierlich vergrößernden Weltbevölkerung. Die Studie geht von einer Verbindung zwischen Emissionen, Temperatur und Schneefall aus und prognostiziert dann Durchschnittsschneehöhen für eine ganze Reihe an Höhenlagen über dem Meeresspiegel, und das für die unmittelbare Zukunft, die Mitte und das Ende des Jahrhunderts. Das Fazit fiel ernüchternd aus: »Die Prognosen zeigen eine Abnahme der Schneedecken für alle Höhenlagen, Zeiträume und Emissionsszenarien.«

In allen Szenarien waren die am stärksten betroffenen Orte die, die zwischen 1500 und 2500 Meter über dem Meeresspiegel lagen. Anders ausgedrückt: die Mehrzahl der schweizerischen Skiresorts. Sogar auf 3000 Metern und mit großen Emissionseinsparungen wird die Schneemenge bis zum Ende dieses Jahrhunderts halbiert werden.

Der Aufsatz wurde nicht ohne Interesse aufgenommen – die Schweiz hängt vom Schnee ab –, doch sein Tonfall war trocken und distanziert. Es gibt nur zwei Hinweise auf eine menschliche Gefühlsregung: einmal bei der Hochrechnung künftiger »Schneetage«, die als Tage mit mindestens fünf Zentimeter Schnee am Boden definiert werden, da dies »hinsichtlich des Wintertourismus die minimale Schneehöhe ist, um Wintergefühle zu wecken, einen Schneemann zu bauen oder Schlitten zu fahren«; und noch einmal im Titel: *Wie viel können wir retten?*

Es ergibt keinen Sinn, sich etwas schönzureden. So, wie es momentan läuft, könnte die Antwort lauten: nicht viel. Die Schweiz versucht, ihren Schnee zu retten, wo und wie auch immer sie kann. Tausende Tonnen Schnee werden in reflektierende weiße Polyethylenfolie geschippt, um die Chancen zu erhöhen, dass er den Sommer übersteht und in der nächsten Saison zur Schneedecke beitragen kann. Es werden sogar Gletscher eingehüllt. Das Land behandelt die Symptome des Schneerückgangs, da Teamwork mit anderen Ländern, für die weniger auf dem Spiel steht, nötig wäre, um die Ursachen zu bekämpfen. Bis die Länder Hand in Hand arbeiten, wird, was einst als gegeben angenommen wurde, seltener und wertvoller werden.

Solange es so weitergeht wie jetzt, werden Diskussionen darüber, wer Schuld trägt, erbitterter geführt werden, als es bereits heute der Fall ist. Unternehmen, die von Schnee abhängen, werden immer sparsamer wirtschaften müssen oder pleitegehen. Unternehmen, die überstehen, werden florieren. Die Schweizer Bürger werden sich wohl einfach anpassen. Sie werden nicht unbedingt ihr Interesse am Schnee verlieren. Vielleicht gibt es nicht mehr genug, um darauf hinabzugleiten oder um darauf nach einem Sprung von einem Berg zu landen, aber es wird genug geben, um nach ihm zu suchen und sich daran zu erfreuen, wenn man ihn findet. Schnee wird zur Kostbarkeit, was wir schon wissen, da all das bereits passiert.

Im Spätherbst 1933 wandte sich ein Vertreter des Scottish Mountaineering Clubs mit besorgniserregenden Neuigkeiten an die *Times*. Das Schneefeld Garbh Choire Mor in den östlichen Bergen der Cairngorms war geschmolzen. Schriftliche Aufzeichnungen über das jährliche Fortbestehen des Feldes reichen bis in die 1840er zurück. In den Jahren zuvor hatte der Club geglaubt, er könne auf das Wort der Wildhüter und Jäger in den Grafschaften Banffshire und Inverness-shire vertrauen, das seit 1700 von Generation an Generation weitergegeben wird.

Besagtes Schneefeld, am Fuß eines Berges in einem nach Norden hin ausgerichteten Bergkessel gelegen, sieht beinahe nie die Sonne und war dafür bekannt, das langlebigste in ganz Schottland zu sein. Manche behaupteten, es sei während der Kleinen Eiszeit ein Gletscher gewesen. Doch unter oder um das Feld finden sich wenige Nachweise wie zerkleinerte Steine, die Gletscher üblicherweise hervorbringen. In den meisten der vergangenen 10 000 Sommer war es wohl bloß ein Schneefeld. Nicht, dass das verhindert hätte, dass es Objekt obsessiven Interesses von Schneefeldenthusiasten geworden wäre, die durch die sozialen Medien und von ihrer Liebe für diese bedrohte Spezies zusammengeschweißt werden. Nach einem oberhalb liegenden Fels nennen sie das Feld die Sphinx, doch sie folgen auch anderen Schneefeldern. Es gibt Jahre, in denen Hunderte den Sommer überstanden haben; heutzutage übersteht in manchen Jahren keines.

Sie sind bescheidene Gebilde, diese Schneefelder. Vor allem aus der Ferne betrachtet. Was einer der Gründe zu sein scheint, warum Menschen sie gernhaben. Ein anderer ist der, dass sie für Überraschungen gut sind. Von einem gegenüberliegenden Tal aus mögen sie nur aussehen wie ein »Spritzer Eiscreme«, sagt Iain Cameron, ein Luftfahrtingenieur, der die Facebook-Seite »Schneefelder in Schottland« als Hobby pflegt. Aus der Nähe betrachtet, sieht man, dass sie bis weit in den Sommer eine erstaunliche Höhe beibehalten. Wenn sie schmelzen, werden sie gewellt wie gehämmertes Metall. Und im Juli offenbaren sie den Neugierigen ihr Innerstes, da es Tunnel gibt, die groß genug sind, um hineinzukrabbeln. Diese entstehen dadurch, dass Schmelzwasser vom Berg unter ihnen hinuntersickert. Findet warme Luft ihren Weg hinein, können sie zu gewölbten, mit blauem gebrochenem Licht gefüllten Kammern anwachsen.

Seit 1933 war Schottland nur in den Jahren 1953, 1959, 1996, 2003, 2006 und 2017 schneefrei, und dann nur kurz am Ende des Herbstes. Der Winter von 2014 auf 2015 war einer der schneereichsten innerhalb von fünfzig Jahren. 2016 überstanden 678 Felder den Sommer. Doch die Jahre, in denen sie schmelzen, nehmen zu. Wie auch das öffentliche Interesse an ihnen.

Cameron ist daran gewöhnt, interviewt zu werden, und auch an die Frage, was Schneefelder an sich haben, dass er sich an den meisten Wochenenden zwischen Mai und November in die Hügel aufmacht, um nach ihnen zu suchen. Er sagt, es sei die Faszination »darüber, wie sie irgendwie, gegen alle Widerstände, überdauern«. Er interessiert sich aber auch für die Wissenschaft des Schmelzens. Ein zehn Meter hohes Feld, das vielleicht durch eine hinabgestürzte Schneewehe entstand, wird nur halb so lange Bestand haben wie eines von nur fünf Meter Höhe, das aber um einiges länger ist. Das Verhältnis von Volumen zu Oberfläche ist bei Letzterem viel höher, weswegen es sogar einen ungewöhnlich heißen Sommer überstehen kann.

2017 war der Winter nicht sonderlich schneereich, und der Sommer war warm. Bis Ende September war die Sphinx bis auf ein paar große Platten geschmolzen, von denen keine groß oder stabil genug war, um sich daraufzulegen. Cameron wanderte in die Berge, um sich von ihnen zu verabschieden, und wurde dabei fotografiert, wie er eine der Platten hochhält wie ein großes silbernes Tablett. Er sagte, am nächsten Tag sei sie hinüber, und so war es.

Ich fragte mich, ob sich das Interesse an schottischen Schneefeldern auch auf andere Länder übertragen ließe. Als gläubiger Schnee-Internationalist hoffte ich darauf. Wie sich bald herausstellte, war meine Hoffnung nicht unberechtigt.

Es gibt ein paar andere saisonunabhängige Schneephänomene, zu denen Cameron gerne reisen möchte. Eines davon ist das 1700 Jahre alte Kuranosuke-Schneefeld auf dem Tateyama in Japan. Diesem und zwei anderen japanischen Schneefeldern wurde vor Kurzem der Status eines Gletschers zugesprochen, da man tief im Inneren der Felder fossiles Eis (im Gegensatz zu Firn) gefunden hat. Es gibt aber auch Gründe, die gegen diese Beförderung sprechen. Zum einen wurde das Eis von einem »eigens für diese Aufgabe abgestellten« Professor für Stratigrafie an der Shinshu University als fossiles Eis eingestuft. Zum anderen räumt ebendieser Professor ein, die Schneefelder würden »irgendwie immer kleiner werden«.

Die gängige Meinung zu Gletschern in Japan war bisher, dass es sie einfach nicht gibt. Dass nur, weil Japan ein Land ist, in dem es sehr viel schneit, das nicht heißt, dass es auch Gletscher geben muss. Tatsächlich sind die Berge verglichen mit denen der Alpen niedrig. Das Land liegt auf keinem sonderlich hohen Breitengrad, und seine Sommer sind warm und windig – eine äußerst effektive Kombination, um Schnee zum Schmelzen zu bringen.

»Es gibt in Japan derzeit keine Gletscher«, schrieb Professor Teiji Watanabe von der University of Colorado in Boulder. Es existieren beständige Schneefelder, aber nur wo Treibschnee und Lawinen zusätzlich zur Höhe des Schnees vor Ort beitragen, üblicherweise im Windschatten mächtiger Gipfel im Hochland Hokkaidos und den nördlichen Japanischen Alpen. Damit sie den Sommer überstehen, müssen sie eine Höhe von 15–20 Metern erreichen, und das schafft selbst der beeindruckende Schneefall Japans nicht allein.

Gletscher brauchen das ganze Jahr über Temperaturen unter null. Normalerweise steigen die Temperaturen an ihrem schmalen auslaufenden Ende, der Gletscherzunge, im Sommer über den Gefrierpunkt, aber im Akkumulationsgebiet, dort, wo sich der Schnee ansammelt, muss es kalt bleiben, oder es gibt keine Schneemassen. Die durchschnittliche Lufttemperatur im Sommer in Hokkaido fällt nur auf über 4000 Metern unter den Gefrierpunkt, in den nördlichen Alpen auf über 3000 Metern. Und ganz egal, wie sehr sie es auch versuchen, diese Höhe erreichen Japans Berge einfach nicht. Verkleinern sich ihre Schneefelder, passt das leider zu einem Muster. Ein Temperaturrückgang um zwei Grad würde sie (und die Sphinx) im Handumdrehen in solide, wachsende Gletscher verwandeln. Die Realität ist aber ein Temperaturanstieg um etwa ein halbes Grad seit dem Zweiten Weltkrieg, und das bringt die Schneefelder zum Schwitzen.

Das Kuranosuke-Schneefeld wird vorerst noch eine Weile überdauern. Könnte das Gleiche doch nur für die Schneefelder des Ruwenzori-Gebirges gesagt werden, das sich vom Regenwald im Herzen Afrikas bis in die oberen Schichten der Troposphäre erhebt. 200 Jahre vor Jesus und ohne sie je gesehen zu haben, nannte Ptolemäus diese eigentümlichen, wolkenumhüllten Gipfel Mondberge. Er bediente sich einfach eines ägyptischen Mythos, demzufolge die Berge die ewigen Quellen bergen, die den Nil speisen. 2000 Jahre lang glaubten ihm die Menschen. Tatsächlich aber gibt es keine ewigen Quellen – im Gegensatz zu ewigem Eis in schwindelerregenden Höhen. Um es zu erreichen, muss man den Regenwald hinter sich lassen und eine Woche lang durch Bambushaine laufen und durch ein afrikanisch-alpines Wunderland aus gigantischen Erikagewächsen und Riesenlobelien. Wenn die Wolken aufreißen, können die unten Stehenden einen kurzen Blick auf den Schnee erhaschen.

Am Ruwenzori-Gebirge, 50 Kilometer nördlich des Äquators, treffen die Grenze Ugandas und die der Demokratischen Republik Kongo aufeinander, beide Länder möchte Cameron gerne bereisen, um Schnee zu sehen, der trotz aller Widrigkeiten überdauert. Er wird sich sputen müssen. Unter dem Schnee auf den Bergen liegen Gletscher, doch seit 1906, als zum ersten Mal ein Europäer seinen Fuß auf sie setzte, haben sie 85 Prozent ihrer Oberfläche eingebüßt.

Die sechs Hauptgipfel des Gebirges wurden früher von Gletschern umkränzt. Doch heute gibt es nur noch auf den beiden höchsten Bergen welche, und die sind zu zurückhaltenden weißen Bändern geschrumpft, wie der weiße Kollar am Priesterhemd, darauf bedacht, sich einzufügen.

In der Regenzeit fällt Schnee noch auf über 4000 Metern, steigen die Lufttemperaturen jedoch weiter an, wird er nur noch auf 5000 Metern fallen, oder höher. Die Gletscher, die von dem Schnee genährt wurden, werden bis spätestens 2030 verschwunden sein. Diese Vorhersage basiert auf der Rückgangsrate der Gletscher im letzten Jahrhundert. Vielleicht erweist sie sich als alarmistisch, das wäre wunderbar. Doch der Zustand des Schnees in anderen Höhenlagen der Welt unweit des Äquators legt das Gegenteil nahe.

1987 fuhr ich, ausgerüstet mit einem Rucksack und einem Freund von der Uni, auf einer in Bolivien von Gringos häufig genutzten alten Schotterpiste in einem Jeep aus La Paz in Richtung Norden. Sie führte uns zum Chacaltaya und damit zu der höchstgelegenen Skipiste der Welt. Man sagt, der Name Chacaltaya beziehe sich auf die Straße und bedeute auf Aymara »kalte Straße«. Doch an ihrem Ende lagen ein Gletscher, ein Schlepplift und eine Hütte, und sie alle trugen ebenfalls diesen Namen. Die Hütte stand und steht noch heute auf lungenberstenden 5300 Metern Höhe. Der Gletscher war nicht gerade überwältigend; er hatte nie eine Schlucht in den Berg geschnitzt, sondern lag wie ein Pfannkuchen auf der Piste, wenngleich ein recht ansehnlicher Pfannkuchen mit einer Länge von gut eineinhalb Kilometern und einer Breite von 400 Metern. Der Lift war außer Betrieb, was daher rührte, dass wir mitten unter der Woche in der Trockenzeit dort waren, wenn kein frischer Schnee fällt, und obendrein waren wir die einzigen Menschen vor Ort. Wir hatten keine Ahnung davon, dass sich der Chacaltaya-Gletscher im letzten Zehntausendstel seiner 18 000 Jahre während Existenz befand. Niemand wusste das. Er war seit den 1940ern auf dramatische Weise geschrumpft – um die Hälfte –, aber man prophezeite ihm mindestens weitere 50 Jahre.

Zwanzig Jahre später, im Jahr 2007, war klar, dass dies optimistisch gewesen war. Der Lift hatte die letzten Skifahrer 1998 nach oben befördert. Eis, das 2001 noch die Fläche mehrerer Fußballfelder bedeckt hatte, war zu zwei einzelnen traurigen Feldern zusammengeschmolzen. Als ob die Natur einen weiteren Denkzettel austeilen wollte, war der Gletscher auf die Größe eines Miniaturmodells des Aralsees geschrumpft. Sogar die, die den Chacaltaya am besten kannten, sagten, er würde auf irgendeine Weise bis 2015 überstehen, doch nur zwei Jahre später war er verschwunden. Am Ende der Straße war nichts zu sehen als Schiefergestein. Da war einfach nichts. Nada. Niente.

Ein oder zwei Tage lang berichteten die internationalen Medien darüber. Fotos wurden aus Archiven ausgegraben, von denen einige eine erstaunliche Ähnlichkeit mit dem tristen Bild unverbesserlicher Skifahrer auf einem Streifen künstlichen Schnees in Davos aufwiesen, das die SLF 2016 veröffentlicht hat. Der größte Unterschied zwischen den Aufnahmen war, dass da, wo beim Chacaltaya ein Seillift ist, in Davos eine glänzende Bergbahn fährt. Jedes Jahr im Januar werden die Plutokraten von dieser Bahn nach oben zum Weltwirtschaftsforum befördert, in die glitzernde Berglandschaft, die schon Hans Castorp überwältigte und am Ende verführte. Bis dahin ist bereits genug Schnee in der Saison gefallen, um Besucher zu beeindrucken – um »Wintergefühle zu wecken«, wie Christoph Marty es ausdrückte. Was aber, wenn die Wettergötter sich in einem der kommenden Jahre verweigern, Davos sogar Mitte Januar mit Schnee zu segnen? Was, wenn der gesamte Ort karg und braun ist für das WEF? Was werden die Plutokraten dann denken?

Es ist nur noch eine Frage der Zeit, und es ist etwas, was mich oft beschäftigt. Ich habe sogar einen wiederkehrenden Traum, in dem eine Bergbahn voller Milliardäre entsetzt darüber, dass Davos völlig schneefrei ist, beschließt, zu zahlen, was immer nötig ist, damit der Schnee aus seinem eisigen Versteck zurückkommt, hinunter in die Postkartendörfer, wo er hingehört.

Es gibt Probleme mit diesem Traum. Zum einen: Er ist ein Traum. Außerdem – es sei denn, der Anschein täuscht – mögen Plutokraten lieber Golf als Schnee. Wahrscheinlich werden sie auf mangelnden Schnee nicht mit Entsetzen reagieren. Bis sich das ändert oder eine Weltrevolution die klimatologische Macht in die Hände der Völker legt, wird immer deutlicher werden, dass Schnee nur noch an den höchsten Orten der Welt liegen bliebt. Und anstatt ihn wieder von den Bergen hinabzubringen, werden Menschen neue Wege suchen, nach oben zu gelangen.

Zehn

Alpine Ingenieurskunst

Wenn ich vor Gott stehe, wird der Ewige mich fragen:
»Hast du meine Alpen gesehen?«

Rabbiner Samson Raphael Hirsch

Die Straße, die vom Dorf Krasnaja Poljana in die Berge führt, war früher ein Ziegenpfad. Sie windet sich aus dem Msymtatal hinauf, wo es sogar im Frühjahr und Herbst heiß sein kann. Während sie sich durch einen Nadelholzwald schlängelt, wird sie kühler, und erreicht man die mit Erika bewachsenen oberen Hangseiten des Westkaukasus, nimmt die Steigung ab. Im Februar 2000 änderte sich das Leben an diesem idyllischen Flecken Russlands: Der amtierende Präsident Wladimir Putin ließ sich von einem Konvoi schwarzer SUVs dorthin chauffieren. Putin liebt Schnee, vor allem als Ausdruck der nationalen Identität Russlands. Am Ende der Straße stieg er in einem roten Skianzug aus und erklärte, dieser Teil des Landes sei mit den besten Skigebieten der Alpen vergleichbar. Es war sein erster Auftritt als echter Macker-Typ. Es gab nicht die geringste Spur von Schnee am Boden, was nicht sonderlich überraschend ist, bedenkt man, dass Sotschi, wo der Msymta in das Schwarze Meer mündet, ein subtropischer Badeort ist. Noch wussten Putins Landsleute nicht, wie ernst sie seine patriotische Prahlerei nehmen sollten, doch das sollte sich bald ändern.

Seit dem Zusammenbruch des Kommunismus waren ein paar schlichte Skianlagen über Krasnaja Poljana gebaut worden. Unterdessen hatte Putin im Westen Geschmack am Ski-fahren gefunden. Es machte ihm Spaß, und er selbst hielt sich für ein wahres Naturtalent. Doch er missbilligte die Kolonialisierung Courchevels durch die Oligarchen und war vom Gedanken, ein russisches Ski-Mekka zu errichten, das Europa auf seinen Platz verweisen sollte, beseelt. Voller Eifer schüchterte er zunächst seine politischen Rivalen ein und machte sich daran, die tschetschenischen Separatisten niederzuschlagen. Dann reichte er die Bewerbung für die Olympischen Winterspiele ein.

Wie bereits Alexander Cushing 50 Jahre vor ihm, stellte Putin übertriebene Behauptungen über das Schneevorkommen an dem Ort auf, wo die Spiele ausgetragen werden sollten. Bedenken bezüglich der Infrastruktur schob er beiseite. Und er gewann. Seiner Regierung wurde bald klar, dass man in kürzester Zeit eine große Anzahl an Skilifts bauen müsste. So wandte man sich an ein privates auf Skilifts spezialisiertes Unternehmen mit Sitz in Wolfurt, einem ruhigen österreichischen Städtchen am Südzipfel des Bodensees. Die Doppelmayr/Garaventa-Gruppe war eindeutig der richtige Kandidat. Putin beherrschte sogar die Sprache, da er als Spion Deutsch gelernt hatte. Die Firma sagte gerne zu, die Größenordnung ihrer russischen Einkünfte diskret zu behandeln, und sie verfügte außerdem über unübertroffene Expertise darin, Menschen dorthin zu befördern, wo Schnee liegt.

Für wohlhabende Kunden bot Doppelmayr besondere Leistungen an. Kurz vor Unterzeichnung der Sotschi-Verträge hatte das Unternehmen den Bau einer Luftseilbahn abgeschlossen, die die beiden Skigebiete Whistler Mountain und Blackcomb Peak in British Columbia über eine vier Kilometer lange Strecke miteinander verbindet. Damals war es die weltweit höchste Seilbahn mit der längsten freien Spannweite. Die Peak 2 Peak Gondola fährt an vier Tragseilen, von denen jedes 90 Tonnen wiegt. Es dauerte ein ganzes Jahr, die

Seile aufzuwickeln. Wenn die Kabinen in 436 Metern Höhe – das entspricht der Höhe des Eiffelturms – über dem Fitzsimmons Creek gondeln, sind sie locker hoch genug, dass ein Fallschirmsprung von ihnen gewagt werden kann, was ein Base-Jumper bei der Eröffnungsfeier auch tat.*

Im Vorfeld hatte Doppelmayr die Galzigbahn in St. Anton zum Fahrgeschäft umgebaut, um Skifahrern den Aufstieg zu ersparen: Jede Kabine wird, sobald sie in die Talstation eingefahren ist, auf zwei »Riesenräder« aufgesetzt und etwa acht Meter abgesenkt, sodass die Fahrgäste ebenerdig ein- und aussteigen können.

Die sonst so nüchternen Ingenieure aus Wolfurt schienen ihr Händchen für protzige Projekte entdeckt zu haben und kamen auf den Geschmack.

2012 lieferten sie die welterste Cabrio-Bahn, eine zweistöckige Bergbahn mit offenem Verdeck, die auf das Stanserhorn in der Zentralschweiz hinauffährt. Zuvor hatte das Unternehmen bereits die steilste Standseilbahn der Welt konstruiert, in der die Fahrgäste immer in der Waagerechten bleiben, da die Kabinen die Form von Trommeln haben und sich der Steigung anpassen. Auch der ausgefallene 120 Millionen Euro teure Skyway Monte Bianco, der zwei Stationen anfährt, geht auf das Konto des Unternehmens. Mit dem Weinkeller in Höhenlage und einem 150 Meter langen Flucht-

---

* Es gib eine Anekdote vom Bau der *Peak 2 Peak Gondola*, die es, obwohl sie nichts mit Schnee zu tun hat, wert ist, erzählt zu werden. Auf ihrem Transport mit der Bahn vom Hafen in Vancouver im Bundesstaat Washington zum Whistler strandeten die 90 Tonnen schweren Seilspulen auf einem Rangiergleis, da der Vorsitzende der Canadian National Railway (CN) die Entladezone mit seinem Privatzug blockierte. Er verbrachte gerade seinen Golfurlaub in British Columbia. Herman Arns, der Logistikchef, der dafür verantwortlich war, die Seile zu liefern, investierte prompt eine große Summe aus dem Pensionsfonds seiner Angestellten in CN-Railway-Aktien, rief dann die Investorenhotline des Unternehmens an und forderte als Anteilseigner, zum Vorsitzenden durchgestellt zu werden. So geschah es. Der Zug des Vorsitzenden setzte sich am gleichen Nachmittag noch in Bewegung.

tunnel wurde er vielleicht eigens dafür gebaut, dem Despoten à la Blofeld zu gefallen, zu dem Putin sich nach und nach entwickelte.

Für das Geschäft, das Menschen auf Berge zum Schnee hinaufbefördert, sind diese Kaliber die Ritter in strahlender Rüstung; es sind die Drohnen, die der Bienenkönigin dienen; die Lockvögel, die sich vielleicht nie selbst tragen, uns dafür aber zum Schnee bringen, in den Worten des unsterblichen Will Jennings: »Up where we belong.«

Der Einstiegspreis für eine Seilbahn oder eine Mega-Gondel auf dem Stand der Technik des zweiten Jahrzehnts des 21. Jahrhunderts liegt bei etwa 45 Millionen Euro, anders ausgedrückt: fünfmal so viel wie ein PGA-Golfplatz auf Weltklasseniveau inklusive Clubhaus. Ein Grund dafür, warum die Skyway mehr als doppelt so teuer war, ist die Länge ihrer Strecke; sie fährt drei Viertel des Weges bis zum Mont Blanc hinauf.

Ein weiterer Kostenfaktor ist ihr brüchiges Ziel. Sie kommt auf einer Bergspitze aus Granit an, der Pointe Helbronner, der der Aiguille du Dru auf der gegenüberliegenden Seite des Mont-Blanc-Massivs geologisch ähnelt. 2005 wurde ein Teil der du Dru, der Bonattipfeiler, eine Granitsäule von der Größe eines ansehnlichen Hochhauses, geradezu pulverisiert. Er war vom schmelzenden Permafrost geschwächt und fiel einfach vom Hauptberg hinab ins darunterliegende Tal. Ein ortsansässiger Geomorphologe, Ludovic Ravanel, beschrieb, was passiert war: »Das Eis hält das brüchige Gestein wie Kitt zusammen. Wenn die Temperaturen aber ansteigen und sich 0 °C annähern, lässt seine festigende Kraft nach.«

Die Spannung auf den Seilen der Seilbahnen ist immens und lässt nie nach. Stellen Sie sich ein Kreuzfahrtschiff vor, das aus einem Hafen ausfährt, aber vergessen hat, loszumachen, und das, anstatt Abhilfe zu schaffen, beschließt, seinen

Kurs zu halten und seine Maschinen 50 bis 100 Jahre laufen zu lassen. Die Poller müssten äußerst fest am Hafen angebracht sein. Ähnlich erging es den Baumeistern der Skyway, die es nicht riskieren konnten, die Pointe Helbronner aus der Mont-Blanc-Gruppe zu reißen. Die Bergstation musste am Berg verankert werden, ohne ihn zu zerstören. Sprengmittel waren keine Option, da das Gestein vom frierenden und wieder schmelzenden Eis geschwächt war. Stattdessen wurde ein Schacht bis ins Grundgestein hinunter gebohrt, wie ein gigantischer Wurzelkanal mit 80 Metern Tiefe und acht Metern Breite. Der Schacht wurde dann mit einer einen Meter dicken Zementschicht ausgekleidet und das Gebäude der Bergstation daran und nicht direkt am Fels verankert.

Um die vier Tragseile nach oben zu schaffen, war an einem Helikopter russischen Fabrikats mit gegenläufigen Drehblattrotoren das Ende eines acht Millimeter starken und zwei Kilometer langen Stricks angebracht. Dieser Strick war mit einem zweiten, dickeren Strick verbunden und der wiederum mit dem Hochleistungsseil, sodass es langsamer als in Schrittgeschwindigkeit auf die Seilwinden am Berg aufgewickelt werden konnte, die auseinandergebaut zum Gipfel geflogen worden waren.

Ein Großteil des Seils musste im Winter aufgewickelt werden. Es war so kalt, dass die Arbeiter alle zehn Minuten zu einer Pause gezwungen waren, um sich aufzuwärmen.

Die vollendete Skyway war zu einem gewissen Grad Balsam für verletzten Stolz. Hinsichtlich maschinenbaulichen Fortschritts hatte die italienische Seite des Mont Blanc 60 Jahre lang im Schatten der Franzosen gestanden. Man konnte es einfach nicht mit der geradezu unverschämt tollkühnen Seilbahn auf die Aiguille du Midi aufnehmen, die auf 3800 Meter emporstieg und in ihren Anfängen sogar noch moralische Überlegenheit für sich beanspruchen konnte: Der Historiker Denis Cardoso behauptet, Juden hätten auf dem

Bau einen sicheren Arbeitsplatz gefunden, der sie im Zweiten Weltkrieg vor den Fängen des Vichy-Regimes geschützt habe.

Die Skyway hat den Zorn von Umweltschützern auf sich gezogen, da sie so grob in die stille Pracht der Gletscher eindringt. Für Italien ist sie aber dennoch ein Grund, sich zu brüsten. Mit ihr hat man unkomplizierten Zugang zu einem neuen Drehort* gewonnen, ebenso wie zu einer spektakulären Umgebung für Off-Piste-Skifahrer.

Gäbe es sie auch ohne Schnee? Eigentlich spricht nichts wirklich dafür. Der grundlegende Zweck alpiner Ingenieurskunst ist es, Schnee in menschliche Reichweite zu bringen. Die absurd anmutenden Luxusprojekte werden dadurch gerechtfertigt, dass die Menschen die Kosten durch ihre Nutzung wieder in die Kassen spülen. Schnee steht bei den CGI-Visualisierungen und E-Broschüren, mit denen die Projekte von Herstellern an Auftraggeber und von Auftraggebern an Kunden verkauft werden, im Vordergrund. Der Schnee ist nichts anderes als weißes Gold. Schnee war die eine Sache, derer sich Wladimir Putin in Krasnaja Poljana nicht sicher sein konnte, doch seine Genossen beauftragten Doppelmayr trotzdem mit dem Bau von 35 Lifts. Innerhalb von drei Jahren. Einschließlich der längsten und schnellsten 3S-Bahn der Welt.

Das »S« in 3S steht für Seil. Es handelt sich hierbei um Seilbahningenieursjargon für eine Gondelbahn auf Steroiden, bei der jede einzelne Kabine nicht nur an einem, sondern an drei Seilen aufgehängt ist – eines zum Ziehen und zwei, um ihr Gewicht zu stützen. Im Fall der 2,3 Kilometer langen Bahn zum Olympischen Dorf in Krasnaja Poljana wünschte der Bauherr, die Kabinen sollten durch Autos ersetzt werden. Doppelmayr kam dem gerne entgegen.

* *Kingsman 2*

Doch das Wetter machte dem Auftraggeber einen Strich durch die Rechnung, auch wenn der eigentlich keinen Grund hatte, sich darüber zu wundern.

Eine grundlegende Eigenschaft der Natur, die auch einen Großteil des Schnees auf unserem Planeten erklärt, ist, dass es umso kälter wird, je höher man geht. Bei diesem Phänomen handelt es sich um den adiabatischen Temperaturgradienten – er gibt die Temperaturänderung kalter Luft an, die nach oben steigt, ohne Wärmeenergie mit ihrer Umgebung auszutauschen, wie beispielsweise durch Sonnenstrahlen oder einen eisigen Windstoß. Der Gradient beträgt 5 °C pro Höhenkilometer für feuchte und 10 °C für trockene Luft. Der Unterschied erklärt sich daher, dass die Feuchtigkeit feuchter Luft beim Aufsteigen kondensiert und dabei Wärme abgibt und den Prozess verlangsamt. (Wandelt man eine Flüssigkeit in ein Gas um, benötigt man Energie. Bei der Umkehrreaktion – einschließlich Wasserdampf, der zu Wolken und schließlich in Regen umgewandelt wird – wird Energie freigesetzt.) Die zugrunde liegende Kühlung ergibt sich aus dem Gesetz von Boyle-Mariotte, demzufolge die Temperatur eines vorgegebenen Volumens von Gas fällt, wenn sich das Volumen verringert. Das Fazit: Wenn in Nizza Strickjackenwetter angesagt ist und in den nördlich davon gelegenen Bergen Wolken, sollten Sie genau dorthin fahren. Es wird Schnee geben.

Nizza wäre ein vernünftiger Austragungsort für die Olympischen Winterspiele. 2014 wiesen Befürworter für den Austragungsort Sotschi sogar darauf hin, dass beide Städte Badeorte auf einem ähnlichen Breitengrad seien. Wäre Nizza der Gastgeber, würde man die Spiele im nächstgelegenen richtigen Skiresort abhalten, das auf über 2000 Metern Höhe liegt. Dank der adiabatischen Zustandsänderung liegen die Durchschnittstemperaturen im Skigebiet Isola 2000 unter dem Gefrierpunkt. Krasnaja Poljana liegt dagegen auf 560

Metern. Die meisten Skiveranstaltungen wurden während der Winterspiele in Sotschi an höher gelegenen Orten ausgetragen, aber immer noch einen Kilometer Luftlinie unter Isola 2000.

In einem außergewöhnlich kalten Jahr hätte das vielleicht keine Rolle gespielt. Der Westkaukasus bekommt die Auswirkungen des Kontinentalklimas Russlands zu spüren wie das Schnalzen des Schwanzes eines sibirischen Tigers, aber nur selten. Gewöhnlich ist in Sotschi im Februar Frühling. Die vorherrschenden Winde, die durch das Flusstal des Msymta ins Land hineingeblasen werden, sind warm. Während sie nach oben steigen, kühlen sie ab, man kann sich jedoch nicht darauf verlassen, dass sie gefrieren, bevor sie weit über der Stelle ankommen, an der Putin die Bedeutsamkeit des russischen Skisports verkündet hatte.

Der Februar 2014 war wärmer als sonst. Die olympischen Gastgeber glaubten, sie wären auf dieses Szenario bestens vorbereitet, hatten sie doch einen Schneeberater aus Finnland namens Mikko Martikainen engagiert. Letztendlich hätten sie ebenso gut Irving P. Krick oder die Schneetänzer der Westlichen Schoschonen anheuern können.

Martikainen tat, was in seiner Macht stand. Auf sein Geheiß hin waren 45 000 Kubikmeter Schnee des Vorwinters in abgeschirmten Rinnen gelagert worden, ganz in der Nähe der Startpunkte der Downhill-Strecken der Männer und Frauen, hoch über dem klammen Talboden. Er war mit dicken, isothermen Planen abgedeckt, was nicht so verwunderlich ist, wie es klingen mag, denn es ist genau genommen fortschrittlicher als der Gebrauch von Polyethylenfolie in der Schweiz. Ein Schneeschutz-Team, das mit der Universität Innsbruck zusammenarbeitet, behauptet, es habe auf dem Stubaier Gletscher im österreichischen Tirol dadurch, dass es ein zehn Hektar umfassendes Gebiet am Fuße des Gletschers von Mai bis Oktober mit einem fünf Millimeter dicken, weißen Polyestervlies abdeckte, insgesamt zehn Meter Schnee bewahren können.

Martikainen beaufsichtigte auch eine Anlage zur Schneeproduktion, die selbst bei Temperaturen über null aufbereitetes Abwasser angeblich in Schnee umwandeln konnte. Die Technologie für so etwas existiert tatsächlich. Die Produktion ist teurer und energieintensiver als die konventionelle Erzeugung von Schnee, für die man auf natürliche Weise abgekühlte Luft benötigt. Bei Plustemperaturen beginnt der Schnee zu schmelzen, sobald er hergestellt wurde, aber manchmal ist Schneematsch besser als nichts.

Die Anlage musste von einem ganzen Lkw-Konvoi geliefert werden. Sie wurde aus industriellen Kühlmaschinen entwickelt, wie sie in Minen in Südafrika zum Einsatz kommen und um die zwei Millionen Euro kosten. In Zermatt schwört man darauf. Martikainen hielt sie in Reserve, hoffte aber darauf, dass die Temperaturen in Krasnaja Poljana fallen und niedrig bleiben würden. Doch nach einem kühlen Januar stiegen sie an, und es blieb warm. Sie verwandelten den Schnee auf den tiefer liegenden Pisten in etwas, das »Cremesuppe« ähnelte, wie einer der Sportreporter der *Washington Post* beklagte. Wie hätte es auch anders sein können? Anstatt eisiger Kälte herrschten Temperaturen von 10 bis 18 °C im Schatten. In der Sonne erreichten sie am zweiten Samstag während der Winterspiele bis zu 30 °C – genau wie in Palm Springs.

Doch der Schneeflüsterer hatte noch einen weiteren Pfeil in seinem Köcher: Salz. Salz senkt den Gefrierpunkt von Wasser, und das nicht zu knapp. Eine 10-prozentige Salzlösung vereist erst bei minus 6 °C; eine 20-prozentige bleibt bis minus 16 °C flüssig. Wenn man Schnee nicht gerade zum Schmelzen bringen möchte, mag es dämlich erscheinen, Salz auf ihn zu streuen. Doch anders, als man zunächst vermutet, kann Salz dabei helfen, wettbewerbsfähiges Über-den-

Schnee-Gleiten zu ermöglichen. Es gibt dazu ein paar fragwürdige Theorien. Eine besagt, das Salz schmelze den Schnee an der Oberfläche, sodass sich aus dem Wasser über Nacht eine harte Eisschicht bilden kann. Laut einer anderen vergrößert Salz das Volumen der Schneedecke, während sie in warmen Temperaturen sonst zu Schneematsch verkommen würde. Der Grund für die Wirksamkeit von Salz, so Professor Jim McElwaine vom Institut für Geowissenschaften an der University of Durham, ist, dass es wärmeren Schnee aus der Schneedecke beseitigt, die aus vielen Schichten mit unterschiedlichen Temperaturen besteht. Fügt man genügend Salz hinzu, sodass Schnee von über 5 °C Temperatur schmilzt, sickert er in die Schneedecke ein und verschwindet. »Der Schnee an der Oberfläche wird um die minus 5 °C oder kälter sein und damit von besserer Beschaffenheit, um den nächsten Tag zu überstehen und gute Rennbedingungen zu gewährleisten.«

Es gab jedoch Schwierigkeiten beim Ausbringen der Wunderwaffe namens Salz. Zum einen gab es in Sotschi nicht genügend davon. »Sie hatten Salz, aber nicht die richtige Sorte«, sagte Hans Pieren, ein ehemaliger Schweizer Skirennfahrer, der wie Martikainen als Schnee-Experte angefragt worden war. »Wir hatten ihnen schon im vorherigen Sommer gesagt, was für Salz sie benötigen würden, aber sie haben sich nicht darum gekümmert.«

Pieren hatte das Organisationskomitee im vorangegangenen September angewiesen, zwei Tonnen feinkörniges Salz, sieben mittel- und zehn Tonnen grobkörniges Himalajasalz zu bestellen. Die Gastgeber hatten 40 Milliarden Euro für neue Straßen, Lifts, Eisbahnen, Hotels und Stadien ausgegeben, ein absoluter Rekord für Olympia. Doch die Anweisungen für das Salz ignorierten sie. Als die frühlingshaften Temperaturen zu sommerlichen anstiegen und die Fernsehkameras von den verschneiten Gipfeln hin auf die Bahnen voller Schneematsch schwenkten, auf denen die Athleten gegeneinander antreten sollten, wurde Martikainen zu den Reportern gebracht, um ihnen zu versichern, dass alles gut würde.

»Machen Sie sich keine Sorgen über die Schneemenge, es ist dafür gesorgt«, sagte er der BBC, die ihn beim Wort nahm. Trotz der Rekordtemperaturen bei den Skisprungwettkämpfen sagte er: »Wir hatten sehr guten Schnee, perfekten, weißen festen Schnee. Absolut gar keine Probleme.«

Hinter den Kulissen machte sich langsam Panik breit. Im nagelneuen Park Inn Hotel wurde eine Krisensitzung einberufen, bei der die zehn von Martikainen verlangten Tonnen Himalajasalz der Hauptpunkt auf der Tagesordnung waren. Für das feinkörnige oder mittelgrobe Salz war es zu diesem Zeitpunkt zu spät. Veranstaltungen, die auf den unteren Abschnitten des Berges geplant waren, drohten abgesagt werden zu müssen. Nur das grobe Salz verhieß noch Aussicht auf Hilfe, da, wie Pieren mir später berichtete, die größeren Kristalle tiefer in den Schnee einsänken, wo sie länger bestehen blieben und den Schnee weiter in die Tiefe aushärten ließen. »Die kleinen Körnchen«, sagte er, »bleiben einfach an der Oberfläche.«

Es gab weder in Krasnaja Poljana noch in Sotschi Salz, ja, wie sich herausstellte, nirgendwo im ganzen Land. Der Mangel an Schnee drohte für Russland zur Blamage zu werden – wie die schieren Schneemassen das Land 1812 und 1943 gerettet hatten.

Was sollte man tun? Pieren rief höchstpersönlich bei einem befreundeten Großhändler in Basel an. Jetzt schritt das russische Organisationskomitee zur Tat und leitete ein Flugzeug nach Zürich um, wo es das Salz abholen sollte. Bereits am nächsten Morgen wurde das Salz auf den Schnee gestreut. Die *New York Times* brachte die Story vom großen Aufschwung durch Salz in Sotschi als Erste, viele andere folgten. Ob das Salz einen großen Unterschied machte, ist eine andere Frage. Es hielt Shaun White, den weltbesten Snowboarder, nicht davon ab, die Halfpipe »Matsch« zu nennen. Lindsey Jacobellis, die beim Snowboardcross stürzte, sagte, es sei gewesen, als »lande man in Kartoffelbrei«. Und Andrew Weibrecht, der beim Super-G Zweiter wurde, sagte, alles »scheint sich am Ende zu verlangsamen«.

Genau das passiert bei Schneematsch. Und wenn die Temperaturen selbst in der tiefsten Nacht über null liegen, bekommt man eben Schneematsch. Heutzutage ist es einfach, sich durch Wetterdaten der ganzen Welt, einschließlich Krasnaja Poljana, zu klicken. Zu keinem Zeitpunkt während der mittleren sechs Tage der Olympiade 2014 kühlte die Luft auf unter null Grad ab, nicht einmal um Mitternacht oder um drei oder sechs Uhr früh. Ich fragte Hans Pieren, ob es weiter oben kälter sei, wie es die adiabatische Zustandsänderung eigentlich vorgegeben hätte. »Es ist keine Frage der Höhe«, sagte er. »Es war überall warm, sogar am oberen Ende der Downhill-Strecke. Genau das war das Problem. Der Schnee blieb einfach nicht von selbst liegen.«

Die wahre Tragödie der Winterspiele in Sotschi: Hätte Putin, anstatt in den Krieg zu ziehen, den Frieden gewahrt und die Spiele 250 Kilometer weiter östlich auf den Pisten des Elbrus stattfinden lassen ... Allerdings hat der Kleinkrieg zwischen den russischen Streitkräften und lokalen militanten Gruppierungen dazu geführt, dass das Auswärtige Amt Großbritanniens nur zu »unbedingt erforderlichen Reisen« in die Region rät. Dabei ist der Elbrus 800 Meter höher als der Mont Blanc und etwas mehr als drei Kilometer höher als die Gipfel über Krasnaja Poljana. Am Fuß des Berges betrug die Temperatur am mittleren Samstag der Olympiade zur Frühstückszeit knackige minus 7 °C.

Jahre zuvor, eine paar Wochen nach Putins öffentlichem Besuch in Krasnaja Poljana, bezahlte ich ein Paar Rubel, um mit zwei alten russischen Seilbahnen auf die Westflanke des Elbrus in 3500 Meter Höhe zu fahren. Mit der zweiten Bahn oben angekommen, führte von dort ein Schlepplift gleichsam direkt in die Wolken. Und von dort konnte man mit einer alten Pistenraupe noch weiter nach oben fahren, vom Frühling zurück in den tiefsten Winter. So machte ich es und sauste dann eine halbe Stunde lang, ohne auch nur einmal anzuhalten, auf meinen Skiern nach unten, zuerst auf Pulverschnee, dann auf windzerzausten Zastrugi, dann auf perfektem Frühlingsschnee, der niemals zu enden schien. Unten angekommen, gab es weit und breit keinen Cappuccino, ich hatte aber auch gar kein Bedürfnis danach. Hat man das Wetter auf seiner Seite, scheint nichts anderes mehr wichtig.

Elf
Schneepokalypse

*Ein Sturm muss schon wirklich gewaltig sein, um
einen Basketballkorb mit Schnee zu füllen.*

Kevin Ambrose, *Washington Post*, 6. Februar 2018

Im milden England sind wirklich unerbittliche Schneemassen schwer vorstellbar, doch auf unserem Planeten gibt es möglicherweise bald mehr davon. Zumindest erlaube ich mir im Geheimen seit 20 Jahren diese Hoffnung, auch wenn ich sie nur dadurch nähren kann, nüchterne Langzeitprognosen zu ignorieren und mich auf einzelne Vorfälle zu konzentrieren. Es mag unwissenschaftlich sein, aber es tut mir gut.

Im November 1998 beispielsweise erwachte über dem Golf von Alaska eine mächtige Wettermaschine zum Leben, die sich einen der geheiligten Plätze in der Geschichte der Schneeforschung verdiente. Sie schaffte es sogar, Thema einer Titelstory in der *Eureka*, dem Wissenschaftsmagazin der *Times*, zu werden:

Über der weiten, feuchten Wildnis zwischen den Aleuten und British Columbia begann ein Tiefdrucksystem von der Größe Westeuropas zu zirkulieren. Es nahm Feuchtigkeit aus dem Pazifischen Ozean auf, zog eisige Luft aus dem hohen Norden nach unten und schüttelte beides so lange durch, bis etwas herauskam, das einer monströsen Erfindung aus der Science-Fiction glich.

Bis zur Monatsmitte hatte sich das System zu einem gefrorenen Polarwirbel ausgewachsen, der auch noch in 1200 Kilometer Entfernung alle paar Tage feuchtigkeitsschwangere Winterzyklone abwarf. Der Jetstream blies die Stürme nach Südosten auf die Landmasse zu, wo sie einander in einer flachen 500 Kilometer langen Schneise zwischen Vancouver Island und der Bergregion an der Küste Kanadas jagten. Am Ende der Schneise stellt sich der Mount Baker, ein gedrungener mit Weiß bedeckter Vulkan, der Schwefeldämpfe durch ein Eisloch in seinem Krater aufstößt, mit seinen knapp 3300 Metern Höhe dem Wetter in den Weg. Im Windschatten des Berges windet sich eine zweispurige Straße hinauf in das Skigebiet, wo der Schneefall seinen Anfang nahm.

Der Schnee fiel 35 Tage ohne Unterbrechung. Nach einer Pause an Weihnachten ging es weiter, und bis Ende Dezember waren Filmcrews und Profi-Snowboarder von verschiedenen Kontinenten angereist wie die Big-Wave-Surfer, die es nach einem Orkan auf die hawaiianische Insel Oahu zieht. Weitere sechs Wochen fiel Schnee. Ende Februar 1999 war die Schneedecke unter den Sessellifts an Mount Baker beinahe zwölf Meter hoch, obwohl Pistenraupen und Schneeschaufeln im Dauereinsatz waren.

Bis zum Ende der Saison war so viel Schnee gefallen, dass er, wäre überhaupt nichts davon geschmolzen, die Freiheitsstatue bis auf ihre Fackel komplett hätte unter sich begraben können. An den Straßenrändern türmten sich links und rechts all jener, die es wagten, dazwischen hindurchzufahren, Schneewehen auf. Ganze Gebäude waren eingeschneit. Felsen waren zu Sprungrampen degradiert. Besucher blieben aus. Es war einfach zu viel Schnee, eine völlige Überforderung. Amy Trowbridge jedoch erinnert sich an die Zeit als »den Snowboard-Winter meines Lebens« – und sie hat so einige davon erlebt. Die heute 39-Jährige, die in der Gegend – gemessen an Schneefallrekorden ist es immerhin die schneereichste der Welt – aufwuchs, wurde bereits mit 15 Jahren Profi.

Ach, wäre ich doch nur Amy Trowbridge; dann würde ich rekordverdächtige Schneemassen kennen, auf denen man gleiten, in denen man versinken, aus denen man lachend und prustend auftauchen und von denen man seinen Enkeln erzählen kann. Ja, das ist eine der möglichen Reaktionen auf den großartigen Winter am Mount Baker 1999: Neid. Eine andere ist Neugier. Handelte es sich um eine Anomalie, zustande gekommen durch die seltene und perfekte Kombination aus Breitengrad, Höhe und Wetter? Oder war es vielleicht ein Zeichen? Und: Könnte sich so etwas wiederholen?

Es könnte, und zwar in Amerika, wie sollte es auch anders sein. Und dieses Mal war ich zur richtigen Zeit am richtigen Ort.

Der ungeheure Schneesturm an der Ostküste, der als »Snowmageddon«* bekannt werden sollte, erreichte Washington, D. C., am 5. Februar 2010, einem Freitag. Am Vorabend hatten die Wetterprognostiker der US-Bundesregierung jede Zurückhaltung aufgegeben: Kein Zweifel, es würde Schnee geben. Und zwar am folgenden Morgen um zehn Uhr.

Schulen schlossen. Ebenso wie Flughäfen, Bahnstationen, Museen und Regierungsbehörden. Wer am Freitag überhaupt noch bei der Arbeit erschien, fuhr mit der Metro nach Hause und ging dann direkt zum Auto, um es mit Essen zu beladen, als sei es auf Wochen hinaus die letzte Gelegenheit. Und tatsächlich: Es sollte wochenlang keine weitere Möglichkeit zum Einkauf geben, na ja, zumindest für einige Tage,

---

* Auch bekannt als Snowpocalypse, Snowmygod, Snowcropolypse, Snoverkill und the Giant Clusterflake (was so viel heißen könnte wie: die Riesen-Megaflocke, Anm. d. Red.). Snowzilla war wohl für einen Sturm ähnlichen Ausmaßes reserviert, der die amerikanische Hauptstadt 2016 lahmlegte.

denn die Supermarktregale waren völlig leer geräubert worden.

Zeit genug also, sich vorzubereiten. Bereits seit einer Woche wirbelte das Sturmsystem, das so groß war, dass es kaum auf die Satellitenbilder passte, durch Amerika. Es war über dem Pazifik entstanden, hatte für mehr Feuchtigkeit einen kurzen Abstecher zum Golf von Mexiko gemacht und war von dort Richtung Nordosten aufgebrochen, um sich mit einem weiteren System über Tennessee zusammenzutun.

Gemeinsam sahen die beiden Systeme aus wie ein fettes Komma, das sich vom Mittleren Westen bis zum Hunderte Kilometer entfernten Florida ausdehnte. Es war also auch Zeit genug, sich mit der Form dieses Undings vertraut zu machen. Zeit, die Stadt zu verlassen, wenn einem der Anblick nicht gefiel. Die National Oceanic and Atmospheric Administration hatte ebenfalls über ausreichend Zeit verfügt, um den Wassergehalt in den oberen und unteren Schichten zu messen. Zeit, die Route zu bestimmen und mit unglaublicher Präzision vorherzusagen, wann die Feuchtigkeit kalt genug sein würde, um nicht mehr durch die Luft zu fliegen, sondern in Form von Flocken hinabzufallen. Etwa um zehn Uhr sollte es so weit sein.

Bei einem Schneesturm sind die ersten Flocken die besten. Von da an lauert immer die Angst, er könnte nachlassen, doch in diesen ersten Sekunden, wenn man nach oben schaut und merkt, dass sich der matte, weiße Himmel über einem in Flocken auflöst, kann man davon träumen, dass es ein richtig großer Sturm wird. Und so war es dann auch an diesem Tag. Um Punkt zehn Uhr begann der Schnee zu fallen und ließ 36 Stunden lang nicht nach. Am Washington Dulles International Airport häufte sich ein Rekord von 82 Zentimetern an, fast genauso viel wie auf unserem Balkon. In Teilen Virginias und Marylands wurde ein knapper Meter gemessen. Der Schnee bot sogar einen seiner Meistertricks auf, was er nur selten so weit südlich tut, und füllte ganze Basketballkörbe bis zu 30 Zentimeter über den Rand. Am Samstagabend gab es auf dem Dupont Circle, einem Platz in der Innenstadt Washingtons, eine spontane Massenschneeballschlacht. Sogar Polizisten machten mit, es blieb ihnen nichts übrig, denn an eine Flucht im Polizeiwagen war nicht zu denken. Die Akkumulationsrate und die absolute Schneehöhe waren in etwa halb so hoch wie bei dem Sturm, den Douglas Powell 1969 auf der Big Whitney Meadow erlebt hatte. Das nur, um einmal mehr zu zeigen, was für ein Glückspilz er war. Damit will ich Snowmaggedon keineswegs herabwürdigen – das wäre ungerecht.

Man ging bei Schneefall zu Bett, wachte bei fallendem Schnee auf und ging erneut schlafen, während es noch immer schneite. Bestehende Pläne wurden abgesagt und neue gemacht, um wieder abgesagt zu werden. Vom Büro zur Wisconsin Avenue zu laufen dauerte den halben Morgen, und es konnte einem keiner garantieren, dass sich der Aufwand lohnte und tatsächlich irgendwo noch eine Tasse Kaffee serviert wurde.

Sonntags klarte der Himmel auf, nur um sich am Montag mit einem weiteren Sturm wieder zuzuziehen, der weitere 30 Zentimeter Schnee abwarf.

Oklahomas Senator James Inhofe und seine Familie bauten in ihrem Garten ein Iglu und nannten es »Al Gores neues Zuhause«. Ausgelöst durch Inhofes manifesten Mangel an Interesse (er ist einer der vehementesten Leugner des Klimawandels im Kongress, im Glauben, dass der Mensch nicht ändern kann, was Gott geschaffen hat), setzte das Iglu ein wichtiges politisches Zeichen: Schneerekorde können auch dann gebrochen werden, wenn die Durchschnittstemperatur der Luft und des Meeres steigen.

Aber was war wirklich los? Die NOAA lieferte folgende Zusammenfassung: Die drei Kernelemente für einen großen mittelatlantischen Sturm lagen demnach alle vor, eine Hochdruckzone im Norden, die kalte Luft in den Süden leitete; eine Tiefdruckzone, die feuchte Luft aus dem Golf von Mexiko aufnahm, bevor sie von dort in Richtung Norden verschwand; und ein zweites Tief, das langsam an der Atlantikküste entlangzog. Die kühle Luft und die Feuchtigkeit aus mehreren Quellen mischten sich westlich der Chesapeake Bay vor Washington, D. C., und näherten sich von dort aus mit großer Geschwindigkeit der Stadt. Dort kam der Sturm beinahe zum Stillstand, dann entlud er sich auf einen Schlag. Zusammen mit dem ihm nachfolgenden kleineren Sturm »sollte sich das System zu einem der drei Stürme der Kategorie fünf auswachsen, die es bisher im Nordosten gegeben hatte – von ihnen war er der stärkste«. Der stärkste aller Zeiten.

Wäre Snowmageddon bloß ein Wetterphänomen wie jedes andere gewesen, hätte man kein Wort darüber verlieren müssen. Doch was, wenn es mit dem Klima zusammenhing? Es gibt die begründete Annahme, dass genau davon auszugehen ist. Die Begründung beruht auf dem arktischen Eis, besser gesagt, sie würde darauf beruhen, wäre in den vergangenen Sommern nicht so viel davon weggeschmolzen. Bereits im Jahr 2012 veröffentlichte ein Team von Wissenschaftlern des Fachbereichs Athmosphärenphysik aus Atlanta, Peking und New York einen Aufsatz in der amerikanischen Fachzeitschrift *Proceedings of the National Academy of Sciences* mit dem Titel »Impact of declining Arctic sea ice on winter snowfall« also »Auswirkungen des schwindenden Eises in der Arktis auf winterliche Schneefälle«. Die Forscher zeigten auf, dass im Zeitraum von 1979 bis 2000 eine starke Korrelation vorlag zwischen ungewöhnlich kleinen, den Sommer überstehenden Flächen von Meereis und ungewöhnlich großen Schneemengen, die im Spätherbst und am Winteranfang auf der Nordhalbkugel fielen. Der Aufsatz drückte es in Zahlen aus: »Die Abnahme des herbstlichen arktischen Meereises von einer Million Quadratkilometern entspricht einer deutlich über dem Durchschnitt liegenden Schneedecke (mehr als drei bis zwölf Prozent) in großen Teilen der nördlichen USA, in Nordwest- und Mitteleuropa und West- und Zentralchina.«

Das Team bot zwei Erklärungen an: »Veränderungen des atmosphärischen Wasserdampfgehalts über den nördlichen Breitengraden« und »Veränderungen der atmosphärischen Zirkulation, die in Verbindung mit dem schwindenden arktischen Meereis steht«. Die Veränderungen der ersten Kategorie sind schlicht eine Hommage an unsere alten Freunde Clausius und Clapeyron. Weniger Meereeis bedeutet weniger Licht und Hitze, die in das All abgestrahlt werden, und dafür mehr Licht und Hitze, die von den dunklen Wassern des Atlantiks absorbiert werden, höhere Meeresoberflächentemperaturen, höhere Lufttemperaturen auf Meereshöhe und daher *mehr Feuchtigkeit in der Luft*, die von vorherrschenden Winden und Luftdruckmustern über die Nordhalbkugel verteilt werden kann.

Die Veränderung der zweiten Kategorie bezieht sich auf diese Winde und Muster. Schmilzt das Eis in der Arktis, nimmt der atmosphärische Druck auf Meereshöhe entsprechend zu. Dies wiederum scheint sich mit Westwinden an Land zu decken, die schwächer sind als üblich. In kälteren Zeiten konnte man sich darauf verlassen, dass ein solider, tiefer Luftdruck über dem Nordpol einen starken Polarwirbel aufrechterhielt: kalte, gegen den Uhrzeigersinn drehende Westwinde nördlich des 60. Breitengrades. Schwächere Winde sind hingegen ein Symptom für einen schwächeren Wirbel, sie »mäandern«. Winde, die von ihrer Polarwirbelpflicht durch steigenden Luftdruck über einem eisfreien arktischen Ozean freigesetzt werden, streunen – ganz wie Touristen, die im Winter in den Süden ziehen – Tausende Kilometer entfernt von ihrem Revier herum. Dabei erscheinen sie verloren, ihrer Kraft beraubt, wirbeln langsam herum – und geraten fast immer jemandem in den Weg.

Etwas wissenschaftlicher ausgedrückt: »Schwache Westwinde führen zu weitschweifigeren Verwehungen, die sich zu einer atmosphärischen Blockierung entwickeln können. Eine solche Blockierung wird von häufiger eindringenden kalten Luftmassen aus der Arktis in die mittleren und niedrigen Breitengrade der westlichen Kontinente begünstigt.«

Mehr Feuchtigkeit + kalte Luftmassen =
Sieht nach Schnee aus.

Würde sich die Theorie als richtig erweisen – und eine wärmere Arktis folglich mehr Schnee in den Süden bringen –, hätten wir in Washington, D. C., richtig viel Schnee abbekommen müssen. Und so war es dann auch. Im Winter 2011–12 wurden die Saisonrekorde in den Küstenregionen Alaskas vernichtend geschlagen. In Rom wurde die höchste Schneedecke seit 27 Jahren gemessen. Der englische Schnee-Chronist Fraser Wilkin berichtete, dass »die nördlichen Alpen während der ersten Winterhälfte von einem Schneesturm nach dem anderen unter einer dicken weißen Schicht begraben wurden«. Die folgenden drei Winter brachten dem Norden nicht außergewöhnlich viel Schnee, dafür aber außergewöhnliche Schnee-Ereignisse. Eines war ein rekordverdächtiger Blizzard im Osten Massachusetts' im Januar 2015, den Kevin Trenberth, ein bekannter Klimaforscher am US National Center for Atmospheric Research, der globalen Erderwärmung zuschrieb. Er sagte, in Zukunft werde der Schneefall später einsetzen und früher aufhören, falle jedoch im Hochwinter stärker aus.

Für Schneesüchtige war es eine Zeit des schlechten Gewissens und heimlicher Hoffnungen. Der Gedanke, dass große

Schneevorkommen in Zusammenhang mit der schrumpfenden Arktis stehen, führte dazu, dass man sich fühlte, als würde man gestohlenes Geld verpulvern. Eine Schule wissenschaftlicher Schneedenker sagte mehr Schnee für den Beginn der Saison voraus, eine andere für die Mitte. Wie schlimm konnte es werden?

Aus völlig egoistischer Perspektive, und wenn man nicht weiter als ein paar Winter in die Zukunft sah, lautete die Antwort: ganz und gar nicht übel. Die Saison 2015/16 fiel auf der Nordhalbkugel größtenteils mittelmäßig aus, doch im Januar 2017 bescherten atmosphärische Strömungen den kalifornischen Sierras zwei Meter Schnee. Bis zum Ende der Saison waren auf Mammoth Mountain 13,5 Meter gefallen und 17 in Squaw Valley – über sechs Meter mehr als der saisonale Durchschnitt, mit dem Alex Cushing im Jahr 1955 geprahlt hatte. Und dann brach im Dezember 2017 der schneereichste Winter der vergangenen 30 Jahre mit einer Serie von Stürmen aus dem Westen über die Alpen herein. An Weihnachten folgten weitere aus dem Süden und Osten. Auf über 2000 Höhenmetern lag der Schnee von Frankreich bis zu den Dolomiten während des gesamten Winters drei Meter hoch. Mitte April lag auf den Pisten über Engelberg in der Zentralschweiz noch immer eine fünf Meter dicke Schneedecke. Mitte Mai, wenn die Kuhglocken normalerweise auch über der Baumgrenze läuten, fielen auf die Dörfer der Haute Savoie in über 1800 Meter Höhe weitere 30 Zentimeter.

Man könnte all den Schnee natürlichen Schwankungen zuschreiben. Schließlich ist Wetter unbeständig, und eine »langfristige Prognose« bleibt auch im Zeitalter der Supercomputer ein Oxymoron. Doch wenn der Schnee von 2017–18 als Teil eines langfristigeren Trends zu werten war, musste man verstärkt mit solch schneereichem Wetter rechnen – oder gab es dabei einen Haken?

Es gab einen Haken. Dass die Arktis im Sommer 2017 geradezu eisfrei war, blieb nicht das einzig Bemerkenswerte. Im darauffolgenden Winter war es alarmierend warm dort, sogar in der tiefsten Polarnacht, als es dort am allerkältesten hätte sein sollen. Im Februar lagen die Temperaturen neun Tage in Folge zumindest zeitweise über dem Gefrierpunkt, wie an der Wetterstation an Kap Morris Jesup in Grönland gemessen wurde, der am weitesten nördlich gelegenen Station der Welt. Wie Robert Rohde vom Berkeley Earth Project dem *Guardian* gegenüber berichtete, lag die Temperatur an der Station länger über 0 °C als in allen Monaten (jeweils von Januar bis April) seit 1981 zusammengenommen.

Wohin war die ganze Kälte verschwunden? Sie war in den Süden gezogen, um Feuchtigkeit zum Gefrieren zu bringen und so Schnee für einen extra-eisigen Winter zu produzieren. Ein Wissenschaftler der NOAA drückte es so aus: Es ist, als wäre die Arktis unser Kühlschrank und wir hätten die Tür offen gelassen.

Meine Kinder wissen, was passiert, wenn sie den Kühlschrank offen lassen. Er taut ab, und bald schon ist es nirgends mehr kalt. Ähnlich wie über den Tod ist es auch schwierig, über dieses Thema nachzudenken, ohne die Fassung zu verlieren. Daher ziehe ich es, aufgrund meiner Feigheit und meiner Kapitulation vor der Moral, vor, über die schneereiche Gegenwart und Vergangenheit zu sinnieren anstatt über eine ungewisse Zukunft.

Zwölf

Snowbusiness

Tatsache ist, dass die Materialien, die bei der Produktion eines einzelnen Skis verarbeitet werden – etwa zwei Kilo Hartholz, Aluminiumlegierung, Stahlkanten, Glasfaser / Kevlar / Karbonfaser und Sinterpolyäthylen –, nicht mehr als 100 bis 150 Dollar kosten. Der Rest geht drauf für die Arbeitskraft, Schuldentilgung und Werbekosten.

Seth Masia, Präsident der
International Skiing History Association

Schnee kostet nichts, aber der Ausblick von einem gerade einmal ein Viertelhektar, also einem Morgen großen Grundstück an der Red Mountain Road in Aspen dürfte so an die zehn Millionen Dollar kosten. Schnee fällt leise, aber ihn zu räumen, kann das Geräusch eines Düsentriebwerks verursachen. Schnee verwandelt ganze Berge in Spielwiesen, doch für einen bestimmten Typ Snowboarder ist das nicht gut genug, daher hat ein Schweizer Hersteller für landwirtschaftliche Maschinen eine neun Meter lange Maschine entwickelt, die aus Bergen von künstlichem Schnee Halfpipes herausfräst. Der Einstiegspreis für ein Pipe-Monster von Zaugg liegt bei über 100 000 Euro, die 300 000 Euro nicht eingerechnet, die man für die Pistenraupe benötigt, auf die es montiert werden muss.

Die Beziehung von Menschen zu Schnee ist kompliziert und kostspielig. Wir machen viel Aufhebens darum. Ich belaste mein Haus immer wieder, um in den Schnee zu können, und ich halte mich dafür keineswegs auf der Red Mountain Road auf.

Warum die hohen Kosten? Warum ist die Beziehung zwischen Mensch und Schnee so komplex ? Nun, sie spielt sich an den Rändern der schneereichsten Orte der Welt ab, dort, wo der Schnee launenhaft ist. Ein weiterer Grund ist Angst. Viele abschreckende Geschichten über Schnee haben Einzug in das Volksgut gehalten und finden sich auf Gedenksteinen. Besonders ernüchternd ist die auf dem Pioneer Monument im Donner Memorial State Park in Kalifornien. Dort wird an eine Stelle in der Nähe des Donnerpasses erinnert, wo im Oktober 1846 ein Planwagentreck mit Auswanderern auf 2100 Metern im Schnee der Sierras stecken blieb und erst vier Monate später befreit werden konnte. Die Inschrift erklärt, dass die Höhe des Denkmals der des Schnees entspricht, wie er die Emigrant Road am 19. Oktober des Jahres 1846 bedeckte: monströse 6,7 Meter.

»Nach vergeblichen Versuchen, den Gipfel zu überqueren, war die Gruppe gezwungen, ihr Lager für den Winter aufzuschlagen … Die Gruppe zählte neunzig Menschen, von denen zweiundvierzig starben, die meisten verhungerten oder erfroren.« Was die Inschrift nicht erwähnt, ist, dass sieben der Toten wahrscheinlich von den Überlebenden gegessen wurden.

Hundert Jahre später blieb an derselben Stelle ein Luxuszug mit 15 Waggons und 226 Passagieren an Bord auf dem Weg von Chicago nach San Francisco vier Tage lang im Schnee stecken. Es handelte sich um einen völlig übermotorisierten Zug, der von drei elektrischen Dieselloks mit insgesamt 60 000 Pferdestärken gezogen wurde. Die Kontrolleure der Southern Pacific Railroad dachten, der Zug könne es durch jeden Blizzard schaffen, doch sie irrten sich gewaltig. Bis zum Morgen des 13. Januar hatte ein Sturm, der bereits am 11. eingesetzt hatte, vier Meter hohe Schneewehen entlang der Gleise am Donnerpass hinterlassen. Und der Sturm wütete weiter. Dennoch verließ der San Francisco – so hieß der Zug wie auch sein Ziel – um 11 Uhr 30 den Schutz der Wagenhalle der Gemeinde Norden in der Nähe des Passes weiter in Richtung Westen.

Norden liegt bereits westlich des Passes, was bedeutet, dass der Zug bergab fuhr. Man ging davon aus, dass ihm die Schwerkraft auf seinem Weg helfen würde, und so war es auch. An einer frei liegenden Biegung kurz vor einem Einschnitt in den Bergen, dem Emigrant Gap, schleifte sie den Zug tief in den die Gleise bedeckenden Schnee. Den ganzen Nachmittag und die Nacht hindurch fiel der Schnee unablässig weiter. Am Morgen passte sozusagen kaum noch eine Hand zwischen Zug und Berg. Die Stimmung an Bord war ausgelassen und das Essen frei Haus, aber die Rettungszüge konnten weder von Osten her noch aus dem Westen zu den Gestrandeten vorstoßen. Man schickte einen Helikopter, doch der konnte nicht landen. Sogar die Weasles, Amphibienfahrzeuge mit Raupenfahrwerk, entsandt von der Sechsten US-Armee-Division, wurden vom Pulverschnee geschlagen. Die einzige Hilfe von außen, die den Zug innerhalb der ersten drei Tage erreichte, waren Arbeiter der Southern Pacific, die sich zu Fuß und auf Skiern den Weg bahnten und Mittel zur medizinischen Versorgung und einen Arzt auf einem Hundeschlitten mitbrachten.

Am vierten Tag konnten die Passagiere den Zug verlassen und zu einer wiedergeöffneten Straße gehen, von wo aus sie in Sicherheit gebracht wurden. Niemand kam ums Leben, außer einem Ingenieur, dessen 50 Tonnen schwerer Schneepflug von einer Lawine umgeworfen wurde. Eine Woche nachdem die City of San Francisco auf ihrer Rutschpartie durch den Schnee zum Halten gekommen war, konnte sie schließlich Waggon für Waggon von Bulldozern befreit werden. So kam es, dass Schnee auf die Liste der Elemente gesetzt wurde, die man bei der Eroberung des Westens bezwungen hatte.

In Europa besiegte man den Schnee in erster Linie durch den Tunnelbau. Die schwindelerregende Topografie der Berge machte Lawinenschutz zur obersten Priorität. Seit dem Schreckenswinter von 1951 wurden insgesamt 185 Kilometer Straßentunnel und 188 Kilometer Bahntunnel durch die Alpen gebohrt – und dabei sind nicht einmal die zahlreichen Lawinengalerien und Tunnel berücksichtigt, die kürzer als fünf Kilometer sind.

In Nordamerika, wo die Berge nicht ganz so steil sind, ist die oberste Priorität, den Menschen ungehinderten Zugang zu ermöglichen, weshalb man den Schnee aus dem Weg räumt – hauptsächlich unterstützt von Maschinen. Die Union Pacific Railroad hat die Verbindung von Reno über den Norden nach Sacramento übernommen und drei von der Southern geerbte Drehkolbengebläse behalten, auch wenn diese nur einmal in zehn Jahren zum Einsatz kommen, etwa im Januar 2017. Damals wurde ihre Kraft am Donnerpass entfesselt, um die drittmächtigsten Schneemassen in der Geschichte Kaliforniens zu räumen. Will man wahres Schneeräumabenteuer, muss man heute allerdings nicht an Bahngleisen danach suchen, sondern auf den Flughäfen.

Im März 2014 fielen innerhalb von 24 Stunden 79 Zentimeter auf dem Denver International Airport (DIA). Er musste zum ersten und einzigen Mal geschlossen werden – für drei volle Tage. Viertausend Reisende strandeten. Das Gewicht des Schnees riss eines der weißen Kuppeldächer über dem Hauptterminal ein, die die Gipfel der Rockies nachbilden. Es war der stärkste Sturm, den Denver in der neunzigjährigen Geschichte des Flughafens erlebte – »ein Rekordbrecher, ein Rückgratbrecher und ein Dachbrecher«, wie der Bürgermeister es formulierte.

Diese kostspielige Niederlage sollte sich nicht wiederholen. Allein die Forderungen der Versicherer erreichten beinahe 100 Millionen Dollar. Anschließend beauftragte der Flughafen die Oshkosh Corporation of Wisconsin, die 1917 als Hersteller für Allradfahrzeuge gegründet wurde und sich seither auf den Bau schwerer Nutz- und Spezialfahrzeuge spezialisiert hatte, einen neuen Schneepflug zu entwickeln. So wurde der H-Series-Blower, eine Schneefräse mit Hochgeschwindigkeitsgebläse, geboren. Er verfügte über gleich zwei Motoren; einen 15-Liter-Caterpillar-Turbo-Diesel, der für das Vorankommen sorgte, und einen 16-Liter-Motor mit 650 Pferdestärken, der das Gebläse antrieb. Der Blower konnte in einer Stunde 5000 Tonnen Schnee 60 Meter weit schleudern – am ehesten ist das vergleichbar mit einem kleinen Auto, das pro Sekunde die Strecke eines Olympiaschwimmbeckens weit geworfen wird.

Eigentlich beeindruckend aber ist, dass die Hinterräder zusammen mit den Vorderrädern angesteuert werden konnten, sodass sich die Maschine an Schneeverwehungen entlang wie ein Krebs bewegen und den Schnee vertilgen konnte, ohne auf sie hinaufzufahren.

Der Basispreis für die H-Series betrug eine halbe Million Dollar. Beworben wurde sie mit dem Slogan: Erobert die Landebahn zurück.

Der Denver International Airport gab gleich eine Großbestellung auf. Als Oshkosh das noch gewaltigere XRS-Extreme-Runway-System auf den Markt brachte, das eine Kehrmaschine und ein Luftgebläse ziehen und zugleich einen Pflug und eine Schneefräse vorwärtsbewegen kann, stiegen die Preise bis zu rund 640 000 Dollar. Heutzutage verfügt der Flughafen über eine 370 Fahrzeuge starke Schneeräumflotte, dazu über Schaufeln, Besen, Gebläse, Pflüge, Streuwagen für die Landebahnen, Schmelzgeräte, Frontlader, Bobcats und Chemikalientanker. Damit kann eine Landebahn innerhalb von 13 Minuten geräumt werden.

Der Flughafen in Denver ist zweifelsohne gut im Schnee-räumen, aber er ist nicht der beste. In Anchorage musste der Flughafen noch nie wegen Schnee geschlossen werden. Und am Flughafen Aomori am nördlichen Ende der japanischen Insel Honshū wurde in über 50 Jahren kein einziger Flug in-folge von Schneechaos gecancelt.

Dabei ist der Flughafen Aomori vielleicht sogar der schneereichste der Welt. Der durchschnittliche Schneefall beträgt dort knapp 17 Meter. Es gibt nur eine Landebahn, die es zu räumen gilt – und 38 Maschinen. Hauptsächlich stam-men diese von Oshkosh und Isuzu, aber auf die Marke kommt es gar nicht an. Vielmehr geht es um Teamwork und das richtige Timing. Die Aomori-Crew fährt als Staffel mit 20 Kilometern pro Stunde, die Reihenfolge ist das Ergebnis langjähriger Erfahrung: Pflug, Kehrmaschine, Pflug, Kehr-maschine, noch drei Pflug-Kehr-Duos, sechs weitere Pflüge und dann ein Gebläse. Sie brauchen 40 Minuten, um die Landebahn freizuräumen. Falls ein Blizzard sich auf den Flughafen zubewegt, wird jeweils erst kurz vor der vorgese-henen Landezeit mit dem Räumen begonnen, damit die Bahn nicht wieder von Schnee bedeckt ist, bevor das Flug-zeug landet. Die meisten Fahrer der Maschinen arbeiten im Sommer als Reisbauern, doch von November bis April sind sie fast so etwas wie Berühmtheiten. Sie sind die Mitglieder eines bekannten Teams, das auf der gesamten Westseite Ja-pans als vorbildlich gilt. Sie nennen sich »White Impulse«.

In Frankfurt gibt es weniger Raum für Starruhm, da die neue GPS-kontrollierte Räumflotte von Mercedes Benz fah-rerlos arbeitet. Es gibt im vordersten Pflug zwar einen Fahr-zeugführer, aber der muss weder Lenkrad noch Kupplung bedienen, nur eine Tastatur. (Die Automatisierung macht die Schneeräumarbeiten in Frankfurt keineswegs kosten-günstig. Der Flughafen gab 2017/18 rund 27 Millionen Euro für seinen »Winterdienst« aus.)

In Oslo und Helsinki (dem Zuhause von »Weltklasse-Snow-How«) stammen die Schneeräumfahrzeuge hauptsächlich von skandinavischen Herstellern. Die Flughäfen werden mit minimalem Tamtam und maximaler Effizienz geräumt. In Moskau wiederum gleicht das Ganze eher einer Performance, und zwar in der gesamten Stadt. Die Schneeberge, die sich an den Rändern der geräumten Straßen auftürmen, werden von Maschinen mit Zolotyi Ruchki – »goldenen Armen« – abgetragen und auf Förderanlagen geworfen. Vom Förderband zu einem Lastwagen, vom Lastwagen zu einem Mischer, vom Mischer in den Fluss: Hier wird dem gesamten Lebenszyklus von Schnee Rechnung getragen.

In Diplomatenbezirken sorgen nachts arbeitende Straßenkehrer dafür, dass kaum eine Flocke je den Boden berührt. Am Flughafen Moskau-Scheremetjewo reagiert man meistens stoisch und maßvoll, aber es gibt Ausnahmen. Ich wurde im Novotel des Flughafens schon einmal um fünf Uhr in der Frühe vom Heulen eines Düsenfliegers geweckt, der auf einen Tieflader aufgeladen war. Meine folgenden Nachforschungen ergaben, dass es sich wohl um ein Klimow WK-1, ein sowjetisches Turbo-Triebwerk, gehandelt hatte, eine Kopie des Rolls Royce Nene, das in den Militärflugzeugen des Typs MiG-25 verbaut wurde, die man im Koreakrieg einsetzte. Sie entwickeln 110 kN Schubkraft und bis zu 750 °C Wärme, was nützlich ist, will man Schnee und Eis von Beton entfernen, vor allem an einem Ort, wo es ebenso viel Kerosin gibt wie Wasser und sich niemand darüber Gedanken machen muss, ob im Novotel Schlafende davon geweckt werden.

Aber ich bin nicht nachtragend. Die Russen haben guten Grund, dem Schnee für seine Dienste für das Vaterland zu danken, aber auch dafür, ihm zu verübeln, dass er das Leben im Gulag noch härter machte, als es ohnehin war. »Wie tritt man einen Weg in unberührten Schnee?«, fragt Warlam

Schalamow im ersten Band seiner *Erzählungen aus Kolyma*. »Ein Mann geht voran schwitzend und fluchend, setzt kaum einen Fuß vor den anderen und bleibt dauernd stecken im lockeren Tiefschnee.« Fünf oder sechs Männer folgen ihm Schulter an Schulter, um einen Weg für Traktoren zu bahnen, doch »[d]er erste hat es am schwersten, und wenn seine Kräfte erschöpft sind, geht ein anderer vom selben Fünfertrupp voran«.

Kein Wunder, dass bei ein paar Russen die Sicherungen durchbrannten, als die Geschichte es schließlich zuließ. Sie waren Schnee weiterhin verbunden, warfen aber ihre Achtung vor ihm über Bord. Die Winterspiele in Sotschi waren ein Beispiel des Ausdrucks dieser neuen Gemütslage; Michail Prochorows Sexpartys im Hotel Byblos in Courchevel ein anderes.

Innerhalb von zwei Jahren nach dem Niedergang der Sowjetunion tauchten die ersten 1500-Euro-Flaschen Bordeaux auf Speisekarten der Pizzerien in Courchevel auf. Mir ist das bekannt, da ich während der Urlaubssaison 1992 dort arbeitete und 1993 zurückkehrte, um meinen Nachfolger einzuweisen. Günstige Pizzerien waren das Einzige, was wir uns leisten konnten. In diesem Sommer gab es neu gedruckte Speisekarten auf Kyrillisch. Es war das Jahr, in dem man in Courchevel endgültig »abhob« und sich die Oligarchen breitmachten.

Prochorow ist 2,07 Meter groß und liebt einen ausschweifenden Lebensstil. Als er 30 Jahre alt war und Banker in Moskau, begann er, Geschäfte mit dem Mann zu machen, der für die Existenz der Oligarchen überhaupt erst verantwortlich war: Wladimir Potanin. Sein Plan war es, der Verwaltung des Kremls unter Boris Jelzin so viel Geld zu leihen, dass diese liquide blieb. Im Gegenzug erhielt er dafür Anteile an den staatseigenen Industriegiganten und Versorgungsunternehmen. Potanin hatte ein Auge auf Norilsk Nickel, einen Minenkonzern 280 Kilometer nördlich des Polarkreises, geworfen. Dort gruben schon Stalins Sklaven in einem unterirdischen Tunnelsystem nach Palladium, Platin und Nickel und fanden gewaltige Vorkommen.

Der Schnee, der in Norilsk vom Himmel fällt, ist ein trauriger Scherz. Die Flocken formen sich um Industrieruß. Sie fallen durch Schwefeldioxidwolken und winzige Tröpfchen geschmolzenen Nickels, bevor sie wie eine von vornherein verschmutzte Decke den Boden erreichen.

Zurück zu Prochorow. Der Schnee in Courchevel ist strahlend weiß und perfekt, und der junge Prochorow verliebte sich Hals über Kopf. Von 2001 bis 2007 arbeitete er, gemessen am Standardpensum eines Oligarchen, fleißig und reiste sogar in den Tiefen der langen Polarnacht zwischen Moskau und Norilsk hin und her. Dabei verringerte er die Belegschaft seines Unternehmens um die Hälfte, trieb den Aktienkurs um das 27-Fache nach oben und steigerte sein Eigenkapital auf 6,2 Milliarden Euro.

Jedes Jahr zum russischen Neujahr entspannte er sich in Courchevel und ließ 2007 sieben attraktive junge Frauen einfliegen, die sich gemeinsam mit ihm entspannen sollten. Er wurde aufgrund des Verdachts festgenommen, er habe die teuersten Suiten des Byblos mit Prostituierten belegt. Seine Anwälte behaupteten, die Frauen seien in Wirklichkeit Models, und nach 88 Stunden in einer Zelle in Lyon wurde er wieder auf freien Fuß gesetzt. In der Zeit fielen Journalisten über den Skiort her und fragten, mit was für einer Art Gesellschaft sich der große Nickel-Bergmann abgäbe. »Diese Mädchen, man sieht sie ständig, sie fahren nie Ski, sie staksen auf High Heels durch Courchevel«, erzählte ein Besucher der Nachrichtenagentur Reuters. Das ist wahr, und so ist es auch heute noch. Und im Handumdrehen hatte Prochorow aus einem Skiort ein Saint-Tropez in 2133 Meter Höhe gemacht.

Es half, dass er fast bis zur Türschwelle seines Hotels fliegen konnte. Zur Zeit der Prochorow-Affäre griffen die Pres-
sedossiers die Idee auf, die Oligarchen kämen deswegen so
gerne nach Courchevel, weil es seinen eigenen Flughafen auf
2000 Meter Höhe hatte. Prochorow könne mit seinem eigenen Düsenjet anreisen, schrieben sie. Was nicht stimmte. In
Courchevel gibt es einen »Altiport«, aber die steile Landebahn ist nur 500 Meter lang, und Düsenjets wie Prochorows
Privatflugzeug dürfen sie nicht nutzen. Dennoch ist es ein
schöner Flughafen und mit dem Helikopter nur 45 Minuten
entfernt. So ein Flug in einem geräumigen Eurocopter mit
sechs Plätzen macht 16000 Euro je Strecke, aber was soll's,
ein Oligarch sollte nie weiter von seiner Jacht entfernt sein
als eine Stunde.

Landet man auf dem Altiport, muss man nicht mehr als
ein paar Schritte bis zum Range Rover zurücklegen. Seit den
Unannehmlichkeiten von 2007 wurde auf einem bewachten
Grundstück abseits der Rue de la Vizelle eine Vielzahl an
mehrstöckigen Villen im Stil der Savoyen gebaut; so konnte
das Risiko weiterer Störungen durch die Gendarmerie verringert werden. Diese Paläste des Privatvergnügens werden
in der Hauptsaison für bis zu einer halben Million Euro pro
Woche vermietet, was auch nicht mehr ist, als man für eine
Jacht berappen müsste. Für die »ohne eigenes Personal« gibt
es den *service hôtelier*. Für diejenigen, die nicht Ski fahren,
stehen Schneemobile, Snowkajaks, »Flightseeing«, Tandem-
flüge mit dem Gleitschirm zur Verfügung – neben der üblichen Auswahl an Wellnessangeboten. Private Skilehrer,
Tageshonorar 450 Euro, sorgen dafür, dass man in jeder
Schlange am Skilift ganz vorne steht. Die wohl teuersten
Skier, die je verkauft wurden, hat die französische Firma
Lacroix im Jahr 2008 extra für Courchevel angefertigt. Nur
zehn Paar wurden an die firmeneigene Boutique vor Ort
ausgeliefert, jedes in einem Koffer aus Leder mit Karbon-

stöcken, Handschuhen, Schneebrille, Bindungen und einem Skipass für die ganze Saison. Der Preis: 50 000 Euro pro Koffer.

Gruppen unterschiedlicher Könnensstufen oder ganz ohne treffen sich im Nammos zum Mittagessen; mit einem Geländewagen kann man nah genug heranfahren, um in Flipflops in das Restaurant zu gehen. Wenn alle Spaß haben, kann der Berg bis zur Dämmerung warten.

Grob umrissen, sieht so ein Leben im Schnee im 21. Jahrhundert aus, bei dem Geld keine Rolle spielt. Seit den 1860ern, als Johannes Badrutt begann, englische Sommergäste einzuladen, im Winter wieder in sein Palasthotel in Sankt Moritz zurückzukehren, und ihnen versprach, sie würden eine Kostenrückerstattung erhalten, würden sie beim Schlittenfahren keinen Spaß haben, hat sich das Luxusleben im Schnee bis zur Unkenntlichkeit verändert. Und ab den 1930ern hat es sich dann noch einmal fast so radikal gewandelt. Damals bezahlte Averell Harriman Hollywoodstars, um sein »own private Idaho« in Sun Valley zu testen. Es wurde zumindest erwartet, dass sie mit ihrem Skilehrer für Fotos auf dem Gipfel des Bald Mountain posierten. Von den Oligarchen und ihrer Entourage wird hingegen nichts erwartet, außer dicke Klunker. Und sie wiederum erwarten auch nichts, außer der Erfüllung all ihrer hedonistischen Wünsche, und zwar auf der Stelle.

Das Geschäft mit dem Schnee für die Masse hat sich subtiler verändert. Laut dem unermüdlichen Laurent Vanat, der den jährlich erscheinenden *International Report on Snow and Mountain Tourism*, also quasi das Kompendium des Schneetourismus herausgibt, lag die jährliche Gesamtzahl der Skiurlaube 15 Jahre lang stabil bei einer Größenordnung von um die 400 Millionen. Diese Zahl beinhaltet auch die 54 Millionen Urlaube von US-Amerikanern (dreimal so viele wie zahlende Zuschauer bei NFL-Footballspielen). Allein für Skikleidung geben sie jährlich über fünf Milliarden Dollar aus. Die 400 Millionen Urlaube sorgen dafür, dass 22 000 Skilifts in 67 Ländern ausgelastet sind, unter anderem in Israel, Algerien und Lesotho. Dazu zählen auch die Urlaube von 1,5 Millionen Briten pro Jahr, die beinahe 2,3 Milliarden Pfund (mehr als fürs Bootfahren) ausgeben. Und die Zahlen wachsen weiter, seit China dem Skifahren verfallen ist: Allein für die Wintersaison 2017–18 wurden dort 57 neue Resorts eröffnet. Hier wie auch anderswo wurden Skifahrer davon überzeugt, dass Kunstschnee der Preis sei, der für den Klimawandel bezahlt werden muss. Im Gegenzug werde es einem einfacher gemacht, überhaupt auf Schnee hinunterzugleiten.

Die erste der Veränderungen ist ein Beispiel für den Triumph von Technologie und Marketing, auch wenn sie ein ästhetisches und ökologisches Desaster ist. »Menschen scheren sich nicht um den Schnee, was sie interessiert, ist die Sonne«, sagt ein leitender Schnee-Erzeuger in den Dolomiten, wo hypermoderne Schneekanonen mit großen Düsen entlang der Skipisten aufgestellt sind, da in Europa der Großteil des Schnees aus dem Nordwesten kommt und nicht vom Süden und die Dolomiten auf der falschen Seite liegen.

Diese Führungskraft, die im *Economist* zitiert wurde, lügt ganz gewiss. Menschen scheren sich sehr wohl um Schnee. Sie sehnen sich nach seiner weichen Beschaffenheit, seiner Leichtigkeit, seiner Glätte, seiner Andersheit und danach, wie er auf natürliche Weise vom Himmel fällt. Und genau deshalb geben sie für ein Wochenende im Schnee ein gesamtes Monatsgehalt aus. Wenn das, was sie vorfinden, künstlicher Schnee ist, akzeptieren sie es so, wie ein Surfer eine Welle aus einer Wellenmaschine annimmt, aber das heißt nicht, dass es sie nicht kümmert. Warum sonst sollten Skiorte versuchen, den künstlichen Schnee durch Schönfärberei wegzureden?

In Österreich wird er »technischer Schnee« genannt. In Frankreich »kultivierter«. In Italien heißt er »programmierter Schnee«. In Nordamerika kündigen die Skiresorts den Beginn des »Schneemachens« an, als wäre es in etwa so traditionell wie Thanksgiving. Kunstschnee ist inzwischen tatsächlich üblich, aber dem rasselnden Geräusch der Maschinen haftet etwas Verzweifeltes an, während sie nachts Berge von Eiskristallen produzieren, die groß genug sind, um in Streifen entlang der Berghänge geschoben zu werden.

All das wird aus Notwendigkeit getan und nicht etwa aus Spaß an der Freude. Sollte die Durchschnittstemperatur um weitere zwei Grad steigen, werden insgesamt 200 Resorts in den Ostalpen auf Kunstschnee angewiesen sein. In China ist jedes Skigebiet, das noch gebaut wird, von Schneekanonen abhängig, ganz gleich, ob die Temperaturen weiter steigen. Bereits heute werden die Wettkämpfe bei jedem Skiweltcup auf Kunstschnee ausgetragen, da er auf Knopfdruck kommt, schön fest wird und allen Wettkampfteilnehmern etwa gleiche Bedingungen ermöglicht. Hier mag man ihn, da er Schnelligkeit und Fairness garantiert. Das Beste, was man über Kunstschnee sonst sagen kann, ist, dass er echten Schnee noch erhabener erscheinen lässt.

Auch mit echtem Schnee kann man Geschäfte machen, wenngleich er ein unzuverlässigerer Partner ist. Er hat die außergewöhnliche Fähigkeit, Menschen um ihr Geld zu erleichtern (es gibt chinesische Verehrer, die ihn »weißes Opium« nennen), aber die wahre Herausforderung ist es, bereit zu sein, wenn er sich blicken lässt, und zwar mit neuen Möglichkeiten, den Menschen ihr Geld zu entlocken, falls die alten an Reiz verlieren. Das war bereits in den 1970ern so. Damals war das Snowboard das heiße neue Ding, das es den Babyboomern ermöglichte, sich in den Bergen von ihren Eltern abzunabeln. Jetzt wurde »geritten« wie auf einem Surfboard, anstatt zu gleiten, und man sah es als sein Recht, die Gondeln der Lifts mit dem süßen Geruch von Haschisch zu füllen. In der Folge sollte das Snowboard eine neue Sorte von Stars auf einer neuen Art Schneekreation hervorbringen – der Halfpipe, dem Daseinszweck der Pipe-Monster von Zaugg. Unterdessen gingen die Schriftstellerin Amy Tan und ihre Ehemann Lou gemeinsam mit ihrem Lehrer Seth Masia in Squaw Valley Ski fahren.

Es war das Jahr 1993. Amy war eine leidenschaftliche Skifahrerin, aber keine sonderlich gute. Als Tochter chinesischer Eltern wuchs sie in San Francisco auf und zog als Teenager mit ihrer Mutter in die Schweiz. Dorthin verschlug es die beiden, um einem Fluch zu entkommen – ihr Vater und ihr Bruder waren im selben Jahr an einem Gehirntumor gestorben –, und sie ließen sich in Montreux nieder, ohne Kenntnis über die Menschen dort. An ihrer neuen Schule waren diese Menschen Jungs, die Gauloises rauchten, und Mädchen, die »Luchsmäntel ohne etwas darunter trugen«. Im Sportunterricht fuhren sie vor Ort Ski und an den Wochenende in Gstaad, wo sich Amy bei der ersten Abfahrt ihres Lebens in den Schnee fallen ließ, um einem Zusammenstoß mit der Königin von Schweden zu entgehen.

»Ich war das Mädchen, das keine Staffel laufen konnte, ohne zu stürzen und sich zu übergeben«, schrieb sie Jahre später im *Ski Magazine*. »Ich war die Spielerin, die sich den Finger beim bloßen Anblick eines Volleyballs verstauchte. Ich war die Niete, die rechts außen stehen musste, dort, wo der Baseball selten hingeschlagen wird. Das eine Mal, als es einem Mädchen gelang, einen langen Flugball dorthin zu schlagen, lachte man mich aus, da ich vor dem Ball weglief.«

Und dennoch liebte sie es, Ski zu fahren. Zurück in Amerika, blieb sie jahrelang dabei, »trotz schlechten Equipments, lächerlichen Outfits und grässlicher Stürze Kopf voraus«. Als ich sie anrief und nach ihren Beweggründen fragte, sagte sie: »Es ist der einzige Sport, den ich ausübe. Er ist gefährlich, wunderschön, und man fühlt sich berauscht, wenn man es heil übersteht.«

Sie traf Masia, einen »Ski-Intellektuellen« ersten Ranges, 1985 bei einem Autoren-Workshop in Squaw Valley. Die beiden freundeten sich an. Dann wurde sie 1989 durch die Veröffentlichung von *Töchter des Himmels* berühmt. Sie ließ sich dadurch weder vom Skifahren abhalten, noch wurde sie besser. Sie und ihr Ehemann waren 1993 immer noch mittelmäßige Skifahrer, Masia erinnert sich: »Das Squaw hat den Ruf für besonders steile Pisten und schwierige Schneeverhältnisse, da der Schnee vom Meer kommt und feucht ist. Amy und Lou waren tapfer, aber fuhren nicht gerade in großem Stil. Lou ist ein kräftig gebauter Mann. Er versuchte einfach, die Skier mit reiner Muskelkraft zu bewegen. Amy ist zierlich, und so kam das für sie nicht infrage; sie musste sich viel mehr auf ihr Gleichgewicht konzentrieren.«

Masia testete gerade neue Ski-Modelle für das *Ski Magazine*. Das bedeutete, er war einer der wenigen Menschen weltweit, die wussten, dass ein junger slowenischer Entwickler namens Jurij Franko in einer unscheinbaren Fabrik am Fuß der Julischen Alpen eigenhändig eine neue Art Ski entworfen hatte. Frankos Elan-SCX-Skier waren viel kürzer als die herkömmlichen, an den Enden dicker, unter den Stiefeln aber immer noch dünn. SCX stand für »SideCut eXtreme«. Während Skier bis dahin lang und gerade und fürs Kurvenfahren eher kontraproduktiv waren, hatten die neuen eine Taillierung und fuhren Kurven wie von selbst. Alles, was man tun musste, war, sie so weit zu kippen, dass die Kanten auf dem Schnee aufsetzten und man »carvte« (heute ist das Wort geläufig, was damals nicht der Fall war). Die Skier machten dann einen Bogen, von dem die Kanten geradezu ein Teil waren. Im Fall des Elan SCX war dieser Bogen, vorausgesetzt, der Skifahrer rutschte nicht ab, Teil eines Kreises mit einem Radius von 15 Metern – etwa ein Drittel des

Wendekreises von herkömmlichen Skiern. Der SCX war als Riesenslalomski konzipiert, und einen 15-Meter-Radius zu fahren, indem man einfach die Kanten aufsetzen und die Ski laufen ließ, kam einer Revolution des Riesenslaloms gleich. Die neuen Skier, schrieb Masia, waren »rasend schnell«. Als sie zum ersten Mal bei Rennen in Slowenien zum Einsatz kamen, gewannen sie acht der zehn Spitzenplätze. Die Carving-Technik war geboren.

Bis 1993 waren Masia weitere Testpaare des SCX geschickt worden und ein ähnliches Modell von Kneissl mit Namen Ergo. Eines Apriltages am Ende der Saison bot er der zierlich gebauten Starautorin an, die Skier auszuprobieren.

»Es war wie Segelfliegen«, sagte Amy Tan.

Ihr Lehrer schrieb einen etwas wortreicheren Bericht: »Sie konnte auf der Stelle saubere Schwünge fahren, und das trotz frühlingshafter Bedingungen und einer brüchigen Schneedecke. Auch ihren Ehemann stellte ich auf SCX, und ihm ging es ganz genauso ... Möglicherweise sind die beiden die ersten Skischüler, die die Ehre hatten, auf modernen Skiern das Carven zu erlernen.«

Kaum einer, der die neu geformten Skier ausprobierte, kehrte zu den alten geradlinigen zurück; ganz so, wie kaum jemand, der in den 1970ern einen der großen Prince-Tennisschläger ausprobierte, je wieder zu einem Dunlop Fort griff. Die neuen Ski waren so kurz, dass sie dem Machismo, der den langen anhaftete, ein Ende bereiteten. »Es gab ein bisschen Widerstand von einigen sehr guten Skifahrern, aber der löste sich in der Regel in Wohlgefallen auf, wenn sie sie ausprobierten«, sagte Masia. »Drei Jahre später konnte man ohne sie kein Rennen mehr fahren.«

Das ist nur leicht übertrieben. Drei Jahre später fielen einem jungen Skifahrer aus dem nördlichen New Hampshire ein paar äußerst taillierte Skier in die Hände, die in der K2-Fabrik im Puget Sound gefertigt worden waren, nur eine kurze Fahrt mit der Fähre von Seattle entfernt. Diese Skier waren an den Seiten auf 14 Millimeter tailliert – das heißt, sie waren in der Mitte 14 Millimeter schlanker als im Durchschnitt – und hatten einen Kurvenradius von 22 Metern. Sie hießen K2 Fours, und ihnen wurde zum ersten Mal 1996 bei einem Wettbewerb der US Junior Championships am Sugarloaf in Maine Auslauf gewährt. Der Skifahrer, der allen zeigte, wozu sie fähig waren, war ein Rebell, der wusste, was er wollte – und zwar gewinnen. Er hatte Geschick, Stärke und Übermut im Überfluss.

Sein Name war Bode Miller. Er hatte einen ganz eigenen Stil, und der passte zu den neuen Skiern. Es ging um sie, nicht um ihn. Er lehnte sich zurück, als eine ganze Generation von Skilehrern noch schrie, man solle sein Gewicht ja bloß nach vorne verlagern. Auf der Piste konnte er sich auf seine Kraft und Intuition verlassen, was ihn aus Situationen rettete, die eigentlich im Sicherheitsnetz hätten enden müssen. Es kümmerte ihn nicht, wie er aussah, solange seine Skier ihn schnellstmöglich nach unten brachten. Er gewann drei der vier Rennen, für die er in dem Jahr am Sugarloaf angetreten war. Und so waren die Würfel gefallen. »Über Nacht«, schrieb Masia, »brauchte jeder Skifahrer des Landes ein Paar der K2, nur um im Rennen zu bleiben.«

In meiner persönlichen Ruhmeshalle der Skifahrer hätte Miller einen Platz, aber er müsste ihn mit mindestens einem Dutzend anderer Männer und Frauen (16, um genau zu sein) teilen, die mehr Weltcup-Siege auf ihren Namen verbuchen können. Er ist nicht der beste Skifahrer aller Zeiten. Das ist Lindsey Vonn, oder es ist Ingemar Stenmark, wahrscheinlich in dieser Reihenfolge.[*] Er ist auch nicht der beste Ab-

---

[*] Stenmark konnte mehr Rennen für sich entscheiden als Vonn, aber alle im Slalom oder Riesenslalom. Vonn hat in allen vier Disziplinen des Ski alpin gewonnen.

fahrtsläufer aller Zeiten. Dies ist Medaillen, Siegerpodesten, Jubel und Bekanntheitsgrad zufolge in jeder Hinsicht Franz Klammer. Miller ist kein Extremski- und kein Off-Piste-Fahrer oder Pisten-Poser, obwohl er all das sein könnte, wenn ihm der Sinn danach stünde. Er ist jedoch ein Pionier. Denn er erfand das Skifahren neu und verdiente sich dadurch beim längsten und schnellsten aller Skirennen seinen Platz auf dem schweren Weg zum Sieg.

Dreizehn
Nomaden im Schnee

[Schneerinnen] können als natürliche Landstraßen betrachtet werden, die eine gütige Vorsehung an den passenden Stellen angelegt hat, auf dass der Mensch über einen Boden hinwegkomme, der sonst unzugänglich sein würde. Für den Bergsteiger sind sie ein bloßes Spiel … [für] den Neuling sind die Schneerinnen dagegen ein großer Kummer…

Edward Whymper, *Berg- und Gletscherfahrten in den Alpen*

Als der große Journalist und Geschichtenerzähler George Plimpton 2003 in New York verstarb, brachten mich die Nachrufe auf eine Idee. Plimpton war für seine Prosatexte berühmt, mehr noch aber vermutlich dafür, dass er es einst wagte, gegen den legendären Weltergewichtler Sugar Ray Leonard in den Ring zu steigen. Dafür und für ähnliche Aktionen wurde er als Begründer des »partizipativen Journalismus« bekannt.

Dummheiten zu begehen, um dann darüber zu schreiben, ist eine altehrwürdige Weise, Zeitungen zu füllen. Plimpton ging noch einen Schritt weiter. Er verfeinerte die Methode, die eigenen Träume wahr werden zu lassen, und er gab dem Ganzen einen Namen. Meine Idee war einfach: Ich wollte zu seinen Ehren Ski fahren. Ich wollte jemanden gewinnen, dafür zu zahlen, dass ich einen Text im Stil des partizipativen Journalismus verfasste, und zwar ging es um die längste und rasanteste Abfahrtsstrecke im Weltcup-Zirkus.

Es gibt keinerlei Hinweise, dass sich Plimpton für Schnee oder fürs Skifahren interessiert hätte. Aber darum ging es auch nicht. Sein Tod bot mir einen Anlass. Und irgendwie konnte ich mich des Gefühls nicht erwehren, sein Geist hieße es gut, wenn ich die Sache durchzog. Bei der fraglichen Downhill-Strecke handelte es sich natürlich um die berüchtigte Lauberhornabfahrt hoch über Wengen im Berner Voralpenland. Nachdem die Piste von der Schweizer Armee für den Wettkampf vorbereitet und bevor sie von den Profis zu Matsch gefahren worden wäre, wollte ich sie so schnell hinabsausen, wie man das von einem verblendeten Amateur erwarten konnte. Dafür bedarf es einer Spezialerlaubnis. Meine Chancen waren gering. Das Risiko einer schweren Verletzung groß. Zumindest war es das, was Plimpton behauptet hätte. Und so tat ich es auch.

Mein Redakteur war damals nicht sonderlich an den Details redaktioneller Arbeit oder an Budgets interessiert. Er hörte mich an und nickte. Ich brauchte einen Moment, um zu begreifen, dass er Ja gesagt hatte.

Die Lauberhornabfahrt ist die Schweizer Antwort auf den Hahnenkamm, von dem Österreich behauptet, es sei die gefährlichste Abfahrtsstrecke der Welt. Tatsächlich stürzen mehr Läufer am Hahnenkamm oberhalb von Kitzbühel, da die Strecke so steil ist. Doch es gibt mehr schwer verletzte Läufer am Lauberhorn, da die Strecke rasanter und ermüdender ist. Der Franzose John Clarey erreichte im Jahr 2013 am Lauberhorn mit 161,91 km/h die höchste Geschwindigkeit, die je bei einer Weltcup-Abfahrt gemessen wurde. Das durchschnittliche Gefälle beträgt hier 25,3 Prozent.

In der Nähe des Gipfels gibt es zwei Sprünge. Der erste ist der Russisprung, wenige Sekunden unterhalb des Starts. Der zweite, der Hundschopf, ist der wohl spektakulärste Sprung im Skirennsport. Betrachtet man den Hundschopf von oben, sieht man, dass er von zwei dunklen Felsen gerahmt wird, und die Strecke führt genau zwischen ihnen hindurch. Von unten sieht es aus, als würden die Skiläufer zum reinen Vergnügen von einem Katapult durch die Luft geschleudert. Tatsächlich sind sie verzweifelt darum bemüht, ihre Zeit in der Luft zu verkürzen, da sie beim Landen nur den Bruchteil einer Sekunde haben, um die Kompression zu verkraften und sich für die sofort folgende Rechtskurve in Position zu bringen. Diese Stelle ist nach Josef Minsch benannt, der 1965 von dort mit dem Helikopter abtransportiert wurde und die folgenden Wochen im Krankenhaus verbrachte.

Die Lauberhornabfahrt ist 4,47 Kilometer lang – über eineinhalb Kilometer und eine Minute Fahrtzeit länger als alle andern Rennstrecken. »Sie ist wie vier Abfahrtsstrecken aneinandergereiht«, sagte Miller. »Man kann nicht gut sehen, da kein Blut zum Kopf gepumpt wird. Das gesamte Blut im Körper fließt zu den großen Muskelgruppen und sorgt dafür, dass man aufrecht steht. Alles um einen herum wird grau. Man bekommt einen Tunnelblick. Und dann kommen die beiden brutalsten Kurven aller Abfahrtsläufe.«

Die erste ist eine Rechtskurve, die in eine scharfe Linksdrehung und einen Sprung mündet. Die Ziellinie befindet sich ein paar Meter hinter dem Sprung. Miller sagt, er habe 2007, als er den Sprung wagte, beinahe das Bewusstsein verloren. Er stürzte bei der Landung und trudelte im Liegen über die Ziellinie, doch er gewann das Rennen mit eineinhalb Sekunden Vorsprung. Auch im Jahr darauf war er Sieger.

Als ich ein Teenager war, entwickelte sich die Lauberhornabfahrt zum Mittelpunkt meiner Schnee-Obsession. Nach dem Schulabschluss wollte ich nur eins: mitten in einem Schneesturm am Rand der Rennstrecke stehen und den besten Skifahrern der Welt beim Vorbeifliegen zusehen. Also machte ich mich mit einem duldsamen Freund auf den Weg von Calais nach Wengen und versuchte, Glühwein, den wir auf einem Campingkocher neben der Piste warm gemacht hatten, unter die Leute zu bringen. Auch wenn das nicht so recht klappte, sahen wir doch das Rennen (wobei »sehen« das falsche Wort ist; wir hörten das Rattern der Ski, das zustande kommt, wenn man über Schnee fährt, der mit Wasser geimpft wurde, damit er zu Eis wird. Und wir erhaschten einen kurzen Blick auf Skigrößen mit Namen wie Weirather und Wirnsberger, vom Kampf mit der Schwerkraft und übersäuerten Muskeln vornübergebeugt). Als das Rennen vorüber war, trampten wir zurück nach England.

Neunzehn Jahre später brauchte ich einen Guide, der die Obrigkeit für mich günstig stimmen konnte. Bei Paul, dessen Dienste ich schließlich in Anspruch nahm, war John le Carré regelmäßig Klient. Außerdem kannte er die Leute, die die Strecke wettkampftauglich machten. Sie sagten, sie würden ein Auge zudrücken, solange wir weg vom Berg wären, wenn ihr Arbeitstag begann, was bedeutete, dass wir im Morgengrauen abfahren mussten.

Noch vor der Dämmerung nahmen wir den Zug, der uns zur Spitze bringen sollte. Als der Umriss der Eigernordwand aus der Dunkelheit eine Meile über uns auftauchte, waren wir startbereit. Ein Schweizer Gebirgsjägerbataillon aus Fribourg hatte den Schnee eine Woche lange festgewalzt. Unterhalb der Startschranke lag er glatt und hart, geformt wie der Rücken eines Eisbären. »Wenn du es rasant magst, bist du hier genau richtig«, sagte Paul. »Innerhalb von zwei bis drei Sekunden erreicht man hier die Maximalgeschwindigkeit.« Und weg war er.

In drei Sekunden auf 144,84 km/h zu beschleunigen, entspricht der doppelten Maximalbeschleunigung eines Porsche 911, und selbst wenn man es auf Skiern nur auf die halbe Geschwindigkeit bringt, wird es recht laut. Ich weiß nicht, wie es bei den Helmen der Rennfahrer ist, aber bei den billigen ausgeliehenen heult einem die Luft in den Ohren.

Gerade als das Heulen zu einem Brüllen anschwoll, warf Paul einen Blick nach hinten und verschwand aus meiner Sicht. Ich versuchte mitzuhalten, doch er fuhr selbst für seine Verhältnisse schnell. Aus den Augenwinkeln sah ich den Russisprung und raste am Hundschopf vorbei. Auf dem einfachsten Streckenabschnitt, unterhalb der Eisenbahnbrücke, machte ich eine Verschnaufpause. An derselben Stelle war einer der Junioren im Jahr 1997 durch zwei Absperrungen gefahren und hatte sich beim Aufprall auf einen Baum beide Beine gebrochen. Am Haneggschuss, einem Steilhang, der als schnellste Etappe gilt, hatte ich Angstfantasien über mein rechtes Bein, das plötzlich seine Unabhängigkeit erklären wollte. Ich hielt an und verließ die Piste. Ich kniff. Wir fuhren noch einmal nach oben und wagten einen zweiten Versuch, doch ich drückte mich wieder.

Zwei Seelen wohnten ach in meiner Brust und machten es beide Male unmöglich, mich auf die Sache zu fokussieren. Es war ein Streit zwischen verlorener Jugend und missgünstiger Altersweisheit, zwischen Mut und Besonnenheit. Die Besonnenheit gewann, und so bin ich auch heute noch am Leben und kann sagen, dass Abfahrtsski auf Weltcup-Niveau und Schach etwas gemeinsam haben: Wer es professionell betreibt, bewegt sich auf einem ganz eigenen Level und in einer ganz eigenen Welt. Der Unterschied liegt darin, dass Schachmeister nur ihren Stolz und das Preisgeld aufs Spiel setzen – Abfahrtsläufer hingegen riskieren alles.

Zum Zeitpunkt unserer zweiten Runde war die Sonne bereits aufgegangen und die Infanterie aus Fribourg für einen letzten Tag am Berg, um die Piste vor dem Rennen zu glätten. Kurz unterhalb des Haneggschuss, entlang des Ziel-S der Lauberhornabfahrt, stellten sie Hunderte Meter eines blauen speziellen Sicherheitsnetzes mit winzigen Löchern auf. Die Größe dieser Löcher ist eine wichtige und relativ neue Entwicklung.

Als ein vielversprechender junger Österreicher namens Gernot Reinstadler am 18. Januar 1991 diese Stelle erreichte, gab es nur Standardnetze mit großen Löchern. Reinstadler war erschöpft. Denken Sie daran, was Miller sagte: »Man kann nicht gut sehen, da kein Blut zum Kopf gepumpt wird. Das gesamte Blut im Körper fließt zu den großen Muskelgruppen und sorgt dafür, dass man aufrecht steht. Alles um einen herum wird grau. Man bekommt einen Tunnelblick.« Reinstadler stellte sich auf die letzte Kurve ein, doch seine rechte Skispitze verfing sich in einem der großen Löcher. Eigentlich hätte sich der Ski sofort lösen sollen, was aber nicht der Fall war. Hier war ein 20-Jähriger, vor dem eine vielversprechende Karriere lag, der seine Bindungen für das Rennen seines Lebens gut festgeschnallt hatte. Seine Verletzungen waren furchtbar. Sein Bein war auf der Stelle fast ganz abgerissen worden. Der Schnee war dort, wo er entlanggeschlittert war, von Blut durchtränkt. Zeugen sagten, sie hätten nicht hinsehen können. Zehn Stunden danach starb er. Die Ärzte erklärten, massive innere Verletzungen seien die Todesursache gewesen, doch auf der Gedenktafel im Zielhaus der Lauberhornabfahrt steht der wahre Grund: seine Liebe zum Skifahren.

Skifahren aus Liebe kann man einfach erklären. Bei Skifahren um der Geschwindigkeit willen ist das schon schwieriger. Es ist ein reines Vergnügen, aber sinnlos; schön, doch gefährlich, und man bewegt sich dabei auf dem schmalen Grat zwischen menschlicher Kraft und Zurechnungsfähigkeit.

In seinem am Lauberhorn gedrehten Spielfilm *Schussfahrt* versuchte Robert Redford, wie alle anderen, zu zeigen, worauf es ankommt, wenn man bei 150 km/h senkrecht bleiben möchte. Obendrein gefiel ihm die Idee, einen lässigen Amerikaner zu spielen, der in die europäische Ski-Elite eindringt, um sie herauszufordern. Das Leben ahmte die Kunst mit Miller nach, und vor ihm mit Bill Johnson, der das Rennen 1984 gewann. In den Jahren dazwischen waren die Kanadier am Zug: Ken Read, Dave Irwin, Todd Brooker und Steve Podborski, verrückte Frankokanadier in leuchtend gelben Skianzügen, die gewannen, wenn sie auf ihren Füßen blieben, und in Horrorunfälle schlitterten, wenn nicht.

Sie waren eine neue Art Nomaden. Wie schon die Rentier-Nomaden 10 000 vor Christus hatten sie vor allem im Winter zu tun, allerdings fuhren sie Kleinbusse und schliefen in billigen Hotels. Im Prinzip folgten sie dem Schnee. In der Praxis gehorchten sie den Zeitplänen und Vorstellungen der Sponsoren. Es war eine außergewöhnliche, eine obsessive Jagd nach neuen Methoden, der Piste ein paar Nanosekunden abzuringen, stets in der Gefahr eines Fehltritts und mit verschwindend geringer Chance, am Ende des Tages auf dem Siegertreppchen zu stehen.

Bei 150 km/h konnte alles Mögliche schiefgehen. Bindungen, die unter DIN*-Bedingungen eingestellt worden waren, lösten sich, wenn man sie am dringendsten brauchte. Bei der Alpinen Skiweltmeisterschaft im Jahr 2005 verlor Miller bei Sekunde 26 des Abfahrtsrennens einen Ski, fuhr auf einem Bein weiter und wippte das andere in der Luft, als würde er *Schwanensee* hören. Als Todd Brooker 1987 einen Ski auf dem Hahnenkamm verlor, stürzte er kopfüber in eine Absperrung, verlor das Bewusstsein und wurde 200 Meter weit wie eine Strohpuppe über die Strecke geschleudert. Seine Genesung dauerte vier Monate.

Der professionelle Ski-Zirkus hat sich seitdem zwar vergrößert, viel verändert hat sich jedoch nicht. Jeder neue

---

* DIN steht für Deutsches Institut für Normung. Oder auch: Engstirnigkeit.

Wettkampf-Trend bringt seine Anhänger hervor, die sich davon erhoffen, ihren Schneegöttern näher zu kommen, doch so läuft es nicht. Wie die hartgesottenen Männer und Frauen aus Weltmeisterkreisen gehen auch die Free- und Slopestyle-Hipster an die Orte, die die Sponsoren vorgeben.

Am Tag nachdem Dave Rosenbarger im Jahr 2015 an der Pointe Helbronner gestorben war, veranstaltete die Freeride World Tour ihren jährlichen Wettbewerb in Chamonix auf den Pentes de l'Hôtel an der Nordseite des Tals. Bei Freeride-Rennen können die Skifahrer ihre Strecke selbst bestimmen und werden für Stil, Wagemut und Geschwindigkeit bewertet. Die Piste an den Pentes de l'Hôtel führt bei einer Steigung von 40 Prozent an Felsen und Schluchten vorbei. Sie liegt in großer Höhe, ist steil und zeigt nach Süden. Schnee, der hier fällt, schmilzt schnell, und so war die Decke dünn. Unter vielen der Sprünge, die die Fahrer in ihren Lauf einbauen sollten, kamen Steinbrocken zum Vorschein. Einige der Skifahrer hatten Dave gekannt, doch sie konnten das Event nicht absagen, um zu trauern. Sie alle mussten an ihre Karriere und ihre Social-Media-Kanäle denken. Denn wenn ein Beitrag viral geht, kann sich das ganze Leben verändern, und zwar auf positive Weise.

Sam Smoothy aus Neuseeland hatte das Freeriden dem traditionellen Ski alpin vorgezogen. Er hatte den Namen, den Körperbau und das Verhalten eines Stars, war aber noch nicht in der obersten Liga. Für ihn war klar, dass er dort hinwollte, selbst wenn er sein Glück herausforderte. Er war 2011 in Verbier bereits von einem 30 Meter hohen Felsen gesprungen und hatte überlebt, was sein Risikoverhalten wohl beeinflusst hatte. »Eins dreiundneunzig und unerschütterlich«, sagte er sich und seiner Freundin vor jedem Rennen; dies waren auch seine letzten Worte, bevor er sich zu dem halbstündigen Aufstieg zur Bergspitze aufmachte.

Ich sah ihm von unten dabei zu, wie er die Abfahrt scheinbar eintütete. Später erzählte er, er habe gespürt, wie eine Schnalle seines linken Stiefels an der Startschranke aufschnappte. Sitzt so ein Stiefel bei einer harten Landung nicht fest genug, hätte er sich das Knie verletzen können. Zu viel an Flexibilität macht auch scharfe Rechtskurven unmöglich, doch er musste einige nehmen, um den letzten Sprung des Rennens mit genau der richtigen Geschwindigkeit zu erreichen. Ohne vollkommene Kontrolle »traut man sich entweder nicht oder man überschätzt sich«, sagte er.

Warum tut man so etwas überhaupt? Dass jemand bereit ist, ein großes Risiko auf sich zu nehmen für ein paar Sekunden einer Filmaufnahme eines Sprungs von einem Felsen in hohen Schnee, mag lächerlich erscheinen, aber ich sehe das anders. Ich denke, es handelt sich dabei um Kunst. Bedenken Sie die Selbstentfaltung. Hier geht es um mehr als um Essen, Schlafen und Fortpflanzung. Es ist etwas, das unsere Spezies von den Tieren unterscheidet, und am Ende steht ein Kunstwerk wie jene, die Monet mit Pinsel und Farben erschuf, wenn er sich in den Schnee in der Nähe von Giverny aufmachte.

Was allerdings nichts an der Tatsache ändert, dass ein Sprung, mit der falschen Geschwindigkeit genommen, das ganze Leben negativ beeinflussen kann.

Ich hatte Smoothys Rennen im Schnee sitzend verfolgt, neben einer Frau, die mir als die toughste aller Skifahrerinnen vorgestellt wurde. Ihr Name war Marja Persson. Sie kam aus Schweden und fuhr, seit sie zwei Jahre alt war, Ski, mit nur einer zweijährigen Pause, die an einem Februartag im Jahr 2011 begann. Die Freeride World Tour hatte sie nach Kirkwood, nördlich von Lake Tahoe, geführt, wo sie sich an einem Sprung versuchte, allerdings auf einer Piste, die sie zuvor zwar ansehen, nicht aber hatte hinunterfahren dürfen.

»Ich sah, dass ich ein bisschen zu weit hinten aufkommen und auf Stein landen würde«, erzählte sie mir. »Ich versuchte, darüber hinwegzuspringen, doch ich landete mit dem Hintern mitten darauf. Die Felsen dort sind aus Vulkangestein und scharfkantig ... Es war nicht sonderlich angenehm.«

Persson dachte, sie habe sich den Oberschenkel gebrochen, doch es war viel schlimmer. Sie hatte schwere innere Verletzungen erlitten: Ihr Becken war zertrümmert, ein Rückenwirbel gebrochen, sodass ihr Rückenmark vollkommen instabil war. Örtliche Bestimmungen untersagten sowohl eine Hubschrauberbergung als auch den Einsatz von Morphin am Berg. Sie sagte, es seien die schlimmsten Schmerzen gewesen, die sie je gehabt hätte. Es folgten drei Jahre im Krankenhaus, Operationen und Rehatraining, und es sollte insgesamt vier Jahre dauern, bis sie wieder ohne Schmerzen Ski fahren konnte.

Es gibt auch eine weniger bedrohliche Art, seinen Schnee-Enthusiasmus auszuleben. Sie bringt nichts ein und ist auch nicht glamourös, doch nie ist man dem Schnee dabei so dicht auf der Spur, wie die Mitglieder der Stammesgruppe der Gwich'in Nation es sind, wenn sie einer Rentierherde vom Yukon-Territorium nach Alaska folgen. Ich kenne nur einen Einzigen, der das praktiziert, einen Frankokanadier namens Evans Parent. Seit 13 Jahren macht er sich drei bis vier Monate im Jahr auf die Suche nach dem besten Schnee und fährt Ski – wenn möglich, mit Freunden oder seinem Vater. Sonst zieht er allein los. »Das Ziel ist einfach«, schrieb er, als er damit begann. »So viel Skifahren im Tiefschnee für so wenig Geld wie möglich und dabei eine gute Zeit haben.«

Parent leidet für seine Kunst. Zu seinem Vorgehen gehört es, billige Gebrauchtwagen zu Campern auszubauen – und die Berge auf Skifellen* zu erklimmen, anstatt sich einen Ski-

---

* Skifelle befestigt er an der Unterseite seiner Skier, damit er nicht nach hinten abrutscht.

pass zu kaufen. Im Hinterland von British Columbia, einem seiner Lieblingsziele, wo es häufig ohnehin keine Skilifts gibt, steigt er, ohne mit der Wimper zu zucken, mehrmals täglich auf den gleichen Berg, wenn es der Schnee wert ist. Er ist dabei nicht dogmatisch – wenn angeboten, schläft er auch auf einem Sofa, und wenn es nicht anders geht, kauft er ein Ticket für den Lift –, doch er ist Purist. Wer ihn bei einer seiner jährlichen Skitouren begleitet, darf erwarten, im Freien zu übernachten, viel zu schwitzen und direkt vom Campingkocher zu essen. Die Kurven nimmt er im alten, schwungvollen Telemarkstil, bei dem man vor der Natur in die Knie geht. Eine Kurve, die die Spuren eines anderen kreuzt, ist in seinen Augen eben weniger gut.

Er betreibt ein Blog, ganz uneitel und ohne viel Text, was teilweise daher rührt, dass Englisch seine Zweitsprache ist. Als er damit begann, schrieb er, dass sein Winter meistens mit einem Roadtrip von Quebec zu den Rockies beginnt, »ohne zu schlafen, bis wir die Reflexion des Mondlichts auf einer verschneiten Bergspitze sehen können«. Die Aufgabe des nächsten Tages ist es, »ein kleines Stück Paradies ausfindig zu machen, wo der Schnee so schnell fällt, dass er einen bedeckt oder einem ins Sandwich fällt, sobald man stehen bleibt«.

Da fällt die Entscheidung schwer, ob man quer durch Kanada direkt zu den Selkirk Mountains westlich von Calgary fahren soll oder dort nicht doch lieber links nach Utah abbiegt, jedenfalls für einen Mann wie Parent. Seine Vorstellung von Glück (wenn er sich für Utah entschieden hat) ist die, nachts im Little Cottonwood Canyon eingeschlossen zu sein, da die Straße von Salt Lake City infolge eines Blizzards gesperrt ist.

Die ersten Jahre blieb seine Jagd auf Nordamerika begrenzt. Ab 2008 reiste er dann international – zuerst ging es nach Japan, schließlich nach Gulmarg im Himalaja; nach

Karakol und Arlsanbob in Kirgisistan; nach Griechenland, Norwegen und Argentinien. Die gesamte Liste wird als Wortwolke auf seinem Blog dargestellt und ist ein menschengemachtes Gegenmodell für die digitalen Pixelkarten des Global Snow Report der Rutgers University. Möchte man wissen, wohin es einen Schneeabhängigen treibt, der sein Leben um seine Sucht herum organisiert hat, findet man es dort auf einen Blick. Alle Orte, an denen er war, finden sich in der Wolke, ebenso wie die dazugehörigen Blogbeiträge. Die Anzahl der Texte und die Schriftgröße zeigen dabei an, wie oft er an einem Ort war.

Griechenland, Ungarn, Montana und das
Yukon-Territorium bekommen je einen Beitrag.
Argentinien, Bulgarien, Quebec, der Bundesstaat
Washington und Wyoming bekommen je zwei.
Österreich, Kasachstan, Kalifornien und Chile: 3
Frankreich, Georgien, Kirgisistan und Italien: 5
Gulmarg, Indien, die Schweiz: 6
Alaska, Norwegen, Utah: 8
Hokkaido: 23
British Columbia: 31
Japan: 35

Interessanterweise bleiben Colorado, New England und Russland unerwähnt, und dennoch ist das beneidenswert. Hin und wieder frage ich mich, ob auch meine persönliche Liste mich als Nomade im Schnee auszeichnet. Ich habe da so meine Zweifel. Sie wurde durch zufällige Schnee-Expeditionen aufgebläht – wie die, als ich in Aspen war, um über eine Monty-Python-Reunion zu berichten, und den leichtesten Schneefall überhaupt erlebte.

Am höchsten fiel der Schnee in Utah (in einem Jahr war ich für eine Hinrichtung dort, im nächsten für ein Interview mit Robert Redford). Am stärksten auf Mount Hood in Oregon, wo ich nach einem Mordprozess hinfuhr, bei dem die Jury praktischerweise am frühen Freitagnachmittag zu ihrem Urteil gelangte.

Aber das sind nur Zufallstreffer, verglichen mit Evans Parent, der die Schneejagd so ernst nimmt, dass es schwierig sein dürfte, ihm das Wasser zu reichen. Zum ersten Mal versuchte ich es 2012. Er antwortet zwar auf meine E-Mails, aber mit großer Verspätung und mit Nachrichten wie »Den vorgeschlagenen Zeitpunkt für eine Verabredung auf Skype hätte ich nicht wahrnehmen können, war Ski fahren«. Oder: »Bin momentan in Vancouver, mache mich morgen auf nach Washington. Dort ist ein gigantisches Sturmtief, das tonnenweise Schnee bringen wird.«

Einmal hatte er auf dem Weg nach Kirgisistan 90 Minuten Aufenthalt in Heathrow, aber da konnte ich nicht. Infolgedessen genießt er in meiner Vorstellung einen beinahe mythischen Status. Er ist der Inbegriff des Schneesüchtigen, mehr Legende als Mensch; er ist der Odysseus des Winters.

Vierzehn

Die Zukunft des Schnees

Und der Herr antwortete Hiob aus dem Sturm und sprach: »… Bist du gewesen, wo der Schnee herkommt …?«

Das Buch Hiob

Die uralte Beziehung zwischen Mensch und Schnee ist so kompliziert wie berauschend. Über 35 000 Jahre lang war Schnee ein Zeichen unserer Jahreszeiten und speicherte unser Wasser. Seit mehr als 10 000 Jahren ist er universelles Verkehrsnetz für all jene, die ein Paar Kufen haben und die Kälte ertragen können. Seit Menschengedenken war er ein Grund, sich zu beschweren, aber wenn wir ehrlich sind, jammern wir eh über fast alles. Schnee war der Quell wilden und haarsträubenden Nervenkitzels. Es stimmt, dass Eisbären ihren Körper wie einen Bob benutzen, wenn es zu anstrengend ist, zu laufen, aber es ist der Mensch, dem Ehre gebührt. Denn nichts und niemand kommt an ihn heran, wenn es darum geht, über Schnee hinwegzugleiten.

Das Pipe-Monster von Zaugg mag einen seltsamen Namen haben und aussehen wie ein gigantisches Metallinsekt, aber es funktioniert. Man könnte einwenden, ohne es würden keine Frontside Double Cork Twelve-Sixties[*] existieren, und man könnte mit Fug und Recht behaupten, dass das Leben ohne sie langweiliger wäre. Der 120 Meter weite Skisprung von einer Großschanze mogelt sich jedes Neujahr ins

---

[*] Ein Sprung, den nur Shaun White beherrscht, der beste Halfpipe-Snowboarder der Geschichte.

Eurosportprogramm – und auch wenn er jede Durchschnittsperson mit Angst erfüllt, gibt es doch eine hoch entwickelte menschliche Unterart, die diese Angst überwunden hat und die Großschanze zum Fliegen nutzt. Gernot Reinstadler mag am Lauberhorn gestorben sein, doch die Strecke wird noch heute voller Aufregung als großes Naturspektakel gefeiert, und die Bewohner von Wengen, am Fuße des Berges, feiern Schnee überhaupt immer, wenn er fällt. Denn sie wissen etwas, was der Rest von uns erst langsam begreift.

Wir haben Schnee zu lange als gegeben hingenommen. Hin und wieder neckt er uns und ruft uns in Erinnerung, wie hoch und ebenmäßig er liegen kann und wie herrlich er unter den Sohlen knirscht, doch insgesamt macht er sich rar. Er schmollt in Höhenlagen wie der Yeti, den er so manches Mal preisgegeben hat.

Die Frage ist, ob der Rückgang des Schnees unumkehrbar ist, und die Antwort lautet: möglicherweise. Es kann sein, dass Kinder, die in diesem Jahrhundert in England geboren werden, niemals weiße Weihnachten erleben werden, außer vielleicht im nordenglischen Hochland des Peak District oder in den Hügeln der Lakeland Fells. Kinder, die bisher im 21. Jahrhundert in Moskau zur Welt kamen, sind bereits an Regen im Winter gewöhnt, während ihre Eltern noch damit zu kämpfen haben. Moskauer, die noch die Sowjetunion erlebten, kannten tiefste Winter, die seit ewigen Zeiten gleich geblieben waren, seit Anna Karenina und Graf Wronski in Pelze eingehüllt auf Schlitten durch die weißen Straßen glitten, vom Schnee so betört wie voneinander.

Aber es ist noch zu früh, den Schnee verloren zu geben. Selbst wenn man ohnehin nichts tun könnte, als sich zurückzulehnen und ihm beim Schmelzen zuzusehen, wäre das keine Option. Was also sind die Alternativen? Was müsste man tun, um die klimatologische Uhr zurückzudrehen zu den Wintern, die Tolstoi auf der einen Seite der Welt und

Laura Ingalls Wilder auf der anderen inspirierten? Wo wird es weiterhin schneien, komme, was wolle? Und ist es möglich – in der Praxis, nicht nur rein theoretisch –, dass es an einigen dieser Orte auf der sich erwärmenden Erde eher mehr als weniger schneit?

Ich habe auf meinem Smartphone ein Foto gespeichert, das mich jedes Mal beim Betrachten aufs Neue aufmuntert. Es zeigt einen Achtjährigen mit Helm, Jacke und Skihose, der auf einer Steinmauer sitzt und auf den Bus wartet. Er befindet sich am Fuß eines Berges in Frankreich, und es geht ihm richtig mies. Er ist extra für den Schnee hergekommen. Er hat ihn sich vorgestellt, davon geträumt, sich für ihn angezogen, allen Mut für ihn zusammengenommen – und jetzt gibt es keinen. Es sind da nur verdorrtes Gras und das Pfeifen des Windes.

Es ist ein Foto meines jüngsten Sohnes. Es muntert mich nicht auf, weil ich mich am Unglück anderer ergötze, sondern wegen dem, was passierte, bevor und nachdem es aufgenommen wurde. Einen Monat zuvor hatte das MET Office in London eine Karte veröffentlicht, die all jenen Grund zum Jubeln gab, die den Sommer über sehnsüchtig auf Schnee gewartet hatten. Die Karte bildete die Nordhalbkugel vom Osten der USA bis ins Uralgebirge ab. Sie zeigte zwei Tiefdruckbereiche: eines über Dänemark, das andere über Korsika. Dazwischen waren über eine Entfernung von tausend Kilometern zwischen Nordosten und Südwesten drei Kaltfronten zu sehen, die an Schaubilder kriegerisch eindringender Armeen in alten Geschichtsbüchern erinnerten. In der Mitte ihres Vorstoßes lagen die Alpen.

Die Karte war eine Vorhersage für den 5. November. Den Tag, an dem es in den Bergen, die Italien vom Rest Europas abtrennen, zu schneien begann. Der Schneefall hielt drei Tage an. In höher gelegenen französischen und schweizerischen Resorts fiel ein Meter Schnee. Autos wurden darunter begraben, als wäre es Februar. Sogar in den tiefer gelegenen Dörfern wachte man am 7. auf, um festzustellen, dass der Winter früh Einzug gehalten hatte.

Die ganze folgende Woche blieb die Luft über den Bergen kalt. Die *Times* berichtete, die Bedingungen fürs Skifahren früh in der Saison seien in 20 Jahren nie besser gewesen, und viele Menschen drehten ein bisschen durch. Ich weiß es, weil ich einer von ihnen war. Ich buchte einen Wochenendausflug nach Chamonix. Eigentlich konnte ich mir so etwas nicht leisten, aber ich konnte einfach nicht anders. Nutze den Tag. Lebe wie ein Löwe. Wie lange werden die Kinder wohl noch zu Hause wohnen? Nie liegen die Rechtfertigungen dermaßen offensichtlich auf der Hand wie in solchen Momenten.

Und dann drehte der Wind. Die Tiefdruckgebiete verschwanden von der Karte, und in manchen Tälern stiegen die Temperaturen auf über 20 °C. Theoretisch konnte man den Prozess leicht nachvollziehen, praktisch tat es richtig weh, das mitzuerleben.

Ein Meter Schnee kann schnell verschwinden, vor allem, wenn er noch nicht von Maschinen oder der Schwerkraft festgedrückt wurde. Wenn Wärme auf die Oberflächen der Flocken einwirkt, verlieren sie rasch ihre kristalline Struktur. Sie werden zu tristen, vorhersehbaren Wassertröpfchen und rinnen durch die Schneedecke nach unten, wobei sie auf ihrem Weg weitere Schneeflocken vernichten. Ein paar Tropfen, die demselben Weg folgen, formen einen Tunnel und bald darauf ein Rinnsal. Wenn der Boden vom Sommer noch warm ist, schmilzt der Schnee bedauerlicherweise auch von unten. Mitte November waren die Berge außer auf den Pisten am Gipfel wieder kahl, eine wartende Landschaft. Die Skifahrer kamen dennoch, überzeugt, ihr Vertrauen werde von einem weiteren Sturm belohnt, der sich aber nicht einstellte. Der Wind schlug uns einfach nur ins Gesicht.

Es gab keinen Grund, die Qual zu verlängern. Wir packten, um früher abzureisen, doch als wir das Auto beluden, kam ein unterbeschäftigter Mitarbeiter des Skilifts zu uns herüber. »Versucht es in Italien«, sagte er. »Manchmal ist es durch den Föhn dort besser.«

Der Wind, der uns geschlagen hatte, trug einen Namen: Föhn – das reimt sich auf schön. Er kommt aus Afrika und ist ein gigantischer Wärmeaustauscher, der die Energie des Saharasandes ohne einen Gedanken an die Menschen dort nach Europa trägt.

Wir gaben nicht viel auf das, was der Mann gesagt hatte, aber wir versuchten dennoch unser Glück. Der schnellste Weg nach Italien führte durch den Mont-Blanc-Tunnel. Der Tunnel wurde direkt durch ein 16 Kilometer breites, fünf Kilometer hohes und beinahe 50 Kilometer langes Bergmassiv gebohrt.

Wir hatten nicht viel darüber nachgedacht, was mit einem Wind geschieht, der dieses Massiv mit voller Breitseite erwischt, und so kam es uns vor wie ein Wunder, als wir durch den südlichen Ausgang in eine wirbelnde Welt hinausfuhren, es war wie in einer Schneekugel. Der Schnee lag dick auf allen Pisten. Es schneite ununterbrochen weiter: große Flocken, aber nicht zu groß. Der Schnee häufte sich schnell an und blieb mindestens einen Tag lang schön weich. Innerhalb von 20 Minuten waren wir von einem trockenen Herbst in den tiefsten Winter gereist. Der Himmel in Richtung Süden war schneeverhangen. Wolkenbänke zogen hoch ins Aosta-Tal, bis sie mit der mächtigen Südseite des Berges zusammenstießen. Dort kamen sie zum Halten und stapelten sich übereinander wie Luftschiffe in einer Warteschleife. Die Grenzpolizei brauchte Ewigkeiten mit unseren Pässen, aber das spielte keine Rolle. Wenn es schneit, spielt nichts anderes mehr eine Rolle.

Hier war keine Zauberei am Werk, sondern unsere alte

Bekannte, die Clausius-Clapeyron-Gleichung. Die Wärme des Föhnwindes sorgte dafür, dass er bei der Überquerung des Mittelmeers gigantische Massen an Feuchtigkeit aufnehmen konnte. Als die Luft über die Berge strich, kühlte sie mit zunehmender Höhe ab. Am Mont Blanc konnte sie nicht anders, als weiter nach oben zu steigen. Die Feuchtigkeit gefror, kristallisierte und rieselte hinunter. Während die Kristalle fielen, wurden sie zu Schneeflocken, die sich mit anderen verbanden, größer wurden und die Luft trocken saugten.

So kam der Schnee nach Italien. Die Luft, die ihn dorthin gebracht hatte, musste weiterziehen, um Platz für neue zu schaffen, und zog weiter bis nach Frankreich, wo sie die Umrisse des tiefen Tals bei Chamonix streifte wie ein wütender Geist. Wir aber hatten all das hinter uns gelassen. Mein Achtjähriger lächelte. Wir konnten unser Glück kaum fassen.

Es war, als hätten wir entgegen allen Erwartungen gewonnen. Wir waren so aufgeregt, wie man es nur sein kann, wenn man den Blick nach oben richtet und zum ersten Mal Schneefelder sieht, die wie Wolken an einem Sommerhimmel hängen.

Es war genauso perfekt wie damals, als ich mit 14 Jahren zum ersten Mal überhaupt so viel Schnee sah. Eine wohlhabende Tante nahm mich mit auf eine düstere Hütte über dem Genfer See, und wir beendeten die Reise in einem Schneesturm im tiefsten Winter auf einem Pferdeschlitten. Ich sollte Skifahren lernen, doch der Schnee fiel an den ersten drei Tagen zu dicht für alles außer Lachen und Schneeballwerfen. Es glich einem Wunder – und genauso wird sich Schnee wohl für die von uns, die unterhalb des 60. Breitengrades leben, immer anfühlen.

Jedes Jahr braucht es ein bisschen mehr Glück. Es wird häufiger kahle Berge geben, mehr Schnee, der sich in Regen verwandelt – und nicht andersherum –, mehr unbeständiges

Föhnwetter. Noch ist es möglich, den Schnee zu retten. Und so werden auch in Zukunft Rekord-Blizzards in die Geschichte eingehen. Und es gibt noch immer schneereiche Orte, die kaum erkundet wurden.

Wem aber gebührt der Ehrentitel in Sachen Schnee? Der naheliegendste Kandidat ist wohl der Mount Baker im Nordwesten des Bundesstaates Washington. Nicht viele Orte können mit den vierwöchigen Schneefestspielen mithalten, die die Sonne wochenlang am Stück versteckten und ganze Häuser bis zum Sommer begruben, oben, auf den Pisten des Berges im Jahr 1999. Bis heute wird behauptet, die knapp 30 Meter, die in diesem Winter fielen, wären der Saison-Weltrekord gewesen.

Sollen wir's dabei belassen? Mount Baker ist nicht sonderlich hoch. Wo auf der Welt findet man höhere Berge, in der Nähe reichhaltiger Feuchtigkeitsquellen, an Orten, an denen es kalt genug ist, um zu schneien? Es gibt einige Anwärter in den Kanadischen Rockies und im Fernen Osten Russlands. In Japan und Norwegen gibt es Küstengebirge, deren Nähe zum Meer ihre nur moderate Höhe ausgleicht.

Und wo noch?

Matthew Clarkson, ein Geowissenschaftler und Mitglied des Onlineforums *Stormtrack*, das auf Sturmjagden spezialisiert ist, begann vor ein paar Jahren, sich für genau diese Frage zu interessieren. Er entwickelte ein Modell, in das alle erhältlichen Daten des US-amerikanischen Global Forecast System (GFS), ein satellitenbasiertes Wettervorhersagesystem, eingespeist werden können, um den schneereichsten Ort der Welt zu bestimmen.

Persönlich vermutete er, dass Mount Fairweather und Mount St. Elias den Wettkampf um den Spitzenplatz untereinander ausfechten würden, vielleicht noch mit Mount Baker, möglicherweise aber auch nur zu zweit. Und tatsächlich belegten genau diese Berge vordere Listenplätze, als sein Modell die Ergebnisse ausspuckte.

Der Gewinner fand sich jedoch ganz woanders. Er war weder in Nordamerika noch in Russland, Japan oder Skandinavien. Er lag nicht im Kaukasus, auch nicht in der Arktis oder Antarktis. Es handelte sich vielmehr um einen Berg, der in den letzten 20 Jahren nur selten erklommen oder von Fremden besucht wurde, denn es herrschten an seinem Fuß politische Unruhen, und die Einheimischen unternahmen große Anstrengungen, dabei nicht gestört zu werden. Er war höher als die meisten Gipfel Nordamerikas und höher als alle in Europa, allerdings bei Weitem nicht so hoch wie der Himalaja. Der Berg lag in Sicht der badewannenwarmen Gewässer der Karibik, und sein Name lautete: Pico Cristóbal Colón.

Der Pico Cristóbal Colón ist der höchste Berg Kolumbiens, er erhebt sich über dem Dschungel im hohen Norden des Landes, mit einer Turbo-Propellermaschine keine halbe Stunde von der sonnigen Karibikinsel Aruba entfernt. Er bildet den nördlichen Abschluss der Hochanden. Betrachtet man ihn auf Google Earth, liegt Schnee auf seinem Gipfelkegel, wie von Clarkson vermutet. Aber wie viel Schnee?

Der Gipfel liegt auf 5785 Meter Höhe und ist immer schneebedeckt. Da er sich in der Nähe des Äquators befindet, gibt es keine vier Jahreszeiten, sondern sechs Monate mit heftigen Regenfällen von März bis Oktober und noch nicht einmal 20 Tage im Jahr ohne irgendwelche Niederschläge. Die Eisgrenze liegt nie weit über oder unter 4900 Metern. Darunter schneit es fast nie. Darüber hört es fast nie auf damit. So jedenfalls lautet das Ergebnis der auf GFS-Daten basierenden Klimamodelle.

Die Zahlen sind beeindruckend. Nachdem ich auf Clarksons Theorie gestoßen war, konnte ich nicht damit aufhören, immer wieder die Schneeprognosen für den Berg anzusehen, die für Höhen von über 5000 Metern regelmäßig Schneemengen von über zwei Metern *pro Tag* vorhersagen, und das sogar im Juli. Mit C. F. Brooks gesprochen, liegt hier der theoretische Maximalwert. Es ist täglich so viel Schnee, wie zahlreiche alpine Skiresorts heute im Laufe einer gesamten Saison erwarten; eine schier unfassbare Menge an Schnee. Es mag unwahrscheinlich klingen, dass der schneereichste Ort der Erde eine kurze Fahrt von den Nachtclubs in Medellín entfernt liegt und selbst 17 Jahre nach der Jahrtausendwende nicht als solcher anerkannt wurde, doch genau so ist es.

In Gedanken bin ich bereits dorthin gepilgert. Nicht jedoch in Wirklichkeit. Das Volk der Kogi, das den Dschungel bewohnt, der den Berg umgibt, betet ihn seit Tausenden von Jahren als Zentrum ihres Universums an. Sie lassen keine Fremden hinauf. Eine kleine Anzahl von Wanderern klettert jedes Jahr mit anerkannten Guides zu den präkolumbianischen Ruinen der Ciudad Perdida – der verlorenen Stadt –, doch es gibt nur einen einzigen Weg. Und der führt nicht einmal in die Nähe des Gipfels. Darüber hinaus kursieren Gerüchte über Entführungen, die die Leute davon abhalten sollen, den Weg zu verlassen.

Mit heraushängender Zunge in einem Zwei-Meter-pro-Tag-Schneesturm auf den nordöstlichen Pisten des Pico Cristóbal Colón auf fünfeinhalbtausend Meter Höhe zu sitzen, klingt wunderbar. Gekidnappt zu werden eher weniger. Ein ganz schlechtes Gefühl. Es muss sich ähnlich dämlich anfühlen, als reiste man dorthin, nur um herauszufinden, dass die Niederschlagsmodelle nicht genau waren und auf dem Berg gar nicht sonderlich viel Schnee fällt, und beide Szenarien sind plausibel. Ich rede mir ein, es sei besser, an dem Gedanken eines geheimen südamerikanischen Schneelagers* festzuhalten, von Menschen unberührt und mit unglaublichen Schneemengen, und das nicht weiter zu hinterfragen. Denn manchmal ist die Realität einfach zu trist, da ist es besser, nicht so genau hinzusehen.

Dass die globale Erderwärmung von Treibhausgasen angefacht wird, ist weder neu noch umstritten. Das Funktionsprinzip, wonach atmosphärische Gase die Wärmestrahlung zurückhalten und das Leben dadurch angenehmer wird, wurde von dem irischen Physiker John Tyndall bereits Mitte des 19. Jahrhunderts ersonnen. Ohne sie läge die durchschnittliche globale Oberflächentemperatur laut NASA-Schätzungen eher bei minus 18 °C als bei plus 15 °C.

Wasserdampf ist das am reichlichsten vorkommende natürliche Treibhausgas. Kohlendioxid steht an zweiter Stelle. Es leuchtet also ein, dass die Temperaturen steigen, wenn mehr davon menschengemacht in die Atmosphäre geblasen wird. Geschieht dies, nehmen komplexe Veränderungen der ozeanischen Zirkulation und der Windverhältnisse ihren Lauf, und die Veränderungen werden in unserem Leben spürbar. Der Winter beginnt eher später und endet früher. Der Gefrierpunkt wird seltener erreicht. Was früher als Schnee gefallen wäre, fällt jetzt als Regen. Die Schneedecken werden allgemein dünner. Beginnt der Sommer, zeigt sich dies deutlich an leeren Wasserreservoirs. Bauern und Haus-

---

* Wie es der Zufall will, gibt es gute Beweise für ein solches Lager, allerdings nicht in völlig unberührter Lage und nicht in Kolumbien. Es liegt am anderen Ende des Kontinents in den oberen Gebieten des Tyndal Glaciers, im Gletschergebiet des Südlichen Patagonischen Eisfeldes. Ende 1999 entnahm ein japanisches Expeditionsteam hier einen Eisbohrkern, dessen Analyse eine jährliche Rate von 17,8 Metern in Schnee-Wasser-Äquivalent nahelegte. Mal zehn multipliziert, erhält man in etwa die Gesamtschneemenge. Sie ist um ein Vielfaches höher als das Rekordergebnis einer Saison am Mount Baker und kann damit erklärt werden, dass die Pazifikwinde in Patagonien geradezu übersättigt sind, und das unter dem Gefrierpunkt. So hört es auf dem Gipfel des Tyndall-Gletschers auf 1700 Metern nur selten auf zu schneien.

halte müssen sich anpassen. Das ist weder Schwarzmalerei noch Gruppendenken. Es ist schlichtweg, was um uns herum geschieht.

Die Beweislage ist für alle klar ersichtlich, und um an die Informationen zu gelangen und diese zu analysieren, benötigt man keine göttliche Instanz. Am 9. Mai 2013 zählten Infrarotinstrumente zur Luftprobenentnahme an der Messstation Mauna Loa auf Hawaii in 3300 Meter Höhe und somit in weiter Entfernung von allem, was ihre Messung hätte verzerren können, zum ersten Mal einen Kohlendioxidwert von über 400 ppm. Polareisbohrkerne legen nahe, dies sei die höchste CO_2-Konzentration innerhalb von drei Millionen Jahren gewesen, die zwar an einem Ort genommen wurde, aber für die gesamte Atmosphäre stehen kann (im Gegensatz zu Messwerten aus Städten beispielsweise, die häufig viel höher ausfallen).

Eine Plakette am Eingang der Messstation zeigt eine Grafik mit CO_2-Werten, die seit 1958 kontinuierlich von 318 auf 380 ppm im Jahr 2005 angestiegen sind. An der Zahl 400 ist eigentlich nichts Besonderes, außer, dass sie rund und etwa doppelt so hoch ist wie der Durchschnittswert im vorindustriellen Zeitalter und dass viele Menschen gehofft hatten, dieser Wert würde nie erreicht werden. Doch wir haben ihn erreicht, und es geht weiter nach oben. Der Zählerstand 2018 lag bei 412.

Unterdessen hat sich der durchschnittliche Schneefall in den meisten Teilen unserer Welt verringert.

In La Grande Chartreuse, dem Mutterkloster des Kartäuserordens nördlich von Grenoble, sprechen die Mönche nicht mit Außenstehenden (wie ich eines Frühlings herausfand, als ich dorthin fuhr, um sie doch dazu zu bewegen), aber in ihrer Bergfestung messen sie den Schneefall. In den drei Jahrzehnten nach 1980 fielen 30 Prozent weniger als in den drei Jahrzehnten davor. Die Schneedecke ist nur noch halb so dick, und der Schnee bleibt 30 Tage kürzer im Jahr liegen.

Das Kloster liegt auf 945 Metern über dem Meeresspiegel. Auf dieser Höhe wird der Schnee auch in der Schweiz weniger, selbst weit oben auf 3000 Metern und höher hat in den letzten 70 Jahren nicht eine einzige Schweizer Wetterstation eine Zunahme des durchschnittlichen Jahresschneefalls verzeichnet.

In Bariloche, der patagonischen Bergstadt, in der sich Nazis nach dem Krieg versteckt hielten, gab es jeden Winter reichlich Schnee. Nicht jedoch in den letzten fünf Jahren. In Alaska beim 1850 Kilometer langen Iditarod-Hunderennen, bei dem die Schlitten früher von Anchorage nach Nome über nichts als frischen Schnee gezogen wurden, verlagert man den Start heute ins 480 Kilometer nördlicher gelegene Fairbanks. In Mora, wo jedes Jahr in der ersten Märzwoche Schwedens größtes Skilanglaufrennen stattfindet, verlässt man sich zwischenzeitlich auf Kunstschnee, der mit dem Helikopter eingeflogen wird, wenn die Strecke für Lkws zu matschig wird.

Die Schneearmut so aufzulisten schmerzt, scheint aber notwendig. Meistens ziehe ich es vor, mich an Strohhalmen festzuklammern, und die Clausius-Clapeyron-Gleichung ist mein liebster. Um sie kurz aufzufrischen: Sie besagt, dass die Menge an Wasserdampf in der Luft mit jedem Grad Erwärmung um sieben Prozent ansteigt. Über die Jahre habe ich die Meinung angesehener Menschen eingeholt, die bereit sind zu bestätigen, dass dies nahelegt, Schneestürme könnten stärker werden, bevor sie verschwinden.

Zum Beispiel:

»Die Simulationen, die ich analysiert habe, zeigen bis ins Jahr 2040 einige recht heftige Blizzards.« Professor Raymond Pierrehumbert, der die Halley-Professur für Physik an der Universität Oxford innehat.

»Es ist tatsächlich möglich, dass Orte wie der Mount Baker oder andere in Norwegen oder British Columbia, wo es
bei milden Temperaturen reichlich Schnee gibt, einen Anstieg des jährlichen Durchschnittsschneefalls verzeichnen
werden und daher möglicherweise auch der Rekord von
1998–99 gebrochen wird.« Dr. Philip Mote, Oregon Climate
Change Research Institute.

»Solange die Temperaturen im richtigen Bereich bleiben,
könnten wir sogar noch größere Schneestürme als bisher erleben.« Dr. Kevin Trenberth, US National Center for Atmospheric Research.

Im Jahr 2012 sprach ich mit Trenberth. Drei nicht sonderlich schneereiche Jahre später war sein Vertrauen in die
Grundlagen der Atmosphärischen Physik kein bisschen ge-
mindert: »In den Folgejahren«, so schrieb er, »können wir
durch den Klimawandel im Hochwinter mit mehr Schnee
rechnen, da die Atmosphäre für jedes Grad Celsius an Erwärmung sieben Prozent mehr Feuchtigkeit aufnehmen
kann. Solange die Temperatur den Gefrierpunkt nicht über-
schreitet, wird das Ergebnis mehr Schnee sein.«

Klimaskeptiker greifen solche Kommentare als Beweis für
eine Klimawandel-Mafia auf, die sich in Erklärungen ver-
rannt hat, um über das aufzuklären, was laut ihrer eigenen
Weltsicht unerklärbar ist. Ich bin da eigennütziger und ent-
nehme dem allem, dass ich die Hoffnung nicht aufgeben
sollte, bis an mein Lebensende riesige Schneemengen erleben zu können, selbst wenn das meinen Kindern nicht mehr
vergönnt sein sollte. Zugleich ist mir klar, dass ich mir selbst
etwas vormache. Ich nehme den Bestätigungsfehler sehen-
den Auges in Kauf, ignoriere, was ich nicht hören will, und
nehme nur wahr, was mir gefällt.

Kontext ist alles. Kurz bevor Kevin Trenberth seine er-
sehnten Worte über größere Schneestürme äußerte, erinnerte er mich daran, dass »immer mehr dieser Stürme mit der

Zeit eher Regen- als Schneestürme sein werden«. Philip Mote ließ sich nur zögerlich dazu bewegen, über den saisonalen Rekordbruch am Mount Baker zu spekulieren. Er fing so an: »Meine Vermutung lässt nur wenige Anhaltspunkte dafür zu, dass Blizzards stärker werden.« Und was Professor Pierrehumbert angeht, folgt hier sein Zitat ungekürzt: »Die Simulationen, die ich analysiert habe, zeigen bis ins Jahr 2040 einige recht heftige Blizzards, aber zwischen 2040 und 2080 wird es so warm, dass kaum noch Schnee fällt und er dann langsam verschwinden wird.«

Er wird langsam verschwinden.

Sechs Jahre nach dieser Aussage nahm ich wieder Kontakt zu ihm auf, um mich zu erkundigen, ob die Aussichten zwischenzeitlich eher sonniger oder schneereicher wären. Er erklärte, die Prognose habe für den Mittleren Westen der USA gegolten und auf Daten basiert, die er für eine Wetterstation in Chicago erarbeitet hatte, um herauszubekommen, warum die Schneedecke in Wisconsin für den Langlauf zu dünn wurde. Aber nein, bezüglich des Gesamtbildes, mit dem im Rest des Landes gerechnet werden müsse, gäbe es keine Veränderungen. Nur genauere Modelle und mehr Vertrauen in die Ergebnisse. Nach 2040, sagte er, wird hoch über der Prärie noch immer Schnee entstehen, »aber man wird an den Punkt gelangen, an dem die untere Erdatmosphäre so warm ist, dass er beim Fallen schmilzt«.

Vor langer Zeit, zu Beginn des Jahrtausends, ging ich mit zwei Kleinkindern (beides meine) auf dem Mammoth Mountain in Kalifornien spazieren. Überall lag Schnee. Sie liebten es. Einer hob einen Batzen vom Boden auf und sagte: »Schau, was ich gefunden habe!« Wie wir lachten. Es war, als habe er Heu in einer Scheune gefunden. Doch die Zeit wird kommen, in der es in unseren Breitengraden so selten sein wird, Schnee zu sehen, wie eine bedrohte Vogelart.

Es wird eine letzte Schneeflocke geben, so wie es eine erste gab. Vielleicht beginnt sie ihre Reise zur Erde erst in Millionen von Generationen, wenn die Sonne sich ausdehnt, um die Ozeane zu verdunsten und den Planeten zu verschlingen. Vielleicht fällt sie schon früher. Können wir das verhindern?

Natürlich können wir das. Ich sage das zum einen, weil es besser ist, als Trübsal zu blasen, aber auch weil manchmal Geschichten auftauchen, die einem Schnee-Junkie Hoffnung geben. Eine davon schrieb ich selbst. Es war ein Interview mit Professor Stephen Emmott, dem Wissenschaftler, den Bill Gates angestellt hatte, um das Microsoft Research Lab (MSR) in Cambridge zu leiten. Was das menschliche Vermögen anbelangt, die Geburtenrate auf ein zukunftsfähiges Level zu reduzieren, war er pessimistisch, doch in Bezug auf den Klimawandel reagierte er geradezu schelmisch. Er hatte ein Team damit beauftragt, sich mit den Möglichkeiten künstlicher Fotosynthese zu beschäftigen, und er träumte davon, das Projekt zu einem Wald von einer Milliarde künstlicher Bäume zu vergrößern. Diese würden Energie produzieren, genau wie das natürliche Pflanzen bei der Fotosynthese tun. Bei dem Prozess würden sie kolossale Mengen an Kohlenstoff aus der Luft aufnehmen.

Sogar ich verstand den Kern dieser Idee. Geht man einen Schritt zurück, sieht man auf der Plakette am Eingang zur Messstation Mauna Loa eine stetig ansteigende Linie, die den Kohlenstoff in der Erdatmosphäre in Teilchen pro Million darstellt. Aus der Nähe betrachtet, ist sie eine ansteigende Zickzackkurve mit scharfen, nach unten weisenden Zacken, die jedes Jahr im Frühling auftauchen, wenn die Bäume auf der Nordhalbkugel Blätter treiben. Dann nehmen sie den Kohlenstoff aus der Atmosphäre sehr viel schneller auf als im restlichen Jahr. Der Traum der Forscher ist es, diesen Prozess durch künstliche Fotosynthese das ganze Jahr über aufrechtzuerhalten. Er könnte wahr werden.

Ein weiterer Lichtblick ergab sich, während Herbst und Frühling den Winter langsam aufzehrten, aus den von der britischen Regierung erhobenen Daten zur Kohlenstoffemission im März 2018. Die Menge der durch fossile Brennstoffe verursachten Emissionen war niedriger als im Jahr 1890 und lag um ganze 38 Prozent unter den Werten von 1990, was sich größtenteils einem kontinuierlichen Rückgang der Kohlekraftwerke verdankt. Die Standardantwort derer, die den Schnee bereits aufgegeben haben, lautet: China baut doch eher neue Kohlekraftwerke, als welche zu schließen. Bemühungen kleiner Länder wie Großbritannien wären unerheblich. Dem widerspreche ich entschieden. Es kommt auf jeden Einsatz an. So können neue Ideen erprobt werden und anderen als Beispiel dienen. Und keiner möchte die Luftverschmutzung so dringend reduzieren und den Skisport voranbringen wie Präsident Xi Jinping.

Keiner außer dem Achtjährigen, der auf einer niedrigen Steinmauer am Fuß eines französischen Berges saß und sich nach Schnee sehnte. Inzwischen ist er zehn und holt seine Brüder beim Skifahren ein, und er wäre dankbar, wenn wir uns alle an die hoffnungsfrohe Aufgabe machten, den Schnee zu retten. Denn wir werden ihn vermissen, wenn er nicht mehr da ist.

Fragen und Antworten
zum Schnee

Stimmt es, dass keine Schneeflocke einer anderen gleicht?
Absolut richtig. Dazu steht im ersten Kapitel mehr Wissenswertes.

Stimmt es, dass sie alle sechs Verzweigungen haben?
Nicht ganz. Auch dazu findet sich mehr im ersten Kapitel.

Wie viele Flocken benötigt man, um einen Schneemann zu bauen?
Etwa 100 Millionen.

Wie viele Schneeflocken fallen in einem Durchschnittsjahr auf der Erde?
Über 315 000 000 000 000 000 000 000.

Unterscheidet sich der Schnee der Süd- von dem der Nordhalbkugel?
Nein, wobei das manche Menschen glauben.

Joe Simpson, der Kletterer und Autor von *Sturz ins Leere*, schrieb, dass »die Berge in Südamerika für spektakuläre Schnee- und Eiskreationen bekannt waren, wo Pulverschnee der Schwerkraft zu widerstehen schien und Bergkämme zu quälend instabilen Schneeverwehungen großen Ausmaßes wurden, eine über die andere gestapelt«. Nachdem er 1987 beinahe am Huascarán in Peru gestorben wäre, war er überzeugt davon, dass der Schnee dort besonders leicht und tückisch sei. Xavier Delerue, einer der weltbesten Snowboarder, behauptet, der Schnee in der Antarktis hafte so gut an den Eisbergen, dass man dort 70 Grad steile Pisten mit Skiern herunterfahren könne, ohne eine Lawine auszulösen.

In Wirklichkeit gibt es keinen grundlegenden Unterschied zwischen dem Schnee auf der südlichen und dem der nördlichen Halbkugel, aber eine einfache astrophysische Funktion sorgt dafür, dass sie im Frühling auf unterschiedliche Weise auf den Bergen liegen bleiben. Auf der Nordhalbkugel bekommen nach Süden ausgerichtete Pisten mehr Sonne ab, und so spicken Gras und Matsch schon früher unter der Schneedecke hervor. Südlich des Äquators ist es genau andersherum. Auf Südhängen gibt es die besten Schneedecken und Skilifts. Für Besucher aus dem Norden kann das verwirrend sein. Man weiß selbst gar nicht, wie sehr man daran gewöhnt ist, den besten Schnee an Nordhängen zu finden, bis dort keiner liegt.

Wie baut man eine Schneehöhle?

Das geht viel einfacher, als ein Iglu zu bauen, und ist sehr viel wahrscheinlicher von Nutzen. Man benötigt dazu große Mengen an Schnee, aber das sollte kein Problem sein. Schließlich braucht man eine Schneehöhle ohnehin nur dann, wenn sehr viel Schnee liegt.

Es gibt verschiedene Methoden, aber die leichteste, die mir bekannt ist, wurde mir vor der Cabane du Trient, einer Hütte an der Ostflanke der Aiguilles du Tour gezeigt, wo ich vor vielen Jahren in einem Schneesturm im Spätfrühling feststeckte.

Ich selbst nenne die Methode den halben Donut. Alles, was man dafür benötigt, ist eine Schneewehe von mindestens zwei Meter Höhe, die im Querschnitt in etwa ein Dreieck bildet. Graben Sie zwei waagrechte runde Löcher mit einem Durchmesser von einem halben Meter im Abstand von einem Meter zueinander in den Schnee. Sie sollten ein bisschen weiter in den Schnee hineinragen, als Ihr Körper lang ist. Benutzen Sie eine Lawinenschaufel, und falls Sie keine haben, Ihre Hände (mit Handschuhen). Ray Mears, der britische TV-Überlebenskünstler, plädiert dafür, beim Schneehöhlenbau eine Holzsäge zu benutzen, allerdings scheint es mir doch eher unwahrscheinlich, dass man für ein winterliches Abenteuer so ein Werkzeug einpackt.

Nachdem Sie Ihre Gänge gegraben haben, verschließen Sie den Eingang von einem, und verbinden Sie sie an ihrem Ende mit einem quer verlaufenden Tunnel. Wenn Sie keine Zeit oder Energie mehr haben, war's das. Der Unterschlupf reicht aus, um einen Schneesturm zu überleben. Um Ihre Höhle gemütlicher zu machen, können Sie die Decke mit der Rückseite einer Schaufel festklopfen, sodass kein Schmelzwasser von überstehendem Schnee heruntertropft. Verschließen Sie den verbleibenden Eingang zur Hälfte, aber legen Sie sich so hin, dass Ihr Kopf im Schlaf in der Nähe des Eingangs liegt. Kalte frische Luft ist besser als eine Kohlenmonoxidvergiftung.

Da ich Mears nun schon erwähnt habe, ist es nur gerecht, seine Methode für den Bau einer Luxusschneehöhle für zwei Personen zu beschreiben, inklusive Kühlsenke und Wärmelampe. Seiner Meinung nach beginnt man am besten damit, genügend von dem Schnee der Schneeverwehung wegzuschaufeln, sodass eine circa drei Meter hohe senkrechte

Wand entsteht. Dann attackiert er diese mit der Säge. Die Wehe muss so tief und hoch sein, dass er eine Höhle ausheben kann, die im Querschnitt wie ein fettes, zwei Meter langes T aussieht. Dazu sägt er große Keile aus dem Schnee, die er dann ganz einfach mit der Hand entfernen kann, um mit ihnen eine Außenwand mit einem niedrigen Eingang zum Durchkrabbeln im Eskimostil zu bauen. (Dazu benötigt man Schnee mit einer stabilen Struktur. Frischer Pulverschnee eignet sich natürlich nicht; man muss es mit Flocken zu tun haben, die alt genug sind, sodass sie bereits aneinanderkleben, aber nicht so alt, dass sie schon zu Eis geworden sind.)

Die zum Eingangstunnel senkrecht liegenden hinteren Teile des Ts ergeben die beiden Schlafkojen. Die kalte Luft sammelt sich im vertikalen Tunnel in der Mitte. Warme Luft bleibt oben, sodass es die Schläfer gemütlich haben. Man kann dann noch eine Kerze anzünden, dann wird es stimmungsvoller und wärmer – und sicherer. Verlassen Sie die Höhle, wenn die Flamme erlischt. Denn dann ist der Kohlenmonoxidgehalt zu hoch.

Welcher Skilift ist der teuerste der Welt?

Das war bis 2020 die 120 Millionen Euro teure Bergbahn Skyway Monte Bianco in Italien –, aber gerade im Luxussegment ist auch die Preisgestaltung bei Bergbahnen »nach oben offen«.

Welches Paar Ski war das teuerste der Welt?

Das könnte das limitierte Lacroix-Model gewesen sein, das 2008 für 50 000 Euro pro Set verkauft wurde, wobei das neuere Model Lacroix Ultime mit Bambuskern und Titan-Oberfläche mit einem Preis von 8500 Euro ohne Bindungen und

Accessoires auch nicht gerade günstig ist. Ein Paar der einzeln angefertigten Ski der Marke zai aus Disentis in der Schweiz, mit Zellulose-Acetat-Oberfläche und Granitkern, schlug mit bis zu 9000 Euro zu Buche.

Wo liegt der Skilift, der auf die größte Höhe in den Schnee fährt?

Der Chacaltaya liegt 1700 Meter höher als die bolivianische Hauptstadt La Paz an der südlichen Flanke des Gebirgszugs Cordillera Real. Der Chacaltaya-Gletscher schmolz 2009, aber nach starken Schneefällen wird der von einem Automotor angetriebene Schlepplift auch heute noch geöffnet. Da alle Skipisten höher liegen als das Basislager am Everest auf 5300 Meter Höhe, sollten Besucher erwägen, Kokablätter zu kauen, um ihre Sauerstoffaufnahme anzukurbeln und Kopfschmerzen zu vertreiben.

Bei welchem Tempo liegt der Geschwindigkeitsrekord im Skifahren?

Am 26. März 2016 brach der Italiener Simone Origone den Geschwindigkeitsrekord seines Bruders auf einer ein Kilometer langen Strecke in Vars, am Rande des Nationalparks Écrins in Frankreich. Zwischen Start- und Ziellinie erreichte er 254,958 km/h. Das entspricht 70 Metern pro Sekunde. Er war bei Drucklegung des Buches noch immer der Schnellste.

Ist das schneller als die Endgeschwindigkeit?

Nicht unbedingt, da die Endgeschwindigkeit vom auf sie wirkenden Widerstand abhängt, aber es ist schneller als ein Fallschirmspringer, der in der klassischen Bäuchlingsposition mit maximaler Geschwindigkeit zur Erde fällt. Diese Geschwindigkeit beträgt etwa 196 km/h.

Wie hat er das geschafft?

In einem hautengen knallroten Latexanzug, mit tränenförmigem Helm, 240 Zentimeter langen Skiern auf einer 45 Grad geneigten Piste, zu einem perfekten kleinen Päckchen zusammengekauert.

Wie schnell war die schnellste Frau auf Skiern?

Fast genauso schnell. Valentina Greggio, ebenfalls aus Italien, erreichte am gleichen Tag, an dem Origone den Weltrekord aufstellte, eine Geschwindigkeit von 247,083 km/h. Sie startete am selben Ort, ebenfalls in einem hautengen knallroten Anzug.

Wodurch wird Schnee rutschig?

Hauptsächlich durch die dünne Wassermolekülschicht, die auf der Oberfläche einer Schneedecke auch bei Minusgraden flüssig bleiben kann.

Was ist der adiabatische Temperaturgradient, und warum ist er wichtig?

Je höher man hinaufsteigt, desto kälter wird es. Wenn der Luftdruck abfällt, fällt auch die Lufttemperatur linear zum adiabatischen Temperaturgradienten, dem in etwa 5 °C pro Höhenkilometer in feuchter und 10 °C in trockener Luft entsprechen. Wenn dies nicht geschähe, gäbe es keinen Schnee auf dem Kilimandscharo oder irgendeinem anderen Berg, wo sonst auf Höhe des Meeresspiegels kein Schnee fällt.

Was ist der Unterschied zwischen Firn und Föhn?

Firn ist fester, kristalliner Schnee, der mindestens schon eine Saison zuvor gefallen ist und nun zu Eis* wird. Bei Föhnwind handelt es sich um einen warmen, trocken Luftzug, der an der Leeseite eines Berges entlangbläst, nachdem an der Luvseite alle Feuchtigkeit auskondensiert wurde.

Was sind Zastrugi?

Zastrugi sind lange, wellenförmige Rillen mit einer harten Kruste, die der Wind in den Schnee fräst. Von Polarforschern werden sie verflucht, da es ungemein anstrengend ist, einen Schlitten darüber hinwegzuziehen.

Wie kann eine Lawine vorhergesagt werden?

Überhaupt nicht, aber man kann das Risiko minimieren. Von den 1970er-Jahren bis ins Jahr 2010 gingen Wissenschaftler davon aus, es wäre möglich, die »Anzeichen« einer bevorstehenden Lawine zu hören. Sie dachten, instabiler Schnee würde niederfrequente Warnungen abgeben, bevor er zu rutschen beginnt. Das wäre zwar hilfreich, dem ist allerdings nicht so. Untersuchungen mit Mikrofonen und Ultraschallgeräten haben gezeigt, dass das erste Geräusch, das eine Lawine verursacht, das Krachen ist, mit dem die Schneedecke bricht. Und schon ist sie in Bewegung.

---

* Schnee kann aber auch bereits vor längerer Zeit als vor einer Saison gefallen und noch kein Firn sein. 1866 machte sich der britische Alpinist Edward Whymper daran, die Umwandlung von Schnee zu Eis zu untersuchen, indem er einen senkrechten Querschnitt des Stockjigletschers an der schweizerisch-italienischen Grenze auf 3550 Meter Höhe analysierte. Dazu grub er eine sieben Meter tiefe Grube und fand heraus, dass der Schnee in vier, teilweise auch bis in viereinhalb Meter Tiefe noch immer »ausgesprochen und unverkennbar schneeartig war, das heißt, man konnte ihn problemlos zwischen zwei Händen zusammendrücken«.

Eine Lawine kann man am ehesten vorhersagen, indem man den Schnee untersucht. Dafür ist das wichtigste Werkzeug eine Schneeschaufel. Eine Lawinensonde ist ebenfalls nützlich, wie auch eine Schneesäge oder ein Stück dünne Schnur. Und Sie brauchen eine Kreditkarte.

Schaufeln Sie zunächst eine Grube in den Schnee. Vermeiden Sie es, mitten auf der zu untersuchenden Piste zu graben, da Sie so von einer Lawine verschüttet werden könnten. Graben Sie in der Nähe, an einem ähnlichen Steigungsgrad und mit der gleichen Ausrichtung. Die Grube sollte etwa einen halben Meter breit und eineinhalb Meter tief sein oder bis auf harten Grund reichen, jedenfalls so weit in die Tiefe gegraben werden wie möglich. Die Rückwand sollte so senkrecht und glatt werden, wie es geht. Schauen Sie dann nach harten Schichten, die dazu führen könnten, dass der auf ihnen liegende Schnee ins Rutschen gerät, wie es 1999 in Galtür der Fall war (mehr darüber steht hier im Buch). Benutzen Sie dafür die Kreditkarte und ziehen Sie sie an der Seitenwand von oben nach unten und vom Boden wieder herauf. Vielleicht spüren Sie dabei auch ein paar weiche Schichten. Halten Sie vor allem nach Tiefenreif Ausschau, der sich oft in den unteren Schichten nahe des Bodens befindet und so die Gesamtstruktur schwächt.

Machen Sie jetzt eine Stabilitätsprüfung. Nehmen Sie die Sonden und grenzen Sie einen Bereich von 30 x 30 cm ab, die Wand zum Berg hin bildet die Vorderkante. Wickeln Sie den Faden um die Sonden, und schneiden Sie mit einer Sägebewegung einen Block aus dem Schnee bis zum Boden Ihrer Grube. Man kann dazu auch eine Säge benutzen. Legen Sie dann Ihre Schaufel mit der Rückseite nach oben auf den Block. Tippen Sie mit dem Schaufelblatt zehn Mal darauf, aber nur leicht, dann zehn Mal etwas stärker und weitere zehn Mal mit voller Kraft. Zählen Sie währenddessen bis 30. Sollte der Schneeblock ernste strukturelle Schwächen aufweisen, könnte er Ihnen in jedem Moment des Tests entgegenrutschen. Der Punkt auf der Skala (von 1 bis 30), an dem er bricht, liefert einen Anhaltspunkt dafür, wie schnell die Schneedecke auf der Piste losbrechen könnte. Eins bedeutet leicht. Dreißig nicht so schnell. Aber natürlich spielt auch die Tiefe des Blocks eine wichtige Rolle: Je tiefer der Block, desto mehr Schneevolumen, das als Lawine herabdonnern könnte.

Führen Sie abschließend einen erweiterten Säulentest durch. Er funktioniert wie ein Stabilitätstest, nur mit einem größeren Schneeblock von etwa 90 x 30 cm. Er liefert Informationen darüber, ob sich ein Bruch im Schnee fortpflanzt. Ist dies der Fall, sollten Sie kein Risiko eingehen und die Piste nicht nutzen. Sollte der Schnee bei einem der beiden Tests brechen – ganz egal, an welchem Punkt –, ist es klüger, sich eine andere Piste zu suchen.

Wie überlebt man eine Lawine?

Am besten, indem man sich von ihr fernhält. Falls man nicht gerade einen Todeswunsch hegt, sollte man einen Lawinenverschütteten-Transponder tragen, wenn man sich in der Nähe einer möglicherweise gefährlichen Piste aufhält, der später bei der Suche hilft. Aber das ist für nachher. Geht über Ihnen eine Lawine nieder, sollten Sie versuchen, sich zu bewegen. Zu Fuß sollten Sie bergauf oder zur Seite rennen, um sich in Sicherheit zu bringen. Auf Skiern sollten Sie zuerst nach unten fahren, um Ihre Geschwindigkeit zu erhöhen, und dann zur Seite ausscheren. Erwischt einen eine Lawine, sollte man versuchen, einen Baum zu umarmen. Wenn all das nicht funktioniert, empfiehlt das American Avalanche Institute eine Bewegung wie beim Rückenschwimmen, um oben auf dem Schnee zu bleiben, während dieser einen den Berg hinabbefördert. Wenn Sie Airbags in Ihrem Rucksack haben, ist jetzt der Zeitpunkt, sie auszulösen. Studien zeigen, dass sie das Risiko, verschüttet zu werden, geringfügig reduzieren. Falls nicht, bloß keine Panik – Sie werden Ihre sechs Sinne noch brauchen. Wenn Sie zum Stillstand kommen, bewegen Sie Ihre Arme und bilden sie eine Lufttasche vor dem Mund. Vielleicht wissen Sie nicht, wo oben ist, durch Hinsetzen kann man zumindest herausfinden, wo unten ist. Wenn Sie können, versuchen Sie, die Oberfläche zu erreichen. Es ist nahezu unmöglich, sich selbst aus einer Lawine zu befreien, aber jedes Lebenszeichen macht es für die Suchenden einfacher, Sie zu orten.

Sollten Sie komplett verschüttet sein, liegen Ihre Überlebenschancen bei über 90 Prozent, wenn Sie innerhalb von 15 Minuten befreit werden. Nach einer halben Stunde wird die Gefahr akut, durch Unterkühlung oder Erstickung zu sterben. Insgesamt überlebt in etwa die Hälfte der von einer Lawine Verschütteten. Ringen Sie nicht nach Luft, und versuchen Sie ja nicht zu schreien. Vertrauen Sie auf Ihre Kameraden. Im Schnee kann niemand Ihre Schreie hören, es sei denn, Sie haben es hinbekommen, ein Luftloch zu erzeugen.

Wie findet man einen von einer Lawine Verschütteten?

Jetzt wird es ernst. Die Zeit ist knapp, ein Leben ist in Gefahr. Allerdings ist ein Buch, das vom Schnee schwärmt, nicht der richtige Ort für einen Expertenrat in dieser Sache. Dutzende Kletter- und Skizentren bieten Kurse für Lawinensicherheit an, und die Zeit und das Geld sind auf jeden Fall gut investiert. Davon abgesehen, kommen hier die Basics: Halten Sie zuerst nach einem Zeichen des Verschütteten Ausschau. Alles, was das Suchfeld eingrenzt, spart lebenswichtige Zeit. Am besten sucht man in einem 60-Grad-Kegel und beginnt dort, wo das letzte Lebenszeichen des Verschütteten gesehen wurde. Schalten Sie den Empfänger in den Suchmodus, teilen Sie den Abschnitt untereinander auf, und starten Sie eine »Grobsuche«, indem Sie das Feld in weiten Kurven abgehen. Bekommen Sie ein Signal, nähern Sie sich bis zur Mindestlesedistanz des Empfängers. Dort orten Sie die genaue Lage des Verschütteten mit Lawinensonden und beginnen dann zu graben. Graben Sie unterhalb des Körpers, und schaufeln Sie den Schnee zur Seite, um Kraft zu sparen. Finden Sie den Verschütten, gehen Sie in fünf Schritten vor: Befreien Sie die Atemwege; graben Sie den Brustkorb aus, das erleichtert das Atmen; falls nötig, starten Sie eine Herzdruckmassage; suchen Sie nach Verletzungen (seien Sie besonders vorsichtig, was Verletzungen der Wirbelsäule betrifft) und nach ungeschützten Körperteilen. Die Person wird kalt sein.

Warum ist Schnee so leise?

Anders als Regentropfen machen Schneeflocken kein Geräusch beim Landen. Während sie aufeinanderfallen – aber bevor sie aneinanderkleben und hart werden –, erzeugen sie eine weiche Schicht voller Luftlöcher, die den Schall so gut schlucken wie Schaumgummi. Außerdem führt Schneefall dazu, dass Menschen eher in ihren Häusern bleiben oder doch zumindest das Auto stehen lassen.

Wie viele Menschen sind von Schnee als Wasserressource abhängig?

Über zwei Milliarden laut einer Studie der Columbia University aus dem Jahr 2015. Die meisten leben in der Nähe des Himalajas und in den Anden, in Südeuropa, Marokko und im Westen der USA.

Wo in Großbritannien schneit es am meisten?

Britischer Schnee bleibt vor allem auf hohen schottischen Bergkesseln liegen, wo er die Sonne nur selten zu Gesicht bekommt. Am langsamsten schmilzt er üblicherweise auf dem Braeriach im westlichen Massiv der Cairngorms, dem drittgrößten Berg des Landes. Im Winter kann der Schnee, der sich in den Felsklüften am Fuß des Garbh Choire Mór an der Nordseite des Braeriach ansammelt, bis zu 23 Meter hoch werden. Ein Teil davon übersteht meistens den Sommer, und Schnee-Experten gehen davon aus, dass der Schnee hier innerhalb von 400 Jahren nur sechs Mal ganz verschwand. Unglücklicherweise zählen 2003, 2006 und 2017 dazu, wenn aber die Durchschnittstemperaturen um zwei Grad fielen, könnte die gesamte Stelle zum Gletscher werden.

Wo auf der Welt schneit es am meisten?

Dies ist ein ungelöstes Rätsel, und es gibt viele Kandidaten für den Titel des Weltmeisters. Jeder Ort ist auf seine Art beneidenswert, und jeder wird von den Menschen, die dort leben, leidenschaftlich verteidigt. Mein Urteil lautet: die Akkumulationszone des Tyndall-Gletschers in Patagonien.

Wann entstand die erste Schneeflocke?

Es muss irgendwann einmal eine gegeben haben, ganz allein im Weltall, wenn auch nur für eine Nanosekunde. Aber wann? Und wo? Wie sich herausstellt, haben sich darüber nicht viele Menschen den Kopf zerbrochen, aber heute weiß man, dass es kurz nach dem Urknall Schnee gab, wie es heute Schnee gibt. David Christian, der australische Wissenschaftler und Begründer der sogenannten Big History, schätzt, dass der erste Schnee im Universum vor etwa 12 bis 13 Milliarden Jahren entstand. Der erste Schnee auf Erden könnte kurz danach gefallen sein – »und das bedeutet wahrscheinlich, vor vier Milliarden Jahren«. Es gibt dafür keine gesicherten Beweise, aber fossile Spuren von Regentropfen, die vor 2,7 Milliarden Jahren in Südafrika auf Vulkanasche fielen, und erste Zeichen von Vergletscherung, die noch 200 Millionen Jahre vorher auftrat. Das meiste Gletschereis bildet sich aus Schnee, also steckten wir vor 2,9 Milliarden Jahren bereits tief im Schneezeitalter.

Wo liegt der älteste Schnee der Welt?

Aus der Ödnis der Zentralantarktis wurde Eis entnommen, das aus Schnee entstand, der vor 800 000 Jahren fiel. Bis 2017 war das der älteste Schnee der Welt. Dann begann ein Forscherteam aus Princeton damit, senkrechte Löcher in viel älteres »blaues Eis« zu bohren, das von Bergmassen an die Oberfläche gezwungen wurde. Die ältesten Eisbohrkerne fand das Team in der Region Allan Hills in der östlichen Antarktis. Ihre Geschichte reicht bis zu 2,7 Millionen Jahre zurück, und einer der Wissenschaftler sagte, es sei durchaus möglich, dass 30 Millionen Jahre altes Eis (das einst Schnee war) gänzlich ungestört irgendwo auf dem Kontinent liegt. Selbst wenn dem so wäre, wäre es immer noch 100 Mal jünger als die ersten Gletscher, die es auf der Erde gab. Allerdings ist von den ersten vier oder fünf bekannten Eiszeitaltern kein Eis übrig geblieben.

Wann wird die letzte Schneeflocke fallen?

Es wird sie leider Gottes geben, aber wir haben keine Ahnung, wann es so weit sein wird. Aller Schnee wird geschmolzen sein, wenn sich die Sonne in etwa sieben Milliarden Jahren ausdehnt, um die Erde zu verschlingen, allerdings könnten anständige Schneestürme auf den bewohnbaren Breitengraden bereits Mitte dieses Jahrhunderts Geschichte sein. Es gibt jedoch eine Chance, dies zu verhindern. Wirklich. Das ist die Wahrheit.

Dank

Mein Dank gilt John Adam, Percy Bartelt, Steve Berry, Edward Brook, Christopher Burt, Iain Cameron, Marcello Campo, Ben Clatworthy, David Christian, Andrew Erath, Paul Hoffman, Jim McElwaine, Joanne Johnson, Sverre Liliequist, Charlotte Lindqvist, Colin Healey, Kenneth Libbrecht, Seth Masia, Philip Mote, Evans Parent, Marja Persson, Hans Pieren, Raymond Pierrehumbert, Vladimir Pitulko, Geoffrey Pullum, David Reay, Anton Seimon, Paul Sherridan, Norman Sleep, Sam Smoothy, Paolo Sutto, Amy Tan, Kevin Trenberth, Yusuke Uemura, Fraser Wilkin, Yige Zhang und dem großartigen, unnachahmlichen Rick Sylvester.

Danke auch Helena Sutcliffe, Rebecca und Evie bei Short Books; Bill Hamilton bei AM Heath; meinem Vater für die Rutschpartie am Allalinhorn; meiner Tante Lucinda dafür, dass sie mir den ersten Blizzard gezeigt hat; Andrew Dunn, durch den ich noch einige mehr erleben durfte; und Karen, Bruno, Louis und Enzo dafür, dass sie meine kostspielige Bürde gemeinsam mit mir tragen. Chumleys Zeit wird kommen.

Anmerkung zu den Quellen

Über Schnee wurde viel geschrieben, und zwar hauptsächlich wissenschaftliche Bücher. Auf jeder Leseliste zum Thema sollten sich dennoch Kenneth Libbrechts *The Secret Life of a Snowflake*; *Snowstruck* von Jill Fredston, *Secrets of The Greatest Snow on Earth* von Dr. Jim Steenburgh und Johannes Keplers *Vom sechseckigen Schnee* finden.

Ich habe mich auch auf *Polar Bears* von Ian Stirling gestützt; auf *Impressionists in Winter* (2003 im Zuge einer Ausstellung mit demselben Namen veröffentlicht); Roland Huntfords *Two Planks and a Passion*; *Deep* von Porter Fox, *Snow in the Kingdom* von Edward Webster; *Unsere kleine Farm: Laura im großen Wald* von Laura Ingalls Wilder; und *Skyway Monte Bianco*, vom Unternehmen Doppelmayr-Garaventa veröffentlicht (und gebaut).

Es gibt zig Webseiten zur Schneevorhersage, aber weathertoski.co.uk ist geradezu zwanghaft genau und blickt zurück und in die Zukunft. Ein weiterer Favorit ist snow-forecast.com. Das Global Snow Lab der Rutgers University findet man unter climate.rutgers.edu/snowcover. Weitere wichtige Quellen bei meiner Recherche waren Peter Robinsons Fachartikel von 2005 *Ice and snow in paintings of Little Ice Age winters*; *How Much Can We Save?* von Dr. Christoph Marty (2017); Douglas Powells Bericht über den Blizzard in den südlichen Sierras im Jahr 1968, den er 2006 vor der Western Snow Conference hielt; und der britische Schneebericht, der von Leo Bonacina begonnen und von Dave O'Hara aktualisiert wurde.

Darüber hinaus haben mir viele weitere Wissenschaftler, Skifahrer, Kletterer und Schneesüchtige dadurch geholfen, dass sie meine Anrufe entgegennahmen oder meine E-Mails beantworteten, manchmal sogar mitten in der Nacht. Soweit möglich, habe ich im Text deutlich gemacht, ob ich aus Sekundärquellen oder meinen eigenen Interviews und meiner Korrespondenz zitiere.